主讲嘉宾

董晨

清华大学医学院院长

清华大学免疫学研究所所长

William A. Haseltir

艾社康主席及董事长

王晓东

北京生命科学研究所所长

美国国家科学院院士

中国科学院外籍院士

未来科学大奖科学委员会委员

谢晓亮

哈佛大学Mallinckrodt讲席教授

北京大学生物动态光学成像中心(BIOPIC)主任

北京大学未来基因诊断高精尖创新中心(ICG)主任

美国国家科学院院士, 美国国家医学院院士

中国科学院外籍院士, 未来科学大奖科学委员会委员

对话嘉宾

Mariette DiChristina

《科学美国人》主编

李革

药明康德集团董事长
未来论坛理事

鲁先平

深圳微芯生物科技股份公司
董事长兼总经理

王立铭

浙江大学生命科学研究院教授
未来论坛青年理事

吴旻

上海肿瘤医院副院长

徐沪济

清华大学临床医学院常务副院长
北京清华长庚医院副院长

许晓椿

博雅转化医学研究院、理事长

姚凤娥

毕马威中国医疗保健业主管合伙人

FUTURE FORUM 未来论坛 | 理解未来 FUTURE LECTURE

理解未来系列

未来与生命Ⅱ·医学前沿的探索

科学出版社
北京

图书在版编目(CIP)数据

未来与生命Ⅱ·医学前沿的探索/未来论坛编.
—北京：科学出版社，2018. 8
（理解未来系列）
ISBN 978-7-03-058314-7

Ⅰ.①未…
Ⅱ.①未…
Ⅲ.①医学–普及读物
Ⅳ.①Q-49②R-49

中国版本图书馆 CIP 数据核字（2018）第 164452 号

丛 书 名：理解未来系列
书　　名：未来与生命Ⅱ·医学前沿的探索
编　　者：未来论坛
责任编辑：刘凤娟　崔慧娴
责任校对：杨然
责任印制：肖兴
封面设计：南海波
出版发行：科学出版社
地　　址：北京市东黄城根北街 16 号
网　　址：www.sciencep.com
电子信箱：liufengjuan@mail.sciencep.com
电　　话：010-64033515
印　　刷：中国科学院印刷厂
版　　次：2018 年 8 月第一版　　印　　次：2018 年第 1 次印刷
开　　本：720×1000　1/16　　印　　张：7 3/4
插　　页：2 页　　字　　数：100 000
定　　价：49.00 元

序一>>>

饶　毅

北京大学讲席教授、北京大学理学部主任、未来科学大奖科学委员会委员

我们时常畅想未来，心之所向其实是对未知世界的美好期待。这种心愿几乎人人都有，大家渴望着改变的发生。然而，未来究竟会往何处去？或者说，人类行为正在塑造一个怎样的未来？这却是非常难以回答的问题。

在未来论坛诞生一周年之际，我们仍需面对这样一个多少有些令人不安的问题：未来是可以理解的吗？

过去一年，创新已被我们接受为这个时代最为迫切而正确的发展驱动力，甚至成为这个社会最为时髦的词汇。人们相信，通过各种层面的创新，我们必将抵达心中所畅想的那个美好未来。

那么问题又来了，创新究竟是什么？

尽管创新的本质和边界仍有待进一步厘清，但可以确定的一点是，眼下以及可见的未来，也许没有什么力量，能如科学和技术日新月异的飞速发展这般深刻地影响着人类世界的未来。

可是，如果你具有理性而审慎的科学精神，一定会感到未来难以预计。也正因如此，这给充满好奇心的科学家、满怀冒险精神的创业家带来了前所未有的机遇和挑战。

过去一年，我们的“理解未来”系列讲座，邀请到全世界极富洞察力和前瞻性的科学家、企业家，敢于公开、大胆与公众分享他们对未来的认知、理解和思考。毫无疑问，这是一件极为需要勇气、智慧和情怀的事情。

2015 年，“理解未来”论坛成功举办了 12 期，话题涉及人工智能、大数据、物联网、精准医疗、DNA 信息、宇宙学等多个领域。来自这些领域的顶尖学者，与我们分享了现代科技的最新研究成果和趋势，实现了产、学、研的深入交流与互动。

特别值得强调的是，我们在喧嚣的创新舆论场中，听到了做出原创性发现的科学家独到而清醒的判断。他们带来的知识之光，甚至智慧之光，兑现了我们设立“理解未来”论坛的初衷和愿望。

我们相信，过去一年，“理解未来”论坛所谈及的有趣而有益的前沿科技将给人类带来颠覆性的变化，从而引发更多人对未来的思考。

面向“理解未来”论坛自身的未来，我希望它不仅仅是一个围绕创新进行跨界交流、碰撞出思想火花的平台，更应该是一个探讨颠覆与创新之逻辑的平台。

换言之，我们想要在基础逻辑的普适认知下，获得对未来的方向感，孵化出有价值的新思想，从而真正能够解读未来、理解未来。若要做到这一点，便需要我们勇敢地提出全新的问题。我相信，真正的创新皆源于此。

让我们共同面对挑战、突破自我、迎接有趣的未来。

2015 年

序二>>>

人类奇迹来自于科学

丁　洪

中国科学院物理研究所研究员、北京凝聚态物理研究中心首席科学家、
未来科学大奖科学委员会委员

今年春季，我问一位学生："你为什么要报考我的博士生？"他回答："在未来论坛上看了您有关外尔费米子的讲座视频，让我产生了浓厚的兴趣。"这让我第一次切身感受到"理解未来"系列科普讲座的影响力。之后我好奇地查询了"理解未来"讲座的数据，得知 2015 年 12 期讲座的视频已被播放超过一千万次！这个惊人的数字让我深切体会到了"理解未来"讲座的受欢迎程度和广泛影响力。

"理解未来"是未来论坛每月举办的免费大型科普讲座，它邀请知名科学家用通俗的语言解读最激动人心的科学进展，旨在传播科学知识，提高大众对科学的认知。讲座每次都能吸引众多各界人士来现场聆听，并由专业摄影团队制作成高品质的视频，让更多的观众能随时随地地观看。

也许有人会好奇：一群企业家和科学家为什么要跨界联合，一起成立"未来论坛"？为什么未来论坛要大投入地举办科普讲座？

这是因为科学是人类发展进步的源泉。我们可以想象这样一个场

景：宇宙中有亿万万个银河系这样的星系，银河系又有亿万万个太阳这样的恒星，相比之下，生活在太阳系中一颗行星上的叫“人类”的生命体就显得多么微不足道。但转念一想，人类却在短短的四百多年中，就从几乎一无所知，到比较清晰地掌握了从几百亿光年（约 10^{26} 米）的宇宙到 10^{-18} 米的夸克这样跨 44 个数量级尺度上（“1”后面带 44 个“0”，即亿亿亿亿亿万！）的基本知识，你又不得不佩服人类的伟大！这个伟大来源于人类发现了“科学”，这就是科学的力量！

这就是我们为什么要成立未来论坛，举办科普讲座，颁发未来科学大奖！我们希望以一种新的方式传播科学知识，培育科学精神。让大众了解科学、尊重科学和崇尚科学。我们希望年轻一代真正意识到“Science is fun，science is cool，science is essential”。

这在当前中国尤为重要。中国几千年的封建社会，对科学不重视、不尊重、不认同，导致近代中国的衰败和落后。直到“五四”时期“赛先生”的呼唤，现代科学才步入中华大地，但其后一百年“赛先生”仍在这片土地上步履艰难。这种迟缓也直接导致当日本有 22 人获得诺贝尔自然科学奖时，中国才迎来首个诺贝尔自然科学奖的难堪局面。

当下的中国，从普通大众到部分科学政策制定者，对“科学”的内涵和精髓理解不够。这才会导致“引力波哥”的笑话和“转基因”争论中的种种谬论，才会产生“纳米”“量子”和“石墨烯”的概念四处滥用。人类社会已经经历了三次产业革命，目前正处于新的产业革命爆发前夜，科学的发展与国家的兴旺息息相关。科学强才能国家强。只有当社会主流和普通大众真正尊重科学和崇尚科学，科学才可能实实在在地发展起来，中华民族才能真正崛起。

这是我们办好科普讲座的最大动力！

现场聆听讲座会感同身受，在网上看精工细作的视频可以不错过任何细节。但为什么还要将这些讲座内容写成文字放在纸上？我今年去现场听过三场报告，但再读一遍整理出的文章，我又有了新收获、新认识。文字的魅力在于它不像语音瞬间即逝，它静静地躺在书中，可以让人慢慢地欣赏和琢磨。重读陈雁北教授的《解密引力波——时空震颤的涟漪》，反复体会“两个距离地球 13 亿光年的黑洞，其信号传播到了地球，信号引发的位移是 10^{-18} 米，信号长度只有 0.2 秒。作为引力波的研究者，我自己看到这个信号时也感觉到非常不可思议”这句话背后的伟大奇迹。又如读到今年未来科学大奖获得者薛其坤教授的“战国辞赋家宋玉的一句话：‘增之一分则太长，减之一分则太短，著粉则太白，施朱则太赤。’量子世界多一个原子嫌多，少一个原子嫌少”，我对他的实验技术能达到原子级精准度而叹为观止。

记得小时候“十万个为什么”丛书非常受欢迎，我也喜欢读，它当时激发了我对科学的兴趣。现在读“理解未来系列”，感觉它是更高层面上的“十万个为什么”，肩负着传播科学、兴国强民的历史重任。想象 20 年后，20 本“理解未来系列”排在你的书架里，它们又何尝不是科学在中国 20 年兴旺发展的见证？

这套“理解未来系列”值得细读，值得收藏。

2016 年

序三

王晓东

北京生命科学研究所所长、美国国家科学院院士、中国科学院外籍院士、
未来科学大奖科学委员会委员

2016年9月，未来科学大奖首次颁出，我有幸身临现场，内心非常激动。看到在座的各界人士，为获奖者的科学成就给我们带来的科技变革而欢呼，彰显了认识科学、尊重科学正在成为我们共同追求的目标。我们整个民族追寻科学的激情，是东方睡狮觉醒的标志。

回望历史，从改革开放初期开始，很多中国学生的梦想都是成为一名科学家，每一个人都有一个科学梦，我在少年时期也和同龄人一样，对科学充满了好奇和探索的冲动，并且我有幸一直坚守在科研工作的第一线。我的经历并非一个人的战斗。幸运的是，未来科学大奖把依然有科学梦想的捐赠人和科学工作者连在一起了，来共同实现我们了解自然、造福人类的科学梦想。

但近二十年来，物质主义、实用主义在中国甚嚣尘上，不经意间，科学似乎陷入了尴尬的境遇——人们不再有兴趣去关注它，科学家也不再被世人推崇。这种现象存在于有着几千年文明史的有深厚崇尚学术文化传统的大国，既荒谬又让人痛心。很多有识之士也有同样的忧虑。我们中华民族秀立于世界的核心竞争力到底是什么？我们伟大复兴的支点又是什么？

文明的基础，政治、艺术、科学等都不可或缺，但科学是目前推

动社会进步最直接、最有力的一种。当今世界不断以前所未有的速度和繁复的形式前行，科学却像是一条通道，理解现实由此而来，而未来就是彼岸。我们人类面临的问题，很多需要科学发展来救赎。2015年未来论坛的创立让我们看到了在中国重振科学精神的契机，随后的“理解未来”系列讲座的持续举办也让我们确信这种传播科学的方式有效且有趣。如果把未来科学大奖的设立看作是一座里程碑，“理解未来”讲座就是那坚定平实、润物无声的道路，正如未来论坛的秘书长武红所预言，起初看是涓涓细流，但终将汇聚成大江大河。从北京到上海，“理解未来”讲座看来颇具燎原之势。

科学界播下的火种，产业界已经把它们变成了火把，当今各种各样的科技创新应用层出不穷，无不与对科学和未来的理解有关。在今年若干期的讲座中，参与的科学家们分享了太多的真知灼见：人工智能的颠覆，生命科学的变革，计算机时代的演化，资本对科技的独到选择，令人炫目的新视野在面前缓缓铺陈。而实际上不管是哪个国家，有多久的历史，都需要注入源源不断的动力，这个动力我想就是科学。希望阅读这本书对各位读者而言，是一场收获满满的旅程，见微知著，在书中，读者可以看到未来的模样，也可以看到未来的自己。

感谢每一次认真聆听讲座的听众，几十期的讲座办下来，我们看到，科学精神未曾势微，它根植于现代文明的肌理中，人们对它的向往从来不曾更改，需要的只是唤醒和扬弃。探索、参与科学也不只是少数人的事业，更不仅限于科学家群体。

感谢支持未来论坛的所有科学家和理事们，你们身处不同的领域，却同样以科学为机缘融入到了这个平台中，并且做出了卓越的贡献，让我认识到，伟大的时代永远需要富有洞见且能砥砺前行的人。

2017 年

目　录

FUTURE

第一篇

绝症不绝?

人类在与疾病的抗争中成绩斐然，众多的不治之症已经可以治愈或成为普通疾病。然而，近些年结核菌、肠杆菌等表现出的耐药性，则可能让相关疾病变回不治之症。人类能否完全治愈运动神经元病、癌症、艾滋病、白血病、类风湿?如果将来能治愈，能否永远治愈?如果能永远治愈，能否阻止新的绝症产生?

谢晓亮

哈佛大学Mallinckrodt讲席教授
北京大学生物动态光学成像中心（BIOPIC）主任
北京大学未来基因诊断高精尖创新中心(ICG)主任
美国国家科学院院士
美国国家医学院院士
中国科学院外籍院士
未来科学大奖科学委员会委员

1984 年本科毕业于北京大学化学学院，1990 年在美国加州大学圣迭戈分校获博士学位。国际著名物理化学家、生物物理学家；哈佛大学讲席教授，并兼任北京大学生物动态光学成像中心主任、北京未来基因诊断高精尖创新中心主任；单分子生物物理化学、相干拉曼散射显微成像技术及单细胞测序技术的开拓者。他的实验室发明的单细胞基因组测序已经使得数以百计的试管婴儿成功避免了遗传疾病。美国国家科学院院士和美国医学院院士，多次获得国际光学、化学及生物研究奖，其中包括 2015 年的阿尔伯尼生物医学奖。

基因检测：当随机遇到精准

谈到生命，不外乎生和死，晓东院士讲的“绝症”，好像都跟死有关。我今天要和大家谈谈“生”，也就是“生殖”。

俗话说“龙生九子，九子不同”，这句话的科学根据是什么？遗传学家孟德尔用他著名的“豌豆实验”揭示了遗传法则。可惜直到他去世以后，人们才意识到他的伟大。不久前，我有幸参观了孟德尔曾经工作过的修道院，这是他当年做实验的豌豆田（图 1）。孟德尔通过这个实验推断每个豌豆都有两个等位基因，分别来自于两个亲本。

图 1　孟德尔（Gregor Mendel，1822—1884）

我们现在知道人类也有类似的等位基因。在人体细胞的细胞核里有 46 条染色体，23 条来自于父亲，23 条来自于母亲，染色体的主要成分是遗传物质 DNA（图 2）。大家都知道，20 世纪最伟大的生物学发现是沃森和克里克的 DNA 双螺旋结构。DNA 有四种碱基 A、T、C、G， A 与 T 配对，C 与 G 配对。简单地说，碱基 ATCG 排列的序列决定了遗传信息，也就是基因。人与人相比绝大部分碱基序列都是相同的，只有千分之一的碱基是不同的。除了碱基的差异，还有一个重要的区别是基因拷贝数的差异，细胞中基因的拷贝数一般是二，因为一个来自父亲，一个来自母亲，而癌细胞的基因拷贝数经常会是三或四。这些碱基序列的差别和基因拷贝数的差别，决定了我们各自的不同。

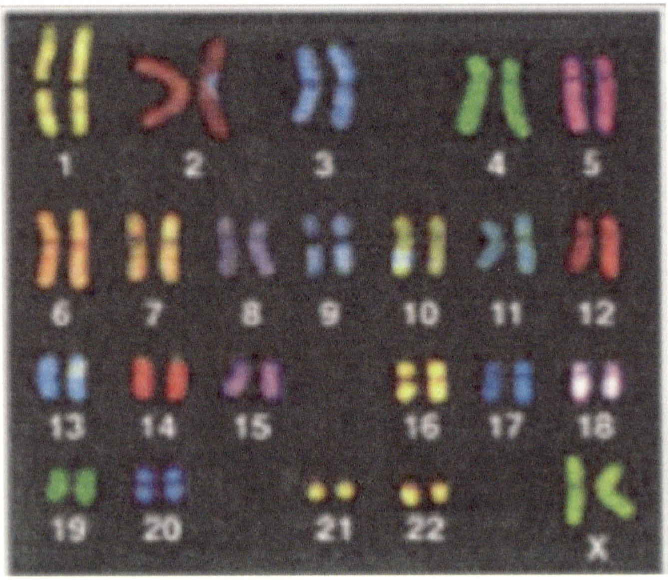

图 2　一位女性的单个体细胞中的 23 对染色体（23 条父源，23 条母源）

一个细胞的 23 对染色体共有 30 亿个碱基对。这 23 对染色体的序列就是人类基因组。2001 年人类基因组计划的完成是人类历史上的一个里程碑。当时测的基因组是几个人的综合，而不是一个人的。尽管如此，人类基因组计划还是提供了非常多的重要信息，比如说，科学家以前推测人类大概有 10 万个基因，实际上测出来是 2 万个。人类基因组计划当时耗资 30 亿美金。而在 10 年前发生的 DNA 测序技术的革命中，新一代测序仪层出不穷，使得测序的价格迅速下降，比半导体工业的指数衰减还要快。现在要测一个人的基因组，只需要 1000

美金，一天之内就可以完成。新一代测序仪使得个体化医疗成为可能。

什么是个体化医疗呢？简单地说，就是利用个人的基因序列来解释病因，提出一个治疗或预防的个体化方案。

个体化医疗最有名的事例是 2013 年 5 月 13 日安吉丽娜 · 朱莉宣布她切除了自己的乳房，因为她携带着一种有缺陷的 BRCA1 基因，使得她有 87% 的概率患乳腺癌，50% 的概率患卵巢癌。非常凑巧的是，那天我正好在美国美国国立卫生研究院（NIH）开会，讨论如何避免携带遗传疾病的父母把致病基因传给下一代，这里不只有技术问题还有伦理问题。当时我的实验室发明了一种新技术，可以避免父母的遗传疾病传给下一代。安吉丽娜 · 朱莉的情况是，即使她携带的 BRCA1 基因传给下一代，下一代也并不一定得癌症，因为癌症的发生是遗传和环境因素共同决定的。那伦理问题是为什么父母可以决定一个还没有出生孩子的命运？不管怎样，四年过去了，在美国和中国，有些父母已经这样做了。

而与安吉丽娜 · 朱莉的情况不同的是，目前已知有 7000 多种单基因遗传疾病，这些致病基因一旦传给下一代，100% 的概率会发病，其中大部分致病基因，人们通过测序已经知道了其特有的碱基突变或基因拷贝数变化的位点。不管哪个国家或哪种宗教，避免这些单基因遗传疾病在伦理上都是可以接受的。

在单基因疾病患者（或携带者）的一个双倍体的体细胞里，一般致病基因来自患者的父方或母方，两个等位基因是杂合的。如果患者想生小孩，其单倍体的生殖细胞（精子或卵子）会有两种可能性：一个携带致病基因，一个不携带致病基因，因此下一代会有 50% 的概率携带致病基因。这是一个随机事件，这就是命！如果这件事发生在一个豌豆上，或许不重要，但是如果发生在携带致病基因的父母身上，你可以想象他们的精神压力和经济负担多么大。

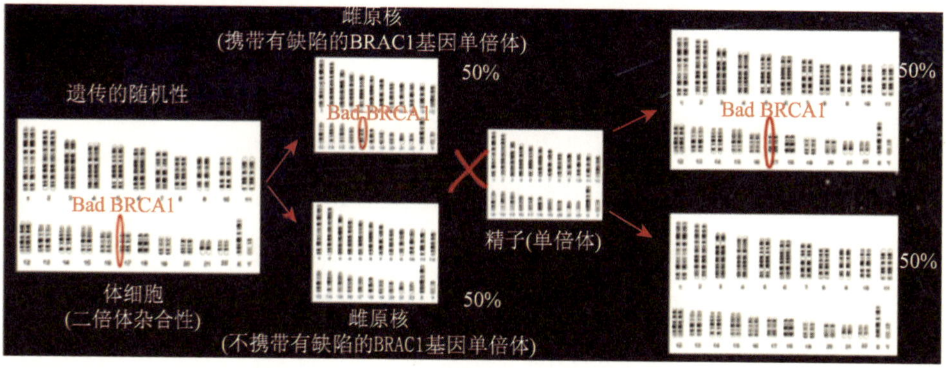

图 3

我们的新技术是什么呢？你给我一个人的单细胞，我就能告诉你它的基因组。为什么要测单个细胞的序列？原因之一是每个单细胞的基因组都不一样，比如说，人类生殖细胞分裂时的随机重组使得每一个生殖细胞都不相同。但以前的技术不够灵敏、不够精准，无法使我看到它们的区别。

首先要把单细胞中微量的 DNA 经过单细胞基因组扩增，然后再测序。以前的单细胞基因组扩增利用 PCR 技术。PCR 曾经获得诺贝尔奖，广泛应用于生物和医学领域。它具有单拷贝的灵敏度，但用于放大整个基因组时，有的基因放大倍数高，有的基因放大倍数低。这种不均匀性是因为 PCR 是指数放大。

2012 年我们在哈佛大学发明了一个新的办法用于做全基因组的放大，称为 MALBAC。它不是传统的指数放大，而是接近于线性放大。我们只拷贝原始 DNA，并且把拷贝的产物保护起来，不把拷贝再放大。这样经过五次准线性放大后，再用 PCR 做指数放大，就避免了主要由于 PCR 在前几个周期产生的复制误差而导致的放大偏差，使全基因组放大更均匀。这个工作是我在哈佛大学的博士后宗诚航、博士生陆思嘉和我共同发明的。陆思嘉博士毕业后毅然回国创业，用 MALBAC 技术造福于国内百姓。

我们当年利用 MALBAC 技术做的第一件事是测量单个精子细胞

的序列，精子细胞是有 23 条染色体的单倍体。我们直接观察到单个精子细胞在每一条染色体上的红绿交接（crossover）。绿的是父源 DNA，红的是母源 DNA，每条染色体都是父源和母源基因的组合。不同精子细胞的染色体红绿交接位点是不一样的，这就是兄弟姐妹基因组都不一样，也就是“龙生九子，九子不同”的原因。

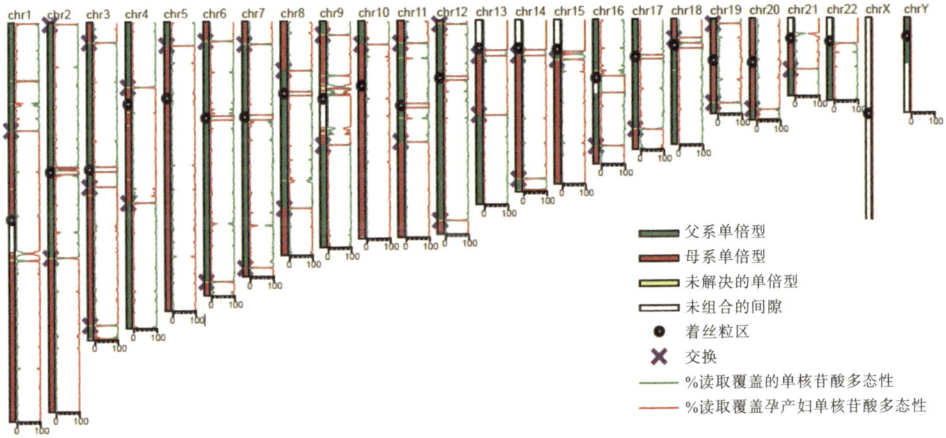

图 4　某男性单个精子细胞中的 23 条染色体（父源-绿色，母源-红色）
Luetal. Science 338, 1627-630120121

这个实验精子的提供者是一位华人教授，他的学生比他更好奇他的精子是否正常。从图 5 中看，左边这个精子不正常，缺乏第 19 号染色体，而右边的精子也不正常，有两条第 6 号染色体。好在这位教授还算正常，因为每个正常男子都有约 5% 这样染色体拷贝数异常的精子，原因是精子产生过程中染色体分裂异常。而这 5% 的概率是不随男子年龄而变化的。与此相反，卵子染色体不正常的概率会随女性年龄的增长而快速增加。无论精子还是卵子，染色体拷贝数异常都会导致流产、死胎、胎儿畸形及唐氏综合征等遗传疾病。如图 5（右图）中红线所示，随着女性年龄的增长，生殖的成功率急剧下降。随着中国“二胎”政策的开放，很多高龄女性正面临这个问题。

中国第一例“试管婴儿”是北京大学第三医院张丽珠教授于 1988

年完成的。当时她比世界第一例“试管婴儿”晚了 10 年。我的团队有幸与张教授的接班人乔杰教授、北京大学汤富酬教授合作，将单细胞的测序技术应用于试管婴儿的研究，也就是在卵子人工受精以后做受精卵植入前的筛查，以选择正常胚胎植入母体。

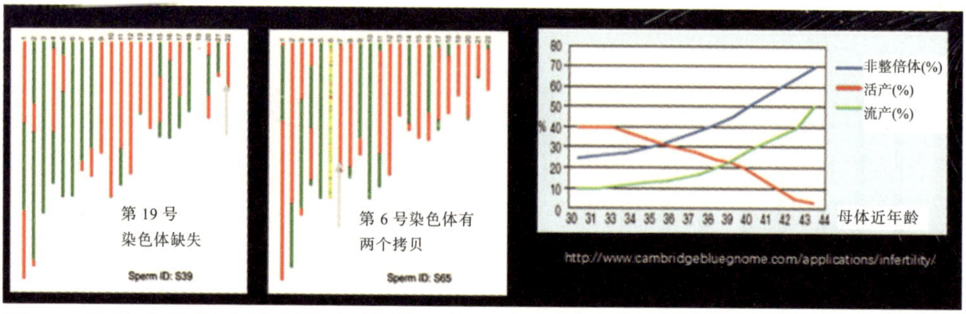

图 5　某男士的两个精子染色体拷贝数异常（左图和中图）；女性卵子染色体拷贝数异常、流产和妊娠成功的概率随女性年龄的变化（右图）

对于一颗体外培养的受精卵，有三种方法来鉴别它是否适合植入母体。第一种方法，我们用激光在细胞膜上打一个小洞，毛细管在受精卵外吸出两个极体细胞。这两个极体细胞本来也会被降解，不参与随后的生物过程。我们通过这两个极体的测序而推测受精卵的基因组是否正常，是否可以植入母体。第二种方法是取受精卵滋养层的细胞，是目前临床用得最多的方法。受精卵会分裂为 2 个细胞，然后变成 4 个、16 个……在受精后的第五天，等受精卵分裂成 200 多个细胞时，从滋养层活检取出几个细胞进行测序，从而推测受精卵的基因组是否正常。去年我们与亿康基因陆思嘉、无锡妇幼保健院蔡立义、南京军区总医院姚兵合作，在 *PNAS* 上报道了第三种办法。我们通过检测培养液中的游离的 DNA 来了解胚胎是否正常。这是因为胚胎在快速的生长过程中，一些胚胎的 DNA 会进入培养液。我们实验室的初步结果表明这个办法不仅无创而且更加可靠。

如图 6 所示，当卵子和精子结合后，左边的图显示的是正常的受精卵，可以植入母体；中间的图显示受精卵染色体数目异常的情况；

右边的图显示单基因遗传疾病的情况——父亲或母亲的某一个致病的点突变传递到受精卵内。后两种情况的受精卵都应被筛除。与以前的技术不同，MALBAC 可以同时检测到后两种情况。

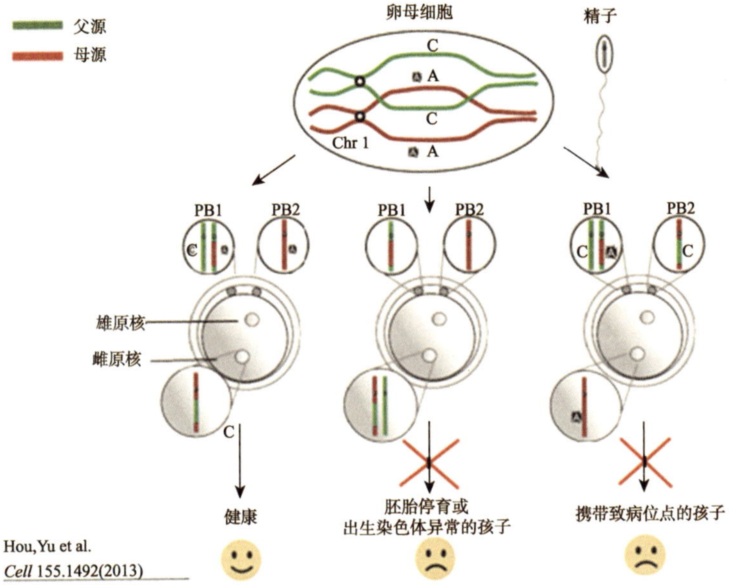

图 6　正常的受精卵可被植入母体。而染色体拷贝数异常，携带致病基因的受精卵被筛除

乔院长的临床实验的第一个病例是男方患有遗传性多发性骨软骨瘤。该男士从小由于软骨瘤每两年要做一次手术，只是因为他的 EST2 基因上存在一个单碱基突变。找到我们之前，他通过全基因组测序，明确知道自己携带该致病基因而且来源于父系，有 50% 的概率传给下一代。虽然他妻子基因组正常，但由于年龄较大，染色体拷贝数不正常概率会比较高。

这对夫妻人工授精后有 18 个受精卵，蓝色的是染色体异常，红色的是有点突变，而绿色的是既没有染色体异常又没有点突变，其中一枚胚胎被选择植入母体（图 7）。2014 年 9 月 19 日，世界上第一例 MALBAC 婴儿诞生了，是一个完美的女孩儿。我们去看她的时候，她一声都没有哭，还一直给我笑脸（图 8）。

病例1 胚胎遗传分析结果

男方患有遗传性多发性骨软骨瘤

胚胎编号	致病突变位点检测	染色体筛查
1	不携带致病突变	染色体正常
2	不携带致病突变	染色体正常
3	不携带致病突变	染色体正常
4	不携带致病突变	染色体正常
5	携带致病突变	染色体正常
6	携带致病突变	染色体异常
7	不携带致病突变	染色体异常
8	不携带致病突变	染色体正常
9	携带致病突变	染色体异常
10	携带致病突变	染色体正常
11	携带致病突变	染色体正常
12	携带致病突变	染色体异常
13	不携带致病突变	染色体异常
14	不携带致病突变	染色体异常
15	不携带致病突变	染色体正常
16	携带致病突变	染色体异常
17	不携带致病突变	染色体正常
18	不携带致病突变	染色体异常

胚胎移植

绿色：正常　红色：携带致病位点　蓝色：染色体异常

图 7

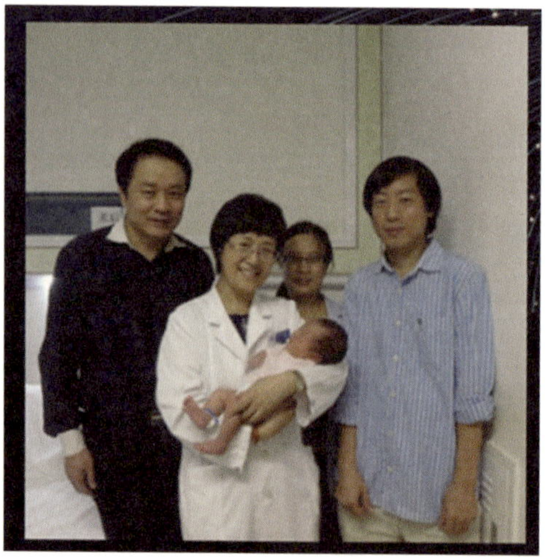

图 8　第一个 MALBAC 婴儿

这个表格（表 1）展示的是常见的几种单基因遗传疾病。单基因遗传疾病不同于安吉丽娜·朱莉的 BRCA1 基因缺陷，单基因疾病一旦传递给下一代，100% 会发病。这样的家庭特别需要 MALBAC 技术。我想强调的是，整个过程我们并没有对生殖细胞进行基因编辑，而是筛选那些没有携带致病基因的胚胎。

表 1

No.	Names of disease	Carrier rate	Morbidity （global)	Inheritance Patterns	Disease gene	The rate of Hot spots mutation types	Hot spots and common mutations
1	脊肌萎缩症（SMA） Spinal Muscular Atrophy	1/30-1/50	1/10000	AR	SMN1	98.6%	deletion and duplication in Exon 7，8，g.27134T>G
2	Alpha-地中海贫血 Alpha-thalassemia	1/10~1/4 In southern china	10% In southern china	AR	HBA	90%	3.7, 4.2, SEA, FIL and deletion and hot spots in THAI : c.369C>G , c.377T>C，c.427T>C
3	Beta-地中海贫血 Beta -thalassemia	1/10~1/4 In southern china	10% In southern china	AR	HBB	99%	CD41-42(-TCTT)、CD17(A→T)、IVS-Ⅱ-654(C→T)、TATA-box28(A→G) etc.
4	遗传性非综合征型耳聋（NSHL） Non-syndromic hearing loss	1/16	1/500-1/1000	AR/AD	GJB2	>80%	C.235delC,3delG,167delT,R143W
				AR	SCL26A4		H723R,IVS7-2A>G,V138F, L236P, T416P, E384G, IVS8+1G>A etc. 2genes, and 270 loci in all
5	苯丙酮尿症（PKU） Phenylketonuria	1/35	6.43/10000(China)	AR	PAH	>41%	Exon 7,12 , R243Q,R413P,Y356X,Y204C etc.
6	脆性X 综合症 Fragile X syndrome	1/256	1/1000~1/1500（male)	XR	FMR1		CGG repeats
7	甲型血友病 Hemophilia A	-	1/4000-1/5000(male)	XR	F8	43%-51%	638 mutation sites
8	乙型血友病 Hemophilia B	-	1/30000（male)	XR	F9	>43%	25 mutation sites
9	常染色体隐性多囊肾 Autosomal recessive polycystic kidney disease	1/70	1/20000-1/40000	AR	PKHD1	>41%	55 mutation sites
10	肝豆状核变性 hepatolenticular degeneration	1/90	1/30000	AR	ATP7B	>43%	55 mutation sites
11	糖原累积病II型 Glycogen accumulation disease II	-	1/50000 Southern China	AR	GAA	>50%	52 mutation sites
12	半乳糖血症 Galactosemia	-	1:48,000	AR	GALT	>84%	87 mutation sites
13	甲基丙二酸血症 Methylmalonic acidemia	-	1:48000（USA）； 1:50000（Japan）；	AR	MUT	>50%	39 mutation sites

迄今为止，在中国超过 300 个单基因遗传疾病家庭已受益于 MALBAC 技术，成功避免了单基因遗传疾病的后代传递。

最后给大家介绍我们最新的工作，国际首例阻止平衡易位的 MALBAC 婴儿，是与郑州大学第一医院孙英蒲团队和亿康基因陆思嘉团队合作完成的，相关文章刚刚在美国 *PNAS* 上发表。平衡易位是人类中最多的一类染色体结构畸变，在我们的案例中，一个男性携带者的 DNA，第 7 号染色体中的一段接到第 15 号染色体上，而整个基因组的 DNA 的拷贝数没有改变，这就是所谓平衡易位。这个疾病在新生婴儿中的发生率约为 0.2%，平衡易位的携带者本身没事，但想要小孩儿的时候就出现问题了。平衡易位患者的染色体的结构与正常染色体不同，导致精子或者卵子异常，不孕或流产，或有缺陷的新生儿。

该患者与妻子共有 7 个胚胎，除了第 2 个胚胎，其余 6 个胚胎的染色体拷贝数都不正常，不能移植。第 2 个胚胎染色体拷贝数正常，胚胎有可能完全正常，也有可能是平衡易位，但原来的技术无法区分这两种情况。我们的新技术可以区分，结果是正常，是非平衡易位携带者。这是世界上第一例避免平衡易位的 MALBAC 婴儿，出生前羊水穿刺就已经证明了胎儿正常。迄今为止，已有 15 名平衡易位携带者在郑州大学第一医院迎来了正常的 MALBAC 婴儿。

总结一下，虽然我们没有利用 CRISPR 技术对生殖细胞进行编辑来改变父母或婴儿的基因（伦理上现在不能被接受），但可以精准避免单基因遗传疾病的后代传递。

迄今为止，在中国已有超过 300 个单基因遗传疾病家庭受益于 MALBAC 技术，成功地阻止了单基因遗传疾病传给婴儿。与此同时，大约 3000 对夫妇得到了植入前胚胎基因组的精准筛查，有效地避免了染色体拷贝数异常，从而提高了妊娠成功率。这对目前享受二胎政策的高龄女性尤其重要。

最后，我建议大家想生小孩儿时要提前做基因检测。很多人觉得自己正常不用做，但是基因表达经常是隐性的，也就是说，即使夫妻双方的表型都正常，子女也未必能正常。

DNA 是以单分子的形式存在于每个细胞中，因此基因组的变化是随机的，生命充满了随机性。我们的 MALBAC 婴儿是精准战胜随机的一个案例，有什么比一个细胞更精细？比一个碱基更准确？

谢谢大家！

谢晓亮

2017 未来科学大将颁奖典礼暨未来论坛年会 · 研讨会 7

2017 年 10 月 28 日

王晓东

北京生命科学研究所所长
美国国家科学院院士
中国科学院外籍院士
未来科学大奖科学委员会委员

1963年出生于中国武汉，1984年毕业于北京师范大学，1991年获美国得克萨斯州西南医学中心生物化学博士。现为北京生命科学研究所资深研究员，所长。

自1995年以来，王晓东博士主要致力于人体细胞凋亡的研究，凋亡是细胞的一种特殊生理功能，对人体正常发育和清除损伤细胞起着至关重要的作用。凋亡的缺陷是肿瘤发生的关键步骤。在过去的十几年中，王晓东博士领导的实验室发现了细胞凋亡的生化通路与其作用机制。根据这些研究成果，王晓东博士还研发出针对肿瘤细胞凋亡的新型实验性肿瘤治疗药物。王晓东博士2004年被评为美国国家科学院院士，2013年入选中国科学院外籍院士，2014年入选欧洲分子生物学组织（EMBO）外籍会员，并获得多项国际生物研究奖，其中包括2006年的“邵逸夫生命科学与医学奖”。

生物医药　绝症不绝

今天跟大家一起回答这样一个题目——绝症不绝。对于这个题目，我有两个感受。首先，绝症听起来是挺让人担心的一件事；其次，绝症又不（会灭）绝，这让我们更加失望。我们希望什么？不光是绝症灭绝，而且最好是绝症会消失。

我们之所以面临着各种各样的绝症，在我看来，有四个非常重要的原因。当然，这里我只讲影响很多人的具有普遍性的疾病。

第一，世界上有“聪明”的病毒。为什么说它聪明？病毒是一种非常微小的微生物，用电子显微镜放大几万倍才能看到，它跟我们的身体共进化多年。它非常聪明，生活的目的是侵染我们，会给我们造成不适和疾病。在过去很长一段时间，有些病毒感染是一种绝症。即使现在，还有一种病毒，影响了我们很多人，后面我也会提到。

第二，“善变”的癌症。为什么说癌症“善变”？癌症的发生是我们身体内部的细胞发生了变化。癌症的诱因多种多样，包括各种环境与基因因素，甚至可能是在“躺着中枪”的情况下发生了基因方面的突变，结果使我们自己的细胞“叛变”开始攻击我们身体正常的细胞。在过去的很多年里，癌症是一种绝症。经过多年的科学研究，人类在预防、治疗癌症方面有了很大进步。或许未来有一天，我们也可以预防和治愈癌症。那么人类的寿命就可以再次提高到一个新的台阶。

第三，绝症是损伤的神经。随着岁月的流逝，我们很多的神经细胞最后都会受到损伤。因为多数神经细胞不可再生和补充，神经细胞的损伤就会造成功能性的丧失。为什么它们会有损伤？为什么我们的神经细胞会离我们而去？现在仍是未解之谜。但我仍有信心，在我们的有生之年，可以对神经退行性的病变进行预防，甚至找到治疗的办法。

即使把这些眼前的疾病都治好了，人类的平均寿命提高到200年，我想还会有新的问题出现。这是人类作为一个活的有机体所必须面临的新问题。从这一点来讲，我们研究生物医学的人可能永远不会失业，我们永远在路上。所以，如果台下的小朋友将来要选择职业的话，欢迎参加生物医学研究的科学队伍。

说起病毒，在并不遥远的过去，艾滋病是 “谈艾色变”的一种绝症。在20世纪80年代中期，也是我去美国留学的时候，艾滋病才刚刚开始流行，起初并不知道是什么引起的。得这种病的人的免疫系统坍塌了，所以，一旦得了艾滋病就是绝症，很多人因此离世。

这令我想起一件现在回想起来都让人非常不舒服的事。在20世纪90年代，从海外回国探亲的人，入关时每个人都必须要抽一管血，检查艾滋病，因为不能把艾滋病带到中国来。

现在艾滋病对人类来讲已经谈不上是绝症了。科学的发展揭示了引起艾滋病的是 HIV 病毒。我们也知道了它如何感染我们的细胞，如何在细胞里面复制，最后又如何组装成新的病毒感染新的细胞。现在，我们对它的“生活史”已经了如指掌。也正因为我们了解了它，就可以根据它如何感染细胞，如何在细胞里面复制，如何组装成新病毒，开发出针对各个步骤的药物。

不仅如此，这样的药物经过一代代改进，正变得越来越好。现在得了艾滋病、感染了 HIV 病毒，已经不是一个绝症。虽然还不能根治，但可以无症状多年生存。正是因为有生物医学的基础研究、应用研究，再到药物开发以及最后的临床应用，现在艾滋病已经是完全可以控制的一种疾病，不再是一个绝症。我们的华裔医学家何大一教授发明了鸡尾酒疗法，把几种药放在一起进行治疗，为艾滋病的治疗做出了重大贡献。

另外一种我们国人深受其害的病毒是造成乙型肝炎的乙肝病毒。它是一个小病毒，但却引发了非常大的问题。为什么说它是一个小病毒？相对于造成艾滋病的 HIV 病毒来讲，乙肝病毒的基因组非常小，病毒基因组编码的只有一个酶，而不像 HIV 病毒基因组编码了好几个酶，所以我们能对 HIV 病毒“多管齐下”。但乙肝病毒仅编码了一个酶，且我们对它在细胞内怎样感染和复制都所知甚少。因此，我们对乙肝病毒的治疗方法并不多。

目前，全球共有 2 亿 4000 万人感染了乙肝病毒，在中国，最近的数字显示约有 8000 万人被感染。相较于全球 3500 万艾滋感染者，乙肝病毒感染者的数目要大得多。而且，全球每年约有 100 万人会死于跟乙肝病毒感染有关的疾病，这相当于每年爆发一场大型战争。

此外，全球感染乙肝病毒的地区大都集中在不发达地区，欧美感染得很少。感染人数最多的是什么地方呢？是中国和“一带一路”沿线国家。

所以，针对乙肝病毒的研究在欧美并不是一个热点，也不是一个重点，不像HIV病毒，而中国人对乙肝病毒的研究就愈发紧迫和重要。

最近，北京生命科学研究所李文辉老师在乙肝病毒领域有了重大发现。他的研究组发现在肝脏内有一个负责胆酸进行肝肠循环的受体，同时也是乙肝病毒进入肝脏细胞的受体。什么是肝肠循环？我们吃了油腻的食物后，肝脏会分泌胆酸，来溶解和帮助消化这些油腻的食物。这些胆酸到肠道以后并不是都排出去了，多数是通过肝肠循环被肝细胞重新吸收了。

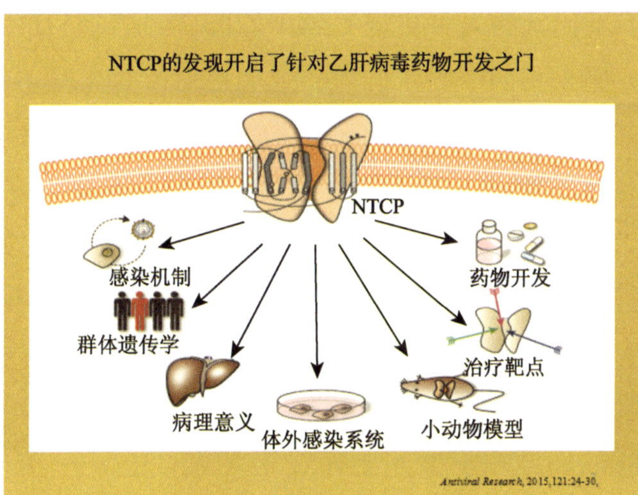

那么，胆酸如何回到肝脏细胞呢？需要通过一个叫做钠离子牛磺胆酸的转运受体。李老师的研究组发现这个受体其实就是乙肝病毒进入肝细胞的一个途径。有了这样的一个受体，我们对乙肝研究的途径就打开了。以前很少，或者是说没有途径。为什么？一个原因是乙肝病毒很小，基因组也很小，它只有一个逆转录酶；另一个原因是乙肝病毒并不感染常用的实验动物，除了感染人、大猩猩、黑猩猩以外，连猴子都不感染。人、大猩猩、黑猩猩都不是我们常用的实验动物。

不仅如此，它很难在体外建立稳定的感染。发现了受体，就可以建立这样一个能被感染的细胞系，在体外可以连续培养的癌细胞株上完全实现重复乙型肝炎病毒的生活史，进而可以更深入地在分子水平上了解它们如何入侵细胞、在细胞里面如何被复制，就可以针对这些步骤开发药物。

知道了受体还要针对乙肝病毒做人类遗传学的研究。为什么？在这里我也要给大家解开一个谜：在很长一段时间里，人们总有一个疑问，为什么中国人容易得乙肝？是不是中国人基因组的问题导致容易得乙肝？综合研究发现，其实并不是基因组的问题。但是我们通过遗传学的研究发现了一个基因的多态性，有这个多态性的人是不感染乙肝的，中国人在基因上不比别的人种更容易感染乙肝，而且我们有一部分中国人抗乙肝感染。那么我们中国乙肝大国之名更可能是生活习惯所赐。

有了这样的手段，中国现在对乙肝病毒这样的一个世界难题，在我看来在研究和药物开发上处于世界领先地位。其实，在 20 世纪 80 年代末 90 年代初，乙肝病毒的蔓延情况比现在要厉害很多。为什么？因为当时没有乙肝疫苗。现在多数情况下，尤其是小朋友们感染乙肝的已经非常少了。正是因为科学家开发出了预防乙肝的疫苗，而且我们大家都能接种到乙肝疫苗，新的感染就相对少了许多。

但是乙肝的问题在于世界上有 2 亿多人，中国有 8000 多万人已经感染，其中多数是慢性的感染，并不是新的感染。而已有的感染病毒没有办法被清除，随着时间的推移，很多感染乙肝的人最后会变成肝癌。下一步，虽然我们将来能够把病毒引起的乙肝彻底根治，但是癌症的问题又出现了，那又是一个绝症。

我们对癌症的研究、治疗和预防，怎么办？最有效的是疫苗。乙肝疫苗大大降低了感染率，尤其是对年轻的人群，会降低他们未来的肝癌发病率。最近的 HPV 疫苗也能够大大降低 HPV 的感染以及宫颈癌的发病率。

如果得了癌症，怎么办？如果在早期发现，用手术切除。转移了怎么办？我们现在有放化疗。化疗就是用对细胞有毒的药物把癌细胞毒死。当然，化疗的问题是特异性不强，在毒死癌细胞的同时，很多正常的细胞有时候也会被毒死，而且会产生抗药性。而放疗是用高能射线去杀死癌细胞，但是如果癌细胞转移到很多细小的地方，不能定位，就很难完全用放疗治疗。

最近也有所谓的靶向治疗。之所以有癌细胞，是因为有基因的突变。那么，如果我们能够找到造成癌细胞基因突变的基因，针对这样的基因设计一个药物，把癌细胞依赖生存的突变基因产物抑制住，癌细胞就会被杀死或诱导分化成正常细胞，“改邪归正”。这就是靶向治疗。靶向治疗的问题是初期可能有效，但后来没有被完全杀死的癌细胞又发生了变化，癌细胞会变得抗药，肿瘤就会长回来。

最近一个激动人心的、有效的新治疗方法是肿瘤免疫治疗。肿瘤免疫治疗的基础是什么呢？就是动员我们身体里的免疫系统去杀死癌细胞。我们的免疫系统其实就是我们身体里面的“解放军”和“武警”，它们是用来对抗外来的侵染和我们“内部叛变”的。对叛变的癌症来讲，我们的免疫系统是可以对其进行剿灭的。

这里我简单地讲一下肿瘤免疫治疗。其实肿瘤免疫治疗和抗病毒的思路很像。首先癌细胞要被免疫系统认出来是癌细胞。癌细胞基因的突变会产生新的蛋白，新的蛋白一产生，我们的免疫系统就知道这个“人”不是“我们的人”，前方负责“杀敌”的免疫 T 细胞可以跟癌细胞接触，然后把癌细胞杀死。

除了管杀伤的T细胞，人体的免疫系统还有一个庞大的后援部队，比如说我们有“侦察兵”，能够侦察癌细胞在哪儿。有战争动员机制，一旦发现病变，前方的“战士”就会从少数变得很多，另外免疫系统还可以把它们送到判断有病变的地方。所以，癌症免疫治疗不仅为我们提供了一种新的治疗方法，也给我们提供了新的策略来对付癌症。

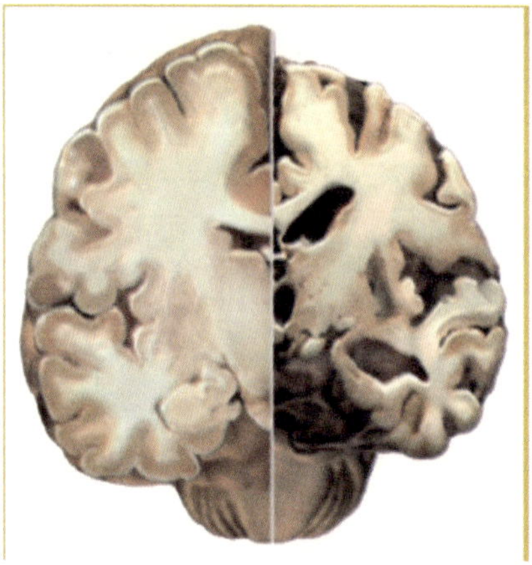

虽然现在可能还是一个公众“谈癌色变”的时代，但是我很有信心，如果现在癌症还能称得上是绝症的话，它肯定会很快被我们“灭绝”掉。如果癌症治好了，各种感染也治好了，我们都会活得很长。但是，随着年龄的不断增长，会伴有一个最大的危险，就是我们的神经会莫名其妙死掉，进而引发像阿尔茨海默病这样的疾病，这些疾病不光对病人本身造成很大的痛苦，病人的家庭和社会也都会有很大的负担。

以另一种我们称为渐冻症的疾病为例，就是控制我们肌肉运动的神经元逐渐消失了。最著名的渐冻症病人是霍金，运动神经元的消失使得他不能动了，但是思维仍很清晰，这跟阿尔茨海默病不一样，后者是思维的退化。渐冻症病人的思维很清晰，像霍金，还能思考黑洞是怎么回事。霍金几乎所有的肌肉都不能动了，仅能控制眼皮，所以眼皮的神经元是最后消失的。

另外，我们中国人最大的神经杀手是中风，中风也会杀死神经元。那么，怎么样治疗？虽然现在治疗退行性疾病的手段还非常少，目前的药物和物理治疗主要是弥补损失掉的神经元功能，但根本的治疗方式还是切断神经元死亡的诱因。如果我们能够找到这个诱因，就可以延缓神经元的死亡。此外，我们还可能用神经干细胞以及神经系统里面的非神经细胞，即所谓的胶质细胞，把它们变成新的神经细胞（神经元）来替代死去的神经元。

我有信心，科学家可以在我们有生之年把大多数这样的问题解决，使我们可以有比现在平均水平更久的寿命。当然，到时候可能还会有更多的问题。绝症不绝，一方面，我们要通过我们的科学研究，让目前的绝症绝迹；另一方面，随着我们寿命越来越长，新的绝症还会出现。未来大奖，面向未来，我们永远在路上。我就分享到这里，谢谢大家！

王晓东

2017 未来科学大奖颁奖典礼暨未来论坛年会·研讨会 7

2017 年 10 月 28 日

科学·对话

|对话主持人|

王立铭 浙江大学生命科学研究院教授、未来论坛青年理事

|对话嘉宾|

李　革 药明康德集团董事长、未来论坛理事

王晓东 北京生命科学研究所所长、美国国家科学院院士、中国科学院外籍院士、未来科学大奖科学委员会委员

谢晓亮 北京大学李兆基讲席教授、北京大学生物动态光学成像中心（BIOPIC）主任、北京大学未来基因诊断高精尖创新中心(ICG)主任、美国国家科学院院士、美国国家医学院院士、中国科学院外籍院士、未来科学大奖科学委员会委员

徐沪济 清华大学临床医学院常务副院长、北京清华长庚医院副院长

王立铭：首先我要感谢一下王晓东和谢晓亮老师特别精彩的激动人心的报告，我们的讨论将更多从刚才的两个话题中开始引出大家可能会非常感兴趣的问题。我先介绍一下我自己，我叫王立铭，是浙江大学的教授。我来介绍一下嘉宾。我觉得主办方费了很多心思，这些嘉宾除了每个人的专业背景，都是大咖级的人物之外，正好是专业背景和工作背景特别互补的一个组合。比如说谢晓亮老师和王晓东老师，都是技术研究做得非常好，一个人更倾向于疾病的机制和治疗，另外一个人更倾向于疾病的发现和预防，同时对研究成果的产业化也有很多的经验。另外两位嘉宾，一位是李革老师，他是药明康德集团董事长，也是未来论坛的理事，代表了我们今天嘉宾里面对生物医药产业有非常深厚理解和影响的专家；另一位嘉宾是徐沪济老师，是清华大学临床医学院常务副院长兼北京清华长庚医院的副院长，同时也是自身免疫疾病的专家。我自己也很期待他们能碰撞出什么样的火花来。

我们开始讨论一些问题。我想到今天在座的观众和看直播的人绝大部分不是专业人士，所以今天我试图以一名观众的角度来引出一些讨论，这样的讨论会对更多的观众和收看节目的人有启发或者是帮助，所以按照刚才两位演讲的话题继续讲绝症。中国电视剧里面有一些特别有倾向性的设定，比如说大家看电视剧看多了，主角要是去医院检查得了癌症，这个人大概在三四集之后就去世了。如果这个电视剧里有一个小孩儿，无论是主角还是配角，发现有白血病，两三集以后大概这个小孩儿也离世了。有一系列这样的疾病，包括刚刚说的癌症，也包括遗传病，特别是电视剧里面的小孩儿，如果发现有遗传病，基本上很快就夭折了；也包括刚刚晓东老师讲到的特别著名的感染性疾病，比如说艾滋病。在中国电视剧里，主角得了这些疾病基本上很快就去世了，给我们大多数人一个感觉，这些疾病等于绝症，等于很快就死了。听了晓东老师和晓亮老师的报告以后，我觉得这件事在认识上有很大的误解，普通人会存在一些误区。在大家各自专业领域里，我们老百姓一般认为的绝症包括遗传病和艾滋病，也包括癌症，这些疾病中哪些其实在今天已经可以认为不是绝症了？大家如果真的在现实中得了这些疾病以后也知道还是有希望的。我替大家问这个问题，请专家们来回答。建议从徐老师开始。

徐沪济：非常高兴有机会来到这里作为嘉宾参加讨论。我从临床医生的角度来谈一下对绝症的看法，实际上医学术语中没有绝症这个概念。绝症，是一个通俗的概念，从医生到患者、到老百姓，大家普遍的认识是，在我们得了某种特定疾病后，由于我们现有的知识结构对它认识还不足，不能找到有效的治疗手段在一定的时间内治愈，所以得了这个疾病的患者可能会过早地离开人世。从这个角度来讲，这个疾病是一个绝症。

但是在过去的几十年里，老百姓通常讲的绝症已经发生了翻天覆地的改变。从大概念上来讲，在解放初期，人的平均寿命只有 40 岁左右，现在活到七八十岁已经很正常了，平均寿命已延长了一倍，所以昨天讲的“绝症疾病”今天可能就不是绝症了。这完全得益于整个医学生物学的发展，使得我们对很多疾病的认识越来越深刻。我们的生活质量也在不断的改善，使很多疾病能够得到有效的治疗，尤其是肿瘤，因为得了肿瘤以后既往多数情况下不能得到有效的治疗，但是肿瘤的治疗已取得了非常大的改变。

刚刚晓东老师已经讲了 HPV 和 HBV 引起的两个疾病，也就是宫颈癌和肝癌，已经发生了实质性的改变。主要体现在两个方面，第一个是预防，因为我们已经对一些疾病有了很深刻的认识。比如说宫颈癌，我们知道它和 HPV 感染有密切相关性，所以就可以做预防了。当时在昆士兰大学 Ian Frazer 教授和中国学者周健共同发明了 HPV 的疫苗，可以预防接种防止 HPV 的感染，因为 HPV 感染可以导致宫颈癌发生，所以防止了 HPV 感染，宫颈癌也可以得到预防。肝癌也一样，主要是肝硬化后的结果。大家都知道，目前肝硬化主要是三种原因导致。在西方国家，主要是酒精性肝硬化，还有中国不太多见的嗜铁细胞增多症后的肝硬化；在中国，主要是 HBV 感染后的肝硬化。HBV 的感染率在我国非常高，早些年的话，我们的感染率高达 10%。现在通过预防接种，感染率明显下降，明显下降的直接结果是肝硬化少了，肝癌也就少了，所以从防治角度来讲的话，这已经有了很大的变化。

第二个方面是治。对一些过去的绝症的认识度也发生了明显的改变。比如说宫颈癌，还有乳腺癌，就这两个疾病来说，通过早期的筛查，可以做到早期诊断，然后做到早期手术切除，现在已经可以做到完全治愈了，我们讲五年生存率，基本上可以到百分之百了，如果患者能够得到早期诊断和及时治疗的话。此外，对于一些中晚期病人，现在的药物发展非常快，很多的疾病都能够得到有效的治疗，所以这个绝症是相对的。晓东刚刚讲的绝症不绝，我一听还是很诧异的。所以理解绝症可以是两方面，一方面是原来讲的绝症今天已不“绝”了；另一方面，又会不断出现新的绝症。所以绝症不绝。比如说埃博拉病毒感染，可能很凶险，包括原来中国发生的 SARS，都是所谓的绝症。

所以绝症是相对的，但随着医学发展，对绝症的概念也会越来越广，因为今天我们可以活到80岁，明天可能要求活200岁了。如果从要活200年来讲，今天很多病就是绝症了，因为它阻止了你多生存好多年。你说什么病是绝症呢？从临床医生的角度来讲还得益于医学的发展，我们讲的绝症的概念会发生不断的改变。

王立铭：我觉得徐老师已经把我们要讲的总结得非常全面了。徐老师刚才主要侧重讲预防和早期筛查这部分工作，还讲到了我们要更多地依靠新药的研发和进展，所以我想请两位正好在新药研发方面有很多经验的老师说一说。

李　革：刚才徐院长讲到绝症，实际上从医生角度来讲，绝症可能就是没治，从做药的角度上来说可能就是没药。如果从现代的治疗方式来看的话，实际上不仅医和药，还有很多的介入方式是连在一起的，所以说新药研究和开发在治疗的过程中是至关重要的。现在大家觉得癌症是一个绝症，实际上很多时候是大家对癌症的一种恐惧也不完全是错误的认知，因为癌症的种类繁多。通过现在的科技手段对其进行不断的了解，比如说肺癌，原来在肺里面长一个肿瘤叫做肺癌，但是现在，肺里长一个肿瘤，通过现代的检测技术、基因技术，可以知道很多不同的分型，有的可以治，有的没得治，很多和有没有靶向的药物相关。

刚才王晓东教授讲了很多的新理念，包括癌症的免疫治疗等。但是实际研究过程中，我们还有很多东西不知道，但我觉得得了病，最重要的是要正确面对，积极参与到新药研究和开发的过程中来。比如说入组临床等，找到适合自己的药和治疗方式。我觉得这个对疾病的治疗有很大的帮助。

王晓东：我想从另外一个角度来说一下。刚才徐院长说从临床上来讲应该是没有绝症的，李革的观点是，即便有绝症，药明康德也能通过其合作伙伴帮你做出药。但是如果真正接触过，或者说我们亲朋好友得了癌症的话,我切身的感受是我们很多情况下还是没有办法的,或者说现有的办法还是不够好。这里面就要牵扯到我们对很多的疾病,尤其是像癌症这样很复杂的疾病的认知。多数癌症是很复杂的情况,我们对它为什么会发生,为什么会在身体里边这么长时间,或者说为什么我们不能够很早期地把它发现?大多发现的时候,就已经到后期了。为什么手段还是这么少?我们对这种疾病发生的具体过程,也就是对这种疾病的发生和发展还是了解得太少。那么我们以前,为什么说国产的电视剧里主人公得了癌症两三集以后就消失了,但看美剧的时候这种事比较少见。这里面可能也反映了我们的一个固化的思维,那就是其实我们现在所用到的很多的治疗方法,都是最早在国外发生的。可能我们自己研发的,尤其是针对中国人高发的疾病,比如癌症里的胃癌、食管癌、肝癌,这些在西方发病比较少,所以很少在美剧里面看到一个主人公得了肝癌。我想随着我们国家生物医学的发展,比如说像王立铭这样年轻的浙江大学的教授,他当学生的时候我就认识他,眼看他事业的发展和在事业的发展过程中我们中国生物医学研究在各个方面从基础研究、临床研究到新药开发,都有了很大的进展。我的期待是,几年以后,我们的电视剧里像这样的情节会越来越少,编导的任务越来越重,到时候要让这个演员不演下一集还挺费劲的。

谢晓亮:我主要是做检测的。我和李革都是北大化学系毕业的,我做的是物理化学。癌症的确是一个很恶毒的疾病。我的实验室在过去几年里,我的三个学生或者说是博士后,他们的父母由于癌症突发就去世了。他们还很年轻,他们父母也不比我大多少。我们确实看到,如果癌症发生了,或者是说刚才讲的艾滋病、癌症,可以靠药延续治疗。但是,这些被癌症夺走生命的人,他们发现的时候癌细胞已经转移了。从检测的角度,现在我们能够早期检测癌症,但是还是蛮难的,还是不够精准的。但是在今后十年,我相信是可以做到的,比如做体检的时候通过抽血就能够发现。我想真正要降低癌症死亡率,检测方面也得有一个突破。

王立铭：我觉得讲一圈下来，其实还是给了大家很多的希望。对于很多看起来很严重的病，比如某一些种类的癌症，未来会有更好的技术研究，有更多的药和检测手段，以及更好的临床应用，是一个很有希望的事。我再问一个问题，刚才咱们讲的是一个放之四海而皆准的逻辑，无论在哪一个国家都需要更多的药、更好的检测和临床研究，我代表中国的听众问一个问题，这些事，在中国会以什么样的形式发生？刚才讲的有一些中国特有的病或者是中国高发的病最终依靠中国人来做药物开发、做临床应用，反过来讲，这是一个很重要的侧面。另外一个是说有一些病可能全世界都有，但是是不是会有一些原因使得中国的病人更晚或者是更困难用到这些检测手段或者治疗手段来治疗临床的疾病，如果有的话，未来我们能看到什么样的希望，是否能解决这个问题?

李　革：第一，国家药品监督管理局（原 CFDA）的新政会使得全世界的创新结果更早、更快地进入中国，来造福中国的病患，这是一个非常大的进步。以前大概百分之六七十的美国食品药品管理局（FDA）批准的新药，不能及时进入中国使中国的病患受益。另外，像晓东、一公、晓亮等大量的教授回国，同时国家对科技创新的大力支持，我觉得从科学和技术发展角度来说，我们也有更好的土壤。前一个环节在和青少年互动过程中提到为什么很多的科学研究结果没有在中国发生？我觉得还不到时候，如果把过去美国国立卫生研究院（NIH）和中国比较的话有很大的差别，但是未来没有差别。我相信未来五到十年，中国科学家一定会有得诺贝尔奖的。

第二，从产业发展角度来讲，我觉得未来的五到十年，中国一定会成为全世界新药研究和开发的重要基地。大家都希望绝症不绝，但这是一种愿望，实际上还是需要大量的病人参与到临床研究之中来，只有经过临床研究的验证，才能够开发成为药。所以对这两点我都非常有信心，而且我觉得晓东讲的食管癌、胃癌、肝癌等疾病治疗相关的科学和科技都已经在不断进步，同时新药研究和开发的能力在中国也在不断成熟和完善，所以我是很乐观的。

王立铭：您乐观的不仅是近期内可以追上世界最好的水平，而且会超过。

李　革：我觉得没有必要做狭隘的比较，一定要比别人怎么样，最后的宗旨是疾病本来就是全世界需要共同研究的课题。我相信王晓东、谢晓亮、施一公等很多的在座科学家，开展国际合作是非常常见的，所以我们更应该运用我们在中国的资源，包括科学、技术、人力资源，怎么样能够在中国把新药研究和开发做得比别的国家更好，这是一个不断进步和探讨的问题，最后让结果说话。

徐沪济：我从临床医生的角度做一点补充。第一个方面，晓东和晓亮刚刚已经讲到了，基础研究对整个医学的发展起了关键性作用，没有基础研究是推动不了医学发展的。我们讲绝症不绝是说绝症可以得到治疗，都是因为我们的基础研究——生命科学的一个个巨大的突破，所以这一点是最重要的。但是我们现在还是有一点急功近利的思想，总是想转化，实际上，一个转化是非常困难的。包括革命性的治疗型抗体，经过 100 多年研发才到今天，但是转化过程是艰辛的，这都是得益于基础研究。所以我在医院比较反对新技术、新疗法。为什么？这个话并不一定完全准确。因为现在医院的很多的研究离真正意义上的转化还是有距离的。因为说要去转化，不是那么简单，我们讲真正的转化还要得益于基础研究，这是一个比较坚实的基础研究，这是回答你的第一个问题。第二个问题是综合作用，它起到越来越重要的作用。为什么这么讲？几年前我在美国得克萨斯讲课，我讲了一下中国的医疗现状，我们可以看到中国人口占了世界上的五分之一，但是我们的发病率和患病率对每一个疾病来讲，并没有和世界上其他国家的人种有差别。换句话说五分之一的病人在中国，这是非常大的医疗资源，包括研究资源。这是国外不具备的。从另外一个角度，从遗传学的角度，晓亮教授在这方面更清晰了，我们的这些病人基本上是汉族，所以人种间的变异也小。这个对我们来讲对做遗传学研究具有很大意义。同时不同种族间的研究可以告诉我们很多东西，比如说风湿病有一个强直性脊柱炎，它的发病与遗传非常相关，它是复杂性状疾病遗传度最高的（除了 7000 多种单基因病以外）。强直性脊柱炎的遗传基因除了 B27 之外，还有 IL-23R 和 Stat3，这两个基因共同调节 Th17 细胞的分化。清华医学院院长董晨教授是 Th17 细胞的发现者之一。通过不同种族间的研究证明这条通路在致病机制中起到重要作用。现在抗 IL-17 治疗在强直性脊柱炎中取得了很大的成功，也说明不同种族间的研究可以告诉我们很多信息。

另外，李老师讲到了 FTI 开放的临床研究，对我们来讲是非常好的消息，我们说我们的医学实际上离国际一流还是有一定距离的，这不是我们保守。到底有多少新药来自于中国（这是一个现实）？有多少手术是我们自己发明的？其实都在学，包括我们的医疗器材。清华现在讲我们工科这么强，为什么做不出来？这里医生和科学家之间还是存在着环节上的脱节，我们的医疗体系还是要以实践医学为主体，并不是像很多发达国家，不仅要实践医学，还要发展医学，要做科学研究，所以医生、科学家是非常重要的，这也是施一公老师提出来在清华要培养医学生，重要的是培养医师科学家，不仅要实践医学，更重要的是发展医学。

现在有不少比较优秀的，以及非常优秀的医生，他们说我看好一个病人，只能解决一个病人的问题，但是做研究会对一组病人有非常大的帮助。所以我觉得中国现在投入这么大，而且病人这么多，就需要更大地加强基础和临床合作来推进我们的研究，同时一定要国际化。现在有很多的医生抱着标本不肯放，也不肯给别人，这都是一些问题，所以我们更需要加强国际间大的合作，才会使中国的医学在世界上更快地做到一个更好的领先的地步，谢谢。

王立铭：我能不能这么理解您的话，咱们回到中国的话题，除了中国人特有的疾病，很明显是需要依靠中国做更多的研究和药物开发的。即便是全世界都有的疾病，从临床应用的角度来讲，怎么样在中国人群里面诊断，如何在中国人群里面使用这些药，如何针对中国人群的临床诊断，你觉得也是需要非常多的工作的。

徐沪济：因为我们可以借鉴很多现在已经成熟的平台，还有一些指南，可以做进一步的研究。总体上，我们说有一些病可能在中国高发，但是实际上没有太大的实质性的差别。我讲到肝硬化，我刚提到嗜铁细胞增多症在中国人中不常见，在西方国家患病率是三百分之一，是常见病。但更重要的是利用我们的资源，一定是我们不仅要行医，从医生角度来讲还要在实践医学的基础上发展医学，所以要有基础的临床医学的研究。所以现在清华大学临床医学院成立的一个最重要的宗旨是，我们不仅要做临床科学的研究，同时还要做基础和临床的交叉研究，把相关研究向临床转化。

另外，我们讲到清华工科这么强，能不能做到医工交叉，比如说很多大型设备，如核磁共振、CT，包括很小的设备，还是主要依赖于进口。这些都是我们有机会做得非常好的方面。

王立铭：刚才聊了很多的现状和希望，我还是以一个外行的角度来讨论，咱们聊完现状以后聊一点未来。我作为一个老百姓，生物医学小白，想象一下现在大家理解这个疾病、理解健康的概念大概是什么样？我想是这样的，我平常过自己的生活，该怎么活怎么活，衣食住行，哪一天觉得身体不舒服了，到医院，医生给我开一个检查的单子，我楼上楼下的检查，医生看了结果以后说得了这个病，那个病，什么手术，什么疗法，我治完了然后继续按照之前的生活方式过，这是老百姓对于医学和健康、疾病的理解。但是我们可以想象，各位从专业领域出发也好，基础研究也好，临床应用也好，诊断也好，药物开发和使用药物也好，你们设想一下，刚才我描述的特别经典的场景未来会发生什么变化吗？有没有可能像科幻电影里面显示的那样，我们每天早上起来会有一个非常个性化的指标告诉我哪儿健康，哪儿不健康，告诉我适合干什么，不适合干什么；哪一个病，刚刚有一点苗头就被发现了，可以采取什么措施，直接防患于未然；或者是说什么病来了，不用吃药，不用做手术，用一个什么方法，订制一个新器官或者是新系统就好了。我想请各位聊得未来一点，就是从你们的背景出发，哪一些事情是确实有可能发生的，让大家以后想到疾病和健康的概念和现在是完全不一样的。

李　革：我觉得是这样，万事皆有可能，刚刚你讲到了家居式的检测方式，还是回到基础科学的角度上，好比说，以前测血糖去医院，现在就不用了，有各式各样的血糖检测仪，而且有计时的血糖检测仪等。未来的家居式的检测方法是会实现的。

王立铭：您觉得未来哪些指标测了以后会对我们有帮助？

李　革：我觉得比如说免疫指标、代谢指标、肠道菌群的指标等，这完全取决于你在家居的检测方式和检测手段，或者是说搜集样品的手段是什么。在家里，你有没有安装一个便携式的仪器设备，这些从硬件角度上来讲，都可以比较简单的实现。更难的是所谓的生物标记物，具体来说哪些和疾病相关，哪些代表了重大的生物指标的变化等，我觉得这些东西都是不知道的。我觉得首先我们要有信心，另外，我觉得还是要有敬畏之心，因为确确实实有很多东西是我们不太知道的。举一个简单的例子，比如癌症，即便是你真的知道某一个标记之后，还不知道谁在什么时候产生抗药性。这些东西到底和什么相关呢？如果你真的能够对它每天进行检测和监控，同时运用大数据的分析，才会知道，某一个指标可能是我们从来没有想到的，它和某一疾病相关。我觉得这是科学和科技的神妙之处。所以我从一个乐观者的角度来说，取决于你真正想检测和解决的东西到底是什么？

王晓东：刚才您讲这个问题，我开始如果信心是5的话，现在信心就是7了。因为我刚才看见李飞飞坐在下面，李飞飞是谷歌人工智能部的主任。我想到了一件事，中国历史上中国文明的一个很古老的标志就是我们有24节气，那是我们的先人给了我们这个指标，我们根据这24个节气去种地的时候，就知道什么时候可以种什么，什么时候收。近代，我们出门去工厂工作的时候，要听一下天气预报，是吧？今天温度多少？下不下雨？可以根据这个决定穿多少衣服，带不带雨伞？咱们想象一下，十年以后，每天早上起来，可能会有更多的这种预报，你今天晚上睡得怎么样，激素水平怎么样？你的免疫系统怎么样？你今天适合来未来论坛当主持人吗？

王立铭：刚才两位的发言很有意思，有一个共性，你俩似乎都认为生物医学或者是疾病问题的革命性突破来自于生物医学之外，不管是硬件水平的提升、检测水平的提升还是大数据、人工智能的应用。我能这么总结你们俩的发言吗？

李　革：我没有说来自生物医学之外，我觉得现在的环境更要求跨界。其实很多的时候，有些研究的直觉也来自跨界，比如说神经类疾病，有的时候，行为实际上是一个标记，甚至灵敏度高于血常规的指标，对吧？所以我觉得以今天我们的知识结构和认知方式，站在今天看未来的话，我觉得这些场景都不远。实际上最关键的是基础科学发展到什么样的程度，临床科学发展到什么样的程度，把标记物和病用什么方法联系到一起，准确度和精确度到底是多少？这是一个临床研究的问题。

王立铭： 同样的问题给谢晓亮老师，咱们讨论未来，刚才讲了先天遗传病的筛查和预防，未来真的会出现吗？针对遗传病我们会有治疗手段吗？基因治疗或者是说基因编辑的概念特别火，你觉得这是一个未来很快会发生的场景吗？

谢晓亮： 谈到未来遗传病的避免，近来有很多关于 CRISPR 的讨论。CRISPR 是一个非常流行的技术，但它在生殖细胞上的应用确实有伦理问题，我个人觉得没有必要。用我们今天讲的 MALBAC 的方法，约 4000 种已知突变的单基因遗传疾病都应该可以避免。唯一不能避免的是同源的疾病——父母携带同样的致病基因，但这概率非常小。回到你的问题——先天遗传病的筛查和预防，如果我们在今后几十年不断地用类似 MALBAC 技术来筛查遗传疾病，应该可以大幅减少严重阻碍生活能力的遗传疾病。

王立铭： 按照您的理解就是说，用您现在的技术去拓展的话，未来就没有遗传病了，可以消除这种事情了。

谢晓亮： 也不是说消除，父母愿意做就可以做。但是我觉得从技术的角度上说，我们会越来越精准的，而且可以做到无创，就是说成功率会越来越高。这个前景肯定有。

李　革： 从历史角度来看，很多的遗传病，所谓的罕见病都在被治疗，病人得到了很好的治疗之后和常人没有什么区别。现在有一个误区，大家认为罕见病就是没药治了，其实罕见病只是罕见而已。国外的定义是说 10 万人里面有 1 个就算罕见病。去年美国有个罕见病的例子，实际上只要吃维生素 B2 就好了。刚刚我讲了，得了罕见病，首先要勇敢面对，正确的诊断之后找到相应的治疗方法和药。我觉得，不得病是一种愿望，得病之后能得到好的治疗，是一种智慧。所以，我觉得特别重要的是大家都应该关心生命科学，能够有机会参与到生命科学的发展中来。做父母的应该鼓励未来的一代去学科学。当然了，愿意学医也可以。我觉得这是一个特别重要的事。

王立铭：感谢大家的讨论。最后希望给各位嘉宾留一点时间做一个展望。我们能不能想象这样一个事情，在各位的领域，无论哪一种，未来十到二十年在座所有人都会看到这一天，影响到健康和疾病的治疗的事，在你们的领域中正在发生，也就是说，十年到二十年会影响到我们。

王晓东：十年以后，世界上最好的新药，就会像现在中国的华为手机，就是说功能强、便宜、人人用得起。尤其是中国人，都用得起。

谢晓亮：我觉得十年以后有可能会有比较可靠的癌症早期检测，现在有一些癌是可以检测到的，但是大部分的癌都不可以，灵敏度和准确性都不够。我觉得我们有希望把癌症的早期检测给攻破，但这需要很多人的努力。

徐沪济：我有两个希望，一个是刚才晓亮教授讲到的，就是遗传学的研究已经有了突飞猛进的发展，但是从临床医生的角度来讲，临床表型研究是最困扰我们的问题。比如说很好的药物，这个病人治疗有效，那个病人治疗却没效？为什么有一些疾病有这个症状，没有那个症状？疾病是复杂的，临床表型的研究对我们来讲是非常大的挑战。晓亮教授讲到，基因测序的价格，像摩尔定律一样，是呈直线下降的，但是临床表型的研究非常难，要人工来做。人工来做的话，往往是采集你认为重要的信息，你认为不重要的就不采集了，所以这是一个最大的缺陷。这个可能要人工智能才能解决。现在我们牵头国内最著名的13家风湿科，采用人工智能的手段研究临床表型，如系统性红斑狼疮，我们采集了5万多个病例，表型高达600万，如果没有人工智能是解决不了的。如果今后能把临床表型和遗传型结合起来研究疾病的致病机制，也许会有一个巨大的突破。另外，作为医生来讲，希望我们的医生能更好地服务于老百姓，同时希望医患关系不那么紧张。

李　革：我坚定地相信科学、科技代表未来，我希望更优秀的诊断、更好的药、更加精准的治疗方式让健康不再是奢侈品。

王立铭：特别感谢四位嘉宾的分享。作为外行我学到了很多东西，同时作为一个外行，我也可以给一个展望，我希望二十多年以后我们所有人，包括嘉宾和听众可以特别健康地重新相聚在一起，谢谢。

王立铭、李革、王晓东、谢晓亮、徐沪济

2017 未来科学大奖颁奖典礼暨未来论坛年会·研讨会 7

2017 年 10 月 28 日

FUTURE

第二篇

人体的免疫功能

我们原创的基础研究是我们这个社会往前发展必要的源泉，我们生活水平不断提高，我们产业不断升级，我们的人才，尤其是医学界人才能够培养出来，都是需要这样一个创新的科研作为基础。我想从这个角度给大家一点个人的想法，我们希望将来发展免疫学和基础医学的研究，并应用到临床医学，应用到我们的产业里，不仅是我们这些科学家做的事，也是大家一起共同奋斗的目标。

董　晨

清华大学医学院院长
清华大学免疫学研究所所长

1989 年武汉大学本科毕业后赴美留学，1996 年获美国阿拉巴马大学伯明翰分校博士学位，1997—2000 年在美国耶鲁大学免疫学系从事博士后工作。而后曾任美国得克萨斯大学 MD Anderson 癌症中心免疫学系终身讲席教授、炎症与肿瘤中心主任。2013 年获“千人计划”回国工作，现任清华大学医学院教授、院长，清华大学免疫学研究所所长，清华大学生命联合中心副主任。主要致力于免疫学的研究，应用小鼠遗传学手段重点探讨免疫应答的分子调控机制以及免疫疾病的发病机制。是 Th17 细胞分化、调节和功能研究领域的奠基者和研究权威之一，并在 Tfh 和 Tfr 细胞的发现和研究中做出了开创性贡献。目前已发表论文 200 余篇，总被引用次数近 20000 次，被汤森路透评选为“高被引科学家”。2009 年被美国免疫学家协会授予 BD Bioscience 研究者奖，并于 2011 年被选为美国科学促进会会士。

免疫疾病与免疫治疗

大家下午好！非常感谢晓东的介绍，也非常感谢未来科学讲坛的邀请，去年就邀请了我，但是一直没有排开时间，今天很有幸来这里给大家做一个介绍。我听说是2017年的第一期，不胜荣幸。这个报告很难讲，我不知道坐在下面的人是十几岁为主的，还是六十几岁为主的。我想一个基本的思路，是大家多多少少对免疫学都有一定的兴趣。我今天比较粗略地讲一下我们做的一些工作，跟免疫疾病和免疫治疗都有一些关系。我今天不会讲得特别深入，而是从基础科学家的角度来讲我们是怎么思考这些问题的，怎么进行我们的研究。原创的基础研究是我们这个社会向前发展必要的源泉。我们生活水平不断提高，

产业不断升级，我们的人才、尤其是医学界人才能够培养出来，都需要这样一个创新的科研作为基础。我想从这个角度给大家一点个人的想法。我们希望将来发展免疫学和基础医学的研究，并将其应用到临床医学，应用到我们的产业里。这不仅是我们这些科学家做的事，还是大家共同奋斗的目标。

我今天演讲的主题是“免疫疾病与免疫治疗”，更多从我自己作为免疫学家在过去十几年工作的历程、切身的想法和经历等方面，带着大家经历我过去走的研究的历程。

进行具体科研领域介绍之前，我先给大家介绍一下免疫系统。前几天跟相对外行的人做免疫系统介绍，我当时想了一个词，免疫系统是我们的“解放军”，或者在国外叫“国防军”，起到对我们人体最有效的保护。组成我们人体最基本的单位是细胞，为了使人体不受外界的干扰，内部有问题以后能够及时进行修复，肯定需要类似于解放军战士、武警、交警等的队伍进行维持，实际上免疫系统就是起到这样的作用。当有外界感染进入我们体内，免疫系统能够及时地进行反应，进行抵抗，把病菌清除。从另外一个角度讲，如果体内有些不正常的组织损伤等，免疫系统也必须应答。谈到解放军和我们的部队，大家可以想象，这种任务不是单一的部队能够完成的，我们有空军、陆军、海军、火箭军等，由不同的成分组成。我们免疫系统要发挥它的功能，要应对千变万化外界侵入的病菌，也必须要有不同的组成和成分。免疫系统里通过净化发展出一整套细胞体系，细胞里包括我们上面说的，这里面除了红细胞、血小板等，这些都是免疫系统的组成部分，包括我们所说的巨噬细胞、中性粒细胞等。

这里还有一个比较大的分支——淋巴细胞，最主要有两类，一类是 B 细胞，这一类细胞实际上是“火箭军”，对病菌感染进行抑制，对病菌进行清除，这是体液免疫的一个组成部分；另一类是有代表性的 T 淋巴细胞，T 细胞我们常说是细胞免疫。我今天讲的三部分都跟 T 细胞有关，但是所有免疫系统细胞，包括造血系统的细胞，都是从造血系统产生的，而且造血系统会不断地更新这些细胞。

T 细胞主要分为两大类，第一部分所谓杀伤性 T 细胞 CTL 或者 CD8，对于绝大多数在场的人士不重要。大家知道 CD8 T 细胞有杀伤能力，它上面有特殊的受体，能识别被病毒感染的细胞表达病毒起源的分子，它能识别并杀死这一类被感染的细胞。另一类是 CD4，它上面表达的分子是 CD4，在场很多人知道这个分子，它不仅在免疫系统重要，还会被一种病毒利用，这种病毒就是 HIV，就是艾滋病的病毒。这个病毒通过识别 T 细胞分子，能够感染 CD4T 细胞。大家知道被 HIV 感染过的病人后果比较严重，因为感染这一类 T 细胞，HIV 使得这一类细胞在我们免疫系统里大量下降，不能发挥应有的功能。HIV 感染过的病人一般有很大的问题，他对于其他病菌的感染非常敏感，比如对细菌、真菌等，通过把这一类 T 细胞去除掉，使得我们免疫系统丧失对外界的抵抗，说明这一类 T 细胞非常重要。这一类 T 细胞不是杀伤性 T 细胞，不能够直接把其他的细胞杀死，它起到什么作用？在我们的免疫系统里，免疫学里经常把这一类 T 细胞叫做我们免疫系

统交响乐团的指挥，它实际上是指挥其他的免疫细胞，使得免疫反应能够有效地组织起来，这实际上是我们免疫系统比较重要的调节者和组织者。

大家知道在免疫系统里需要维持一个比较好的平衡，如果免疫系统不能有效地发挥它的功能，病人对外界的感染会非常敏感。还有一种情况，有些情况下我们免疫应答不是那么强，我们希望增强免疫系统的能力。另外，在很多情况下，免疫系统因为功能过强或调节不恰当，引起各种各样的病变。现在是春天，在座很多人都会过敏，过敏就是因为免疫系统对春天出现的新的植物的花粉不能够有效地进行耐受，反而把这些当成对人体有危害的物质，所以过度反应。等春天过了，花粉没有了，这些过敏人士的问题就没有了。还有一种情况，不是季节性的，后果更严重。很多自身免疫疾病，是因为免疫系统把我们的关节、神经组织等对自身功能非常有用的组织和细胞当成了被外界感染过的细胞，所以不断地进入这些组织，消灭和破坏我们自身的组织，这就是我们常说的自身免疫疾病。在这样的情况下，我们免疫应答太强，没有受到很有效的控制，就引起很多免疫疾病。我们的免疫系统希望维持比较好的平衡，一方面对于慢性感染、肿瘤有比较强的免疫力和抵抗力；另一方面，免疫力对于春天的花粉和自身的组织都不要那么强，保持我们的免疫系统，保护机体不受到免疫系统的干扰。

首先，我跟大家讲一讲肿瘤的免疫治疗，大家都很关心这方面，而且在社会上报道很多。它的原理是什么样的？这个领域之所以热起来，主要的指征是 2013 年美国《科学》把肿瘤免疫治疗正式列为肿瘤第四种治疗。

以前肿瘤治疗通过手术、放疗、化疗的手段，在化疗里因为对肿瘤细胞突变的了解越来越多，延伸出来靶向治疗，就是用特定的小分子、大分子控制肿瘤细胞的手段。免疫治疗是什么样的办法？免疫治疗类似于我们每年需要接种的流感病毒疫苗，你一旦有了这种免疫力，免疫系统不需要你指挥，不需要你给药，它自动就能抵抗被外界病毒感染的细胞。如果免疫细胞能够识别我们的肿瘤系统，自己就能够产生抵抗力，这对于癌症治疗是非常有益的，也是很多免疫学家很多年所期盼的结果。

在这个过程中大家就发现，实际上免疫系统 CD8 T 细胞在肿瘤免疫力方面起着非常重要的作用。它有两个特点：第一，它有特异性，如果让这些 T 细胞识别肿瘤产生的特异的抗原，有效清除肿瘤，特异性非常好，而且它不会干扰到正常的组织；第二，这些 T 细胞能够产生记忆，比如儿童注射疫苗，终身获得对病毒的保护，如果我们有一类 CD8 T 细胞对肿瘤有杀伤力，一般最后都能发展成具有记忆性的免疫细胞，使得我们人体终身免遭这种肿瘤的再侵害。现在很多化疗的药物虽然一开始效果很好，但是后续这些肿瘤都能够通过突变来规避这些药物的治疗，如果 CD8 T 细胞能够对肿瘤产生比较好的控制作用，这是我们免疫学家希望达到的目的。

怎么达到这个目的？最早大家考虑的是肿瘤疫苗，像我们对病毒和其他病菌的抵抗，如果找到一个疫苗，免疫以后使病人不得肿瘤，或者对肿瘤有抵抗，这是最好的结果。很多年来，大家发现这个肿瘤抗原不是那么容易找到。第二，这一类疫苗对于病毒引起的肿瘤是有预防作用的，比如对乙肝引起的肝癌、HPV 引起的宫颈癌等是有预防作用的，但是人一旦长了肿瘤，实际上这些疫苗的干预性是比较差的，包括后来用的细胞疫苗，其实都有这些问题。后来有一些新的进展，主要是美国癌症研究中心的一个外科医生，他经常做的手术是黑色素瘤，他发现里面有大量 CD8 T 细胞。他想：我把 T 细胞拿到体外扩增，再输给病人，是不是有比较好的抵抗作用？他这样做了，后来发现确实有比较好的抵抗作用，因为肿瘤里的 CD8 T 细胞是识别肿瘤的抗原，运用到其他的肿瘤里还需要找到其他的办法，使得 CD8 T 细胞能够到肿瘤，并且识别肿瘤。

后来科学家想了一个办法，让 CD8 T 细胞长上一对眼睛。这在白血病的治疗中获得了比较大的成功，就是在 CD8 T 细胞上面加上人工的受体，使其能够结合到白血病细胞上，对白血病细胞起到杀伤作用，这是后来衍生出来的称为 Car-T 的治疗手段。今年《科学》预测 Car-T 被 FDA 作为一种肿瘤治疗方法，这是非常好的前景。网上报道一个小孩用 Car-T 治疗，白血病没有了，也恢复到比较好的状态。但是 Car-T 有一个问题，现在很多公司因为 Car-T 比较火，但是它对实体瘤效果不好，比如对黑色素瘤就没有这么好的手段。怎么办呢？大家想想肿瘤里有针对肿瘤的 CD8 T 细胞，但是它不足以消除肿瘤，说明了什么问题？这个问题启发了免疫学家，这要提到免疫学里 T 细胞研究非常关键的一个理论——“共刺激因子”的理论。

因为 T 细胞表面有大量的受体，有不同种类，是特异性能够识别抗原的。还有一大堆其他受体在 T 细胞表面表达，最早发现有一些分子能够正向促进 T 细胞，如果没有这些分子，在感染的时候虽然 T 细胞能够识别病菌来的分子，但是它没办法有效活化、增殖，有效形成免疫力。T 细胞表面有大量的分子，这些分子是抑制 T 细胞功能的，我们机体为了对 T 细胞有一定的控制，让 T 细胞表面表达了负向调节 T 细胞增殖和活性的分子，这样使得 T 细胞不会过度反应，不会对我们自身组织产生伤害。当时因为发现了这些分子，就想能不能通过阻断这些负调控的分子？打一个比方，免疫系统有刹车，如果把刹车换一换挡，是不是我们 T 细胞的活性就更强了，能够比较有效地控制肿瘤？他首先用的是分子 CTLA4，后面有一个分子获得更大的成功——PD1，也是在 T 细胞表面负责调控 T 细胞活化的。最早 CTLA4 抗体首先应用在黑色素瘤，当时临床上的实验发现大概有百分之二三十的病人对它有反应，而且这些病人一旦有了反应，五年的存活率基本上达到了百分之八九十。一旦有些病人通过这一类治疗，对肿瘤产生了免疫力，他能够长久地存活下来，这跟我们刚才说的手术、放疗、化疗不一样，因为放疗和化疗对病人存活率并没有那么高。一开始很多病人有反应，但是很多都没办法长期存活下来。这说明这一类的思路可能是有效的。后来制药公司围绕另外一个分子 PD1，也是负调控 T 细胞活化分子，制造了抗体药物，能够阻断 PD1 功能，发现在大量肿瘤里都有效，而且它的效果跟 CTLA4 相似，临床发现百分之二三十的病人有反应，三年以后存活率都非常好。这说明这个理论，即免疫拮抗剂的理论，在肿瘤里确实是有效的，而且在这种情况下，根据它的基本理论，这些病人的免疫系统已经有反应，只不过这种反应力不够强烈，我们需要把 T 细胞上的刹车去除掉，这样 T 细胞就有更强的功能，能够在跟肿瘤斗争中发挥作用。

接下来大家可以想到，为什么只有百分之二三十的病人有反应？我们能不能提高这些病人的反应？美国 BMS 制药公司同时用两个药物进行联合用药，2016 年 11 月份发的文章，大家可以看到，存活的病人提高到 50%—60%，这是非常好的结果，将来通过某些努力甚至可以更高。

这些病人都是晚期的，都有几个月的存活期，所有治疗手段都没有效了才会采用免疫治疗。但是，如果这两种药联合运用，有 50%以上的病人能够存活 30 个月，接近三年，这是人类抵抗癌症历史上从来没有过的事情，是非常振奋人心的。

接下来这个领域里大家所关注的是怎么样把病人的反应率提高，让更多的病人对这些药物有反应，能够长久地存活下来。如果存活率达到一定程度，也会考虑到副作用和生活质量的问题。CTLA4 是一种非常有毒性的药物，很多病人有自身免疫疾病发生，PD1 好一些，将来有没有药物能够跟 PD1 联用，又能提高病人的反应率，同时他的生活质量和副作用能够降低？这都是业界现在在不断开展的研究。从这方面来说，免疫治疗能不能提前到病人刚刚发现就进行免疫治疗，而不是等到所有的办法都无效以后，这也是在大量进行临床实验的研究，但是这些基础都是基于 CD8 T 细胞的研究。为什么这些免疫节点使得 CD8 T 细胞活性增强？这在免疫学上有一个重要的发现，CD8 T 细胞在慢性感染，其他学者发现在肿瘤里都有这样的情况。如果被反复刺激，就会衰竭它的杀伤能力，甚至它的免疫反应和增殖，等等。但是用了 PD1，能够把这种衰竭重新恢复，恢复正常功能。将来有什么其他的办法，包括小分子和其他的手段，使得 CD8 T 细胞衰竭避免，能够有效对抗慢性感染和肿瘤，这也是现在大家都很关心的问题，我们也在做这些方面的研究。

接下来跟大家讲两类新的 CD4 T 细胞。刚才提到炎症疾病是困扰大量人群的问题。

风湿疾病是非常大的人群，对风湿疾病的治疗越来越往前进步，而且越来越精准，副作用越来越小。一开始是一些非特异性的药，比如阿司匹林，到后来是非特异的，但是对免疫系统有很好的抑制作用，比如激素类的，最大的革命性发现是有抗体药物进入这个领域，尤其对炎症因子。现在世界上卖得最好的前十种药有三种是针对 TFa，对于风湿性关节炎的治愈率达到 50%，这是免疫学家通过研究炎症的机制发现的一个重要的分子，能够找到药进行抵抗，这不仅使得 50% 的病人的病情从根本上得到了好转，同时也给产业制造了巨大的机会。

在研究免疫细胞的免疫学家里，大家一直想寻找更好、更特异的靶点，尤其是什么样的 T 细胞能够引起免疫疾病。

我们做了很多关于 CD4 T 细胞的研究，CD4 T 细胞在我们免疫系统里是一个指挥者，它指挥不同的免疫细胞发挥功能。大家可以想象这一类 T 细胞不可能只以一种面貌出现，因为它可能对不同免疫细胞，有时候需要调控 B 细胞，有时候需要调控中性粒细胞等，所以它也有一个分工。30 年前美国两个学者发现，这一类 T 细胞被抗原刺激以后会分化成不同的亚群，不同的亚群能分泌不同的细胞因子，不同细胞因子能作用于不同的免疫细胞、其他细胞或者组织细胞，调节或引起一类的免疫应答。最早发现 TH1、TH2 这两类 T 细胞，TH1 分泌一个对抗感染非常重要的细胞因子 IFNg，实际上，它在抗肿瘤方面也起到非常重要的作用，TH2 分泌另外一种因子白细胞介素 4、5、13，不同免疫疾病发病机制不一样，当时提出 TH1 细胞跟自身免疫相关，TH2 跟过敏性疾病相关，当然有很多科学依据。最近的结果在临床实验里确实支持 TH2 细胞是国民性疾病的“罪魁祸首”，现在针对这几种细胞因子的药都陆陆续续进入后期的临床实验，估计在今年和明年被正式批准，用于治疗很多过敏性疾病，比如过敏性皮炎、过敏性哮喘这样一些非常严重的疾病。自身免疫疾病，大家一直以为 TH1 细胞起了非常重要的作用，在自身免疫疾病病人里确实发现 TH1 细胞，但是很多动物模型里不支持这个理论。2005 年我们实验室做了一些工作，跟其他的实验室共同发现了一类新的 T 细胞，叫做 TH17。这一类 T 细胞分泌白细胞介素 17，这一类 T 细胞跟其他 T 细胞的分化途径不一样。我们当时也提出这一类 T 细胞跟炎症疾病，包括自身免疫疾病都密切相关。

对 TH17 这一类细胞在过去十多年的研究确实发现它跟人的健

康、人类的疾病密切相关。首先发现有一些病人有 TH17 缺失和功能性上的缺陷，这一类病人对感染非常敏感，尤其是对真菌和细菌的感染，说明这一类细胞在我们免疫系统中起着非常重要的作用。其次，通过一些遗传疾病的炎症疾病和自身免疫疾病、遗传学的研究，在自身免疫疾病里发现易感的基因很多跟 T 细胞有关。最早是从肠炎发现的，后来发现包括强直脊柱炎等在遗传背景上都是跟这一类细胞相关的。最主要的是针对白细胞介素 17 的抗体药，由瑞士诺华和美国礼来公司推动，取得了比较大的进展。有几个疾病，一个是银屑病，也叫牛皮癣。我认识一个女孩，现在 20 多岁，她从小就患银屑病，吃过各种各样的中药，家里也说中医说这种疾病是比较"发"的疾病，不能吃"发"的东西，她一辈子没吃过猪肉，因为中医认为猪肉是比较"发"的。她也试了各种各样的药，都没有太好的效果。这是美国的一个女孩，后来介绍她到匹兹堡医学院，进入了针对白细胞介素时期的临床实验。她看到自己的斑块一天一天在皮肤上消除，现在皮肤变光滑了，什么东西都可以吃了。我也确实很欣慰，从科学研究上开发出来的新药能够给人类健康带来一些好处。

2005 年我们实验室和其他实验室共同发现这一类 T 细胞能够表达白细胞介素 17，而且这些 T 细胞在自身免疫疾病动物模型里起着非常重要的作用，促使药厂正式进入了临床实验，那是 2008 年。2015 年这个药正式被批准，有 50% 左右的病人能够被这种药治疗。实际上这个抗体药已被批准用于银屑病、关节炎和强直性脊柱炎的治疗。在病人里我们发现一个很有趣的问题，不是所有的疾病，不是所有的病人对同一种药都有反应，到底为什么？这使得我们做基础科研的把问题带到科研中进行探讨，尤其需要跟临床的问题紧密结合起来。

第三种细胞要从 HIV 讲起。到底我们怎么能够有效地保护 HIV

病人，或者保护人类免遭HIV的影响？大家想到的肯定都是用疫苗，大家也能想到用CD8 T细胞，因为这一类是杀伤性T细胞，多年来在这些方面做了很多工作，但效果都不佳。后来有一部分学者开始想到这样一个问题，在流感和其他病毒里，比较有效的是通过B细胞产生抗体。在几个实验里分离了广普中和性抗体，有些病人发现他感染了以后不得病，而且能够自愈，所以就把他们的B细胞拿出来，把他们的抗体拿出来，发现这一类病人能够产生一些抗体，这些抗体不仅对HIV有各种亚型，后来在流感和其他病毒里也发现有这样的广谱中和性抗体。疫苗怎么能够激发这一类抗体，是我们科学家要研究的问题。后来他们对这些抗体进行了研究，想弄明白这些能够自愈的病人的抗体跟其他抗体有什么不一样，后来发现这些抗体实际上是带有很多突变的，跟病人自己基因组能够表达出来的抗体不一样。B细胞在活化后能够大量突变自己抗体的基因，使得这个抗体能够不断地被选择出来，能够成为最有效、最好的抗体。我们免疫器官里有一个叫生发中心的组织结构，生发中心里B细胞大量增殖，每过几个小时就增殖一次。生发中心使得自己抗体基因大量突变，形成高效价的抗体。所以生发中心是一个体液免疫核心问题。这个生发中心的产生是需要CD4 T细胞帮助的。生发中心里有一类T细胞，它是怎么产生的，它是怎么调控的？历史上都不太清楚。我们实验室在这方面做了一些工作，发现这一类T细胞跟我们前面说的TH1、TH2、TH17都不一样，它特定表达它的功能性分子和调控它的分子，使得这些T细胞能够进入B细胞的区域，能够跟B细胞有效地结合起来，而且能够促进B细胞增殖，产生抗体和突变它的抗体基因。我们发现，如果把T细胞去除掉，这叫Tfh，如果小组模型里这一类T细胞模型没有了，就发现这些小鼠对各种各样的感染都特别敏感，包括细菌和病毒的感染等。这一类

T 细胞通过 B 细胞的活化和有效抗体的产生，确实起到了非常重要的作用。

生发中心和 T 滤泡细胞，是我们在 2008 年和 2009 年建立的领域，在过去几年是免疫学热门的领域，但是它跟人类健康到底有什么关系？除了抵抗病毒感染等正常的免疫功能，后来大家也发现，实际上有很多疾病，包括风湿性关节炎等免疫疾病，里面有大量的抗体产生，这个抗体是针对自身组织里的抗原，而且这些抗体的产生使得这些病人有慢性的炎症，免疫系统丧失了对正常组织的识别。最近越来越多地发现，Tfh 跟很多自身免疫疾病有一定的相关性，尤其是红斑狼疮和风湿性关节炎等有大量抗体产生的自身免疫疾病。最近我们实验室也发现，这一类 T 细胞在小鼠模型里，如果把它阻断，小鼠有一个模型是人类干燥症，干燥症患病人群非常大，如果没有这些 T 细胞，干燥症就不会产生，说明这一类 T 细胞跟干燥症的发生密切相关。干燥症主要是通过抗体产生的自身免疫疾病。我们觉得这一类 T 细胞是将来新的研发的方向。

总的来说，在过去二十年左右，免疫学有了非常大的变化和进展。当然这些都是因为我们生物医学整体上进入了一个基因的时代。我们通过基础研究发现了一些新的免疫细胞和免疫调节因子，从而使得我们对疾病的理解和治疗大大往前进步了。这里也为产业创造了非常多的机会。肿瘤免疫的药物，如果只是抗体药这一类，估计到 2025 年，世界上可以到 600 亿。这说明免疫学基础研究不仅为人类疾病提供了一些线索，也能够现实转化成对疾病的治疗。我们刚才提到 PD1 的发现就是在（20 世纪）90 年代末，现在变成肿瘤治疗里最火的药。TH17 的发现不到 12 年，现在变成自身免疫疾病、银屑病最主要的药物，这些基础研究都能够带来我们对疾病的进一步理解和产业化的发展。

我们怎么推动我们国家免疫学的发展、免疫学的研究？大家可以看到这个领域在我们国家的发展是比较慢的，相对滞后的，根本原因是我们创新的基础研究比较薄弱。所以，我们第一步先把创新基础研究建立起来。我在五年前回到清华大学工作，当时跟清华大学探讨了，希望在中国能够建立一个比较扎实的、全面的、创新的、有国际一流水准的免疫学研究机构，得到了清华大学非常好的反响和支持。我们在过去五年建立了清华大学免疫学研究所，我们现在已经有十多位 PI 能够研究免疫系统的方方面面，我们形成了基本的队伍。这是我们的第一步。但是有了基础研究，并不代表我们能够漫谈转化成对疾病的理解和产业的推动。怎么样进入到第二步和第三步？所以在第二步我们也想在我们的医院、甚至和我们合作的医院里怎么样推动转化医学的研究，怎么样把临床的问题带到基础中来，怎么样让基础的研究者更多地接触临床的问题。第三，我们也在探讨，怎么样把我们的成果转化出去。在美国这也不是很好解决的问题。在现在创新创业的双创大潮里，我们应该怎么做？我们想到在学校的氛围里设立一个类似孵化器的机构，能够把我们原创的科学发现在第一时间转化成至少是药

物的前体，或者候选药物。因为到这一步需要科学家的参与，到后面产业化科学家的参与就非常少了，我们希望促进这一步。我们去年跟清华大学技术转移研究院共同成立了孵化器的机构，现在已经开始推动我们的工作，有三家跨国企业加入，我们一起工作，甚至他们觉得我们科研上的实力能够帮助他们推动一些药物的研发。他们会把有效的靶点、好的靶点放到我们的孵化器里进行孵化，如果成功的话，他们会带回到世界上的研发团队里。

这是我们做的一些探讨，过去几年也做得非常有意义，免疫学基础研究跟临床和产业密切相关，也呼吁大家一起支持我们的实验，参与我们的实验。

谢谢大家!

董　晨

理解未来第 25 期

2017 年 3 月 26 日

科学·对话

|对话主持人|

王晓东 北京生命科学研究所所长、美国国家科学院院士、中国科学院外籍院士、未来科学大奖科学委员会委员

|对话嘉宾|

董　晨 清华大学医学院院长、清华大学免疫学研究所所长

徐沪济 清华大学临床医学院常务副院长、北京清华长庚医院副院长

人体的免疫功能

王晓东：下面进入对话环节，有请两位对话嘉宾。我们很难得有机会跟两位世界顶尖级的专家对话，一位是做免疫疾病的，像关节炎、强直性脊柱炎自身免疫疾病；另一位是跟免疫沾边的。开会之前他们提了几个问题，第一个问题我想先给徐教授热热身。随着现代化的生活节奏的加快，我们自身免疫疾病是不是变得越来越多？比如哮喘、过敏之类的疾病，是不是跟我们现代生活有这样的关系？我们怎么样应对？

徐沪济：谢谢晓东老师提的问题，这也是大家比较关心的问题。从我们现在的数据来看确实是比原来多，这有两方面的因素。第一，人的寿命在延长，这是非常大的因素，比如在新中国成立初期，我们的平均寿命在40岁左右，从这个角度来讲，发病率在感觉上确实高了，这是从数据上来讲。

第二，我们认知的问题。我们医生的水平逐渐在提高，从认知水平到技术检测水平，数据也显示升高。从另外一个角度看，确实有患病率抬高的趋势。一般疾病分为两种，不管是呼吸系统疾病、传染病、消化道疾病，还是其他疾病等，实际上就是两种疾病，一种是单基因病，有 7000 多种，一个基因影响着一个非常重要的功能蛋白，或者结构蛋白，或者酶和转录因子，如果这个基因有问题，携带这个基因的人一般会得病。但是其他的病，不管是哪个疾病都是多基因病，都是带有一定的遗传因素，遗传决定了很多。在这个基础上，还有环境因素。我们讲同卵双胞胎是最典型的例子。两人有完全一样的基因，但是有的得病，有的不得病，可能与两人受环境影响的程度不同有关。比如吸烟，非常明确的是吸烟是有害的，但是大家对这个认知不一定很好。污染等因素会加速发病，这是肯定的。从这个角度来讲，很多疾病的患病率还是在提高的。

王晓东：谢谢徐教授。我想问一下董晨，肿瘤免疫现在非常火，但是肿瘤免疫的第一个药是五六年前批准的，第二个药也是两三年前批准的，PD1 和 CD4，在你看来现在这么火热的研究，我们在今后几年是否会有井喷式的、新的肿瘤免疫的药物出现呢？

董　晨：晓东问的问题非常好。现在这个领域的进步跟投入也有关系。肿瘤免疫很多年，如果跟肿瘤免疫学家谈起来，他们说每一次开肿瘤会以前，他们都是在一个角落里自己开开会，谈一谈进展。实际上主流的生物学家，包括晓东这样世界一流的肿瘤生物学家，对这个领域不是抱太大希望。但是，你现在看美国的肿瘤年会，或者一些其他的会，基本上已经是半壁江山了。而且越来越多的肿瘤生物学家要变成免疫学家，要来学习免疫学，肯定关注度是非常不一样的，我觉得在人员上投入会越来越多。

另外，几乎所有的药厂都把肿瘤免疫作为他的药点，因为这里的市场太大了，都投入巨大的资源进来，将来这个领域会有很大的发展，尤其是新药，越来越多的公司愿意尝试这方面的新药，进行临床实验。从另外一个方面讲，我还是觉得这方面基础研究有一个比较长期的努力。因为我们看到肿瘤免疫学的研究，免疫学里在过去也是一个比较小的分支，做自身免疫研究的历来是免疫学主要的方向。肿瘤免疫以前可能跟过敏性疾病是差不多的分支，现在人数越来越多，也希望这方面大家的研究能够越来越深入。比如，对 CD8 T 细胞的衰竭，到底怎么调控的？怎么研究？我觉得这方面没有特别多、特别好的基础研究，这方面将来肯定有比较大的发展，同时又需要很扎实的基础研究。

王晓东：在我提问题之前，观众有没有想问两位专家的？

观众提问：首先，谢谢三位老师的讲解。刚才大家提到是从基础研究，从而带动对疾病的了解以及产业的发展。我突然想到第二次世界大战（简称“二战”）之前辉瑞公司抓住了青霉素这个很难得的机会，带动了后面非常庞大的全球产业甚至研究和投资的发展。请几位老师谈一谈，从疾病谱的变化，从而把研究的方向往这方面转，特别是未来五到十年疾病谱的变化，看看从研究到产业甚至整个投资方向的变化？

徐沪济：我先来回答，因为你谈到的是疾病。研究我们刚刚都讲到，基础研究是最重要的环节。只有基础研究突破，才能从真正意义上实现临床医学的转化。我们讲到肿瘤免疫，治疗肿瘤的药物也许在今后几年还会有更飞速的发展，这是研究到了这个阶段。从风湿病和自身免疫疾病来看，过去十年的发展已使得生物制剂——生物抗体药物占据世界主要平台。在过去三年里，销售额前四位药物，三位是风湿科的，发展得非常快，不可思议。基础研究是我们最重要的环节，离开基础研究不可能达到今天的平台。我在医院比较反对新技术、新疗法，因为我们大部分医生没有基础研究，他怎么能把新技术、新疗法做出来？很多医生有一种很奇怪的概念，他讲我做不了基础研究就做转化研究，我想你基础都做不好怎么能做转化？我们讲转化一定要建立在很强的基础上，这个永远是一个定律。至于你提到疾病谱改变会影响研究，这肯定会的。因为这是市场规律。我想现在疾病谱在不断的改变，到目前为止疾病还是以心脑血管占第一位的，第二个是肿瘤，第三个是风湿病和自身免疫病。风湿病在中国不太受重视，世界卫生组织在 1999 年定义了，除心脑血管和肿瘤之外，炎性关节病是影响人类健康的第三大杀手，这个在国外研究得很多。在我们国家也体会很深。再过几年我们完全进入老龄化，骨关节炎在超过 60 岁的人群达 60% 以上，七八十岁到 90% 以上，这今后是巨大的方向。骨关节炎目前没有很好的方向，很多人为了改善生活质量置换关节，这也是一个巨大的发展，但这不是最好的办法。我相信疾病谱的改变会影响很多研究，这是毫无疑问的。

王晓东：我非常赞同，现在世界上卖得最好的三个药都是治关节炎的。而且为什么能用这个方法治关节炎？这个完全是基础研究，而且好像突然从天上掉下来一样，大家都没有想到是这么一回事。同样，像你刚才提到的辉瑞，它是因为二战通过抗生素的发现发展起来的。你想想抗生素的历史很多人都知道，像弗莱明，也是非常偶然的现象。抗生素的发现是世界上最伟大的发现，没有抗生素中国不可能有 14 亿人，儿童有很大比例没办法成人。但是他的发现不是能够预计的。其实我自己也在想下一个问题问大家。因为我们中国的科学发展，动不动就说“两弹一星”，讲各种大计划，最近要弄脑计划，我坐在那里想为什么不弄一个免疫计划？在我看来，其实免疫计划比脑计划更加有需求。我知道现在有人提为什么不弄微生物计划，微生物计划也很重要。有人找我说为什么不弄衰老计划，衰老更重要了。刚才徐教授也提到，到2050年，中国60岁以上的老年人占40%，这是一个巨大的问题。但是大科学、大计划的思路是工程的思路，有时候我们所面临的重要的问题其实不是靠堆人堆钱就能走过去的，因为路还不清楚。越堆人越堆钱，反而制造了一个向错误道路迅速迈进的大军。这样对科学不是推进，反而是一种阻碍。刚才徐教授也提到，我们中国用抗体药治病还是比较少的。在国外很多关节炎用抗体药已经是非常常见的，为什么我们没有那么常见？我们觉得你年纪大了，走路腿稍微有点不太好是正常的。其实是不正常的，完全可以改进的。但是，因为如果抗体药大规模生产，这个技术我们不过关，没有做过。这方面我们可以大规模投钱、投人，肯定能够解决，这才是我们工程性“两弹一星”的项目。你说阿尔茨海默病，这个怎么治？大家路都没想清楚，需要的是基础研究。所以科研和科技完全是两码事。

观众提问：我是北京科技大学材料科学与工程学院做基础研究的。我们将基础研究称为科学，有确定性的东西。我去年有亲人生病的时候在北大肿瘤医院看，当时一个主治医生告诉我，选这个治疗方案有可能很好，有可能没什么效果，也有可能变差。我当时说：您在北大医学部本硕博连读下来，成绩非常优异，在北大做医生，您现在跟我讲的跟江湖郎中有什么区别？我有一个问题，在三位老师看来，关于肿瘤治疗什么时候能走到科学的境况？我们选择一个治疗方案，我们能确定地知道好或不好，还是变差。这样我们做的努力才是值得的。另外，关于预研性，去年科技部成立的重大专项，有两个是关于慢性病和精准医疗的，在三位老师看来，未来十年或二十年，肿瘤治疗能不能变成相对比较积极理想的情况，能达到什么程度？谢谢。

徐沪济：你的第一个问题问得非常好。这是我们平时在临床实践过程中碰到的很多的问题。你的讲法让我很难接受。这里存在两个问题：第一个，医生的交流水平和认知水平；第二个，病人的文化水平，能接受和理解的水平。这两个交流不好，医患矛盾就出来了。我们必须认识到一个问题：疾病是复杂的。我们说一个病，不是每个病人千篇一律，最大的难点在这儿。同样一个病，不同病人有不同的症状，这是遗传学决定的。我们讲生物制剂治疗，刚刚董老师讲到，生物制剂在国外用得比较多，国内也尝试使用了很多病人，总体上疗效比较好，有效率达70%—80%，但是还有20% 的人是没有治疗效果的。你不可以跟病人讲肯定有效果，万一遇到那20%可能没有疗效的病人，碰到家境不好的，你告诉他好，他会抱着很大的希望，治疗以后不好，他恨不得把你掐死，这种情况是非常现实的。有的家庭非常困难，一个药物非常贵，起初进入中国在10万元左右，对于一个普通家庭，你告诉他没有问题，刚好落到那20%呢？现在对于我们来讲最大的挑战是精准医疗。精准医疗的研究要经历很漫长的路，如果能把这部分解决了就更好了。你讲的不是说我们跟江湖郎中一样，只是讲话的艺术上存在着可以商榷的地方。

第二个问题，我简单回答一下。我相信随着时间的推移，我们对疾病的本质认识越来越深刻，在基础研究做得越深入的情况下，我相信免疫治疗会起到主导作用。如果认识得更清楚，后面会有更好的治疗。肿瘤跟免疫的发生是有关系的，最后比例会发生重大改变。

王晓东：我稍微补充一下。你刚才说我们是不是能够算一下命，十年以后癌症是不是都能够控制。我想算命这件事谁也做不了，有人说他如果真能给你算，那人肯定是个骗子。但是我作为一线的科学家，我切身地感受到我们的科学发展越来越快。我们对自然界，尤其是生命科学对人体的了解越来越精细，越来越多。不光是肿瘤，我们将来对生命的了解会超出我们在座所有人的想象。

董　晨：刚才我们不断在强调基础研究的重要性，在我看来基础科学的研究也包括对疾病的研究。为什么以前没有想到这个？因为所有问题的解决，临床问题的最后理解，还是要在临床的样本里进行。

以前因为这个技术手段的限制，没有办法对人的组织、细胞做一个比较好的研究。现在很多包括单细胞测序等技术的提供，使得我们能够真正有一类基础研究以人的样本为基本研究对象进行。这就是为什么我们做以前传统意义的基础研究跟做人类样本的基础研究能够很好地结合起来，不仅是从人的样本里得到发现，还要进行功能和机制方面的验证和研究。

观众提问：首先特别感谢三位学者，因为是你们让我们在理解未来。我们身处在北京，我们没办法选择，现在雾霾这么严重，得肺癌的概率非常高，包括淋巴癌。最近我的家人得了T细胞淋巴癌，我看了很多医药书籍并浏览了网络，我知道现在全球最好的癌症中心是MD，日本是仅次于它的，因为在日本他们发现得癌症的概率非常高，当然这是我在网络上看到的新闻，不知道是不是确定。目前在我们国家发现癌症的时候已经是中晚期了，很多人可能得了癌症之后真的没有办法了。前面学者所讲的，对于一些中低收入家庭来说只能是等死，因为癌症晚期的治疗费用也在不断加大。我刚刚听到用免疫学新兴的治疗方案，我知道现在在日本，他们在做一种新的研究，研究你的基因，深度研究你的基因，根据你的基因用药。比如你是肺癌患者，但是他用的药并不是治疗肺癌的，这种存活率也是比较高的。现在我就觉得，我们有时候可以预测事业的高度，但是每个人都没有办法度量生命的长度。我母亲得了淋巴癌，今天听了三位学者的讲解我觉得似乎看到了希望。我觉得在中国父母亲到老的时候，50% 的人都会得癌症，这是一个很可怕的数字。就这个病症，目前我们在免疫系统有什么好的治疗方案？存活率能达到多少？

徐沪济：因为我是医生，我代表他们俩先回答你的问题。在临床上我们可以看到，淋巴瘤现在确实比较多。淋巴瘤分很多种，有的淋巴瘤比较好治，你讲到T细胞淋巴瘤的治疗是比较困难的，而且在发现的时候往往是比较凶险的状态。我不是血液科医生，也不是这方面的专家，你可以咨询一下有关方面的专家。总体上来讲，我们国家大医院血液科医生在这个病的认知上是非常好的，治疗手段上国外有的中国也会有，只是尝试性的，其他方面，一般情况下中国都不会差到哪里去。

第二个问题，有些观念我觉得要稍微跟你商榷一下。你说老年人50% 都有肿瘤，这个数字是骇人听闻的，这不是真实的数字，确实高了。有两个原因，第一是认知水平高了，第二是我们寿命延长了。实际情况是我们的环境因素在恶化，可能对我们有一定的影响，这个影响有多少，在我们这儿并没有得出结论性的东西，因为我们比较慎重地看待这个问题。从某种意义上讲，复旦大学有一个数据显示，可能我们在座的来自北京和上海的是比较幸运的，污染程度最低的城市是上海、北京，因为监管机制比较多。有的地方是比较可怕的，包括把一些废铜烂铁、工业废水全部埋在地下，有些地方出了城市就非常糟糕了。

董　晨：刚才也提到，癌症确实给个人和家庭造成非常大的伤害，所以癌症早期检测还是相当重要的。在西方有一些癌症的患病率呈下降趋势，部分原因是一些公共政策的干预，比如吸烟的人减少了。美国也提出他们的医保能够给吸烟者一两年做一次低剂量 CP 的检测，使肺癌能够在早期被发现。比如 50 岁以上的男性肠镜和 40 岁以上女性的乳腺检测，慢慢我们国家也要形成一个共识。在这个共识的基础上形成一些公共的政策，能够把癌症早期检测作为全社会一起推动的事情。

徐沪济：讲到有些认知，我们是比较清楚的。比如在伦敦全面禁烟，在餐馆和酒吧里全面禁烟，这一年下来，可以看到急诊室里脑卒中的病人明显减少。现在北京、上海在全面禁烟，我相信这会使得我们的环境有非常大的改善。

王晓东：我最后补充一句。您刚才提到的，如果真正对癌症很有效果的药物很贵，我们多数中低层收入家庭都用不起，至少在我看来我们对新癌症药物的研发就失去了意义。在我看来，我们国家应该把那些真正有效果的癌症治疗放到全民医保。最近我知道的肺癌，1GF2三个药都在往全民医保里放，未来真正有效果的药应该全部进入全民医保，否则就失去了它的意义。

王晓东、董晨、徐沪济

理解未来第25期

2017年3月26日

FUTURE

第三篇

生命的希望

癌症是目前全世界的主要死亡原因之一。在人类与肿瘤的这场战役中，历时几十年对基础科学的投资研究终有所收获。今天，全球众多卓越的科学家致力于生物技术研究，通过基因筛查、靶向治疗、再生医学、免疫治疗等多种技术手段再结合传统手术、放疗、化疗，将为数以百万计的生命带来健康的希望。未来，癌症将不再是可怕的名词，我们将迎来精准医疗与人工智能相结合助力人类健康的最好时代。

William A. Haseltine | 艾社康主席及董事长

是教授、企业家、作家、科学家、政府顾问、艺术爱好者。健康国际（ACCESS Health International）的主席及董事长，并担任中美健康峰会的美方主席。在科学和商业领域皆有建树。2001 年，被《时代》杂志评选为“世界最具影响力的 25 位商界人士”之一。2015 年，被“The Worldview 100”评为“世界前 100 位最具生物科技和世界革新的远见卓识的战略家”。1976—1993 年，在哈佛医学院和哈佛大学公共卫生学院担任教授，创立并主持了两个学术研究部门，分别为生化药理学部门及人类逆转录病毒学部门。被公认为癌症、艾滋病、基因组学领域的专家。

科学助力人体自愈：再生医学和免疫治疗前沿

能够来到上海纽约大学，看到如此多的观众聚集一堂，我们非常高兴和大家在一起。我相信讲座的背后有很多很好的想法。大家听到了武红秘书长包括之前的讲者介绍了论坛背景以及讲座背后的一些点子，让我感受到了论坛鼓励创新的氛围，我在这里再次感谢武红秘书长，感谢她专注地打造未来论坛。

今天要跟大家讲的主题，我相信在座的每一位都感兴趣，因为这事关你的健康、未来，也事关你所爱的、所关怀的人的健康，而且与我们所在的自然息息相关。

我今天跟大家分享的是两个概念，这两个概念和我们大会主题是密切相关的，一个是“再生医学”，另外一个是“免疫治疗”，这两个都是在医学界反响热烈的话题，也是我们现在孜孜不倦努力钻研的课题，它会对我们的生活和生命产生巨大的影响。

首先怎么理解这个概念呢？设想你正在中国这个美丽的国土上旅行，也许看到高山、河川，也许看到非常美丽的森林、山谷。那一刻你可能会陷入这样的思考，你会开始感慨这些大好河山的永存性，以及自身生命的短暂，在这中间其实存有误解。当我们看到高山、森林的时候，它们之间交相辉映。它们其实并不是永存的，随着时间推移，山会消失，因为海平面提高，山会被水覆盖，但森林一直是在山上。它们总会以这样或那样的形式存在下去。什么是永存的呢？其实并不是山石，而是生命，生命才是不朽的。在座的各位，每个人都是一个活生生的例子。我们是地球早期生命体的后代，远古生命形式出现在 35 亿多年前。在未来，生命或许还将延续更长的时间。为什么说大家是活生生的例子？因为生命的一个特点就是，一个细胞会增殖成两个细胞，如此不断地增殖和分化。如果深入到细胞里面，我们知道在细胞核内是 DNA 分子，它不断地复制自身，正是这些分子的存在让你成为一个人，因为 DNA 是一个不死的分子。

基于现在的知识，我们会问，我们是否会把这些不死的细胞和人类生命的本源联系在一起。我们的生命就源自于这些 DNA 分子。我们一代又一代地传承着这些不死的分子。所以，从根本上讲，我们在传承着生命的不死性。这就是再生医学想要解决的其中一个根本性问题，它正朝现实步步走近。我提出“再生医学”这个词是 1999 年，我们也是一个小组，希望从一些不同的角度和视角解释，包括从微生物学、组织工程学到干细胞生物学。当时我提出这样一个概念，我们的身边每天都发生着这样一个奇迹，那就是成年人能生育后代，他们的 DNA 也许已经 40 岁了，那是否能够把这个 DNA 给到新生儿，如果能够的话那就是奇迹，我们知道肯定是发生了一些什么。人类的卵子在完成受精的时候，其生物钟被重置了，我当时就预言，也许在不久的将来，我们能找到方法，重置这个生物钟。一位日本学者找到了这个方法，能够重置我们所有人的生物钟。你可以用你身上的任何一个细胞，重置其生物钟，让它回到胚胎初期的你。这个细胞能发育为基因与你完全相同的个体。但它不是你，只是基因相同而已。但是它的存在为再生医学带来了无限的潜能，因为我们可以用它培养出新的组织、新的器官，能够重设你的组织年龄，让它们恢复青春。这就是再生医学的愿景。

当我提出再生医学的概念时，它的意义其实是很广泛的。它代表着任何能够使你的身体痊愈的医疗手段，无论是疾病所致还是外伤所致。其中最有力的治疗手段就是利用你自身的细胞。现在再生医学技术进展如何呢？经过 16—17 年的发展，其实我们在理解细胞再生的机制上已经取得了巨大的进步，中国以及世界各国的科学家都取得了很大突破。如果我们可以利用胚胎细胞，就可以一步一步地把它诱导发育为能够为再生医学所用的组织。所以，我们能一步一步地把它诱导发育为神经元，以便移植进大脑。同样，我们也能够一步一步地把它诱导发育为能够提供心跳的心肌细胞，它还能变成你的皮肤细胞，甚至是你眼睛里虹膜的细胞。正因为它是所有细胞的原初形式，它能变成你身上的任何一种细胞。

我对当前再生医学的发展速度是很失望的。当然从我个人的角度而言是希望看到再生医学快速发展，希望看到一个年轻的我站在我身边，我每次照镜子的时候都会很震惊，因为我发现我的心理年龄和镜子里面实体的物理年龄是不一样的。我也希望自己实体的物理年龄的细胞被年轻的细胞所替代。在您的下一代，再生医学是否能够见证这样的奇迹呢？这就是在所谓的基因医学方面正在发生，而且正在循序渐进地一步一步地发生的事。就像其他科学一样，它将取得重大突破，将重设我们身体的生物钟。现在它已经颇有成效了。现在技术的发展已经能让我们成功培育出不同组织细胞了，尚未实现的是如何将它们移植到体内，这其中还有很多技术问题需要解决，需要充分理解细胞间的信号交流，以更好地诱导它们分化为不同组织。我们对这方面研究的投入还是很欠缺的，所以现在任何一个国家都有机会牵头做该领域的研究，无论是对于人类的未来还是对于科学发展而言，这都是值得投资的。这将是细胞生物学和转化医学的完美结合。这是一个让人激动的新研究领域，必将会为我们带来很多重大突破。

下面我们再聊另一个有点哲学的概念。我们每个人其实都是一颗星尘。人的本质其实均源自于超新星爆炸。我们知道在原初宇宙中存在最广泛的是氢、氢原子核，当氢爆炸时衍生出一系列其他物质。我们很可能是宇宙的第三代星尘，而这就是我们人体组成的物质根本。我们是这个宇宙中的一部分，在实际的生活中，这到底意味着什么？这个概念大家可能听说过，世间所有的物质都是星尘，你也是星尘，所有物质都在不断地往复循环，也将继续循环下去，这意味着什么？这意味着适用于宇宙万物的定律同样也适用于人类自身，我们都是在按相似的规律运作的。随着物理学的发展，它们将更好地被应用到我们身上，我们的健康上。

我们在这里一直提“精准医疗”，这是很有可能的，只是现在还未实现，如果我们把这一点做好，精准医学的主题会关注生物学、遗传学，包括基因组学。但是，另一个非常重要的方面，其实是医疗设备的精准性。今天如果你到精准医疗的实验室走一走，你会发现真正的奇迹其实不是所谓的血液检测，而是如核磁共振仪、具有更高分辨率的透镜等先进器械。现在我们已经有一些精准的物理仪器来协助完成精准医疗，我们不仅能观察到我们的器官、组织、细胞，而且已经可以通过瞬时成像技术，实时观测一个活体细胞的内部活动。比如，现在你要接受一个外科手术，当你改变你的呼吸频率时，你的每次呼吸都是有固定频率的，现在就有这样的仪器可以精确分辨出你的呼吸频率，识别出发生改变的地方，并且是实时的，这就能反映出你的呼吸状况。这其实就是一个人机界面，就好比人体与外在物理世界的互作界面，这也为我们开启了一个全新的天地，让我们得以更好地了解我们大脑是如何运作的。当代的神经科学正在以指数爆炸式的速度发展着，如果我能回到年轻时候，或许是借助再生医学，我会投身医学神经生物学。

20世纪90年代分子学受到大家的热捧，终于有这样的工具帮助我们解决之前没有解决的难题，让我们明白大脑是如何思考、记忆、感受的，这不是从单纯的外部观察来实现的，而是通过实时地观察单个神经元的活动来实现的，我相信这几乎是不可想象的。我们可以有机会更多地了解先进的神经科学。我个人也非常荣幸，因为就在最近我参加了一个非常高规格的研讨会，是纽约大学举办的，与会的有10位世界顶尖级神经学家。这个研讨会让我对该领域当下的进展感到非常震撼。神经学家们研发了一种很小的薄膜，它能被植入你的大脑，记录单个神经元的活动，这个领域叫做光遗传学。它能研究从大脑皮层到大脑深层，并能够激活不同的神经元或神经通路，甚至是去衡量在这些大脑当中相互之间所发射出来的信号是怎样影响的，以及它对于你的记忆、感受、情感、思想产生什么样的影响。也许我们还未达到那么成熟，但是至少我想到再生医学的时候，我相信我们能够达到那一步。而且我相信在大部分人的生命当中，有机会见证我们所处时代中最令人激动的时刻。

而这一方面也反映了我们本质上一些物理的性质。我们可以使用一些工具，比如说使用社交媒体、微信，能够和我们的大脑直接通信和沟通。我想通过一个小小的例子来为大家介绍会发生什么。我们知道有助听器，包括还有一些小器官的植入，能够放到你耳内，耳蜗能够代替声波的传输，也许能够解决你的听力障碍。那我们现在还能更进一步，也就是说如果你的耳中没有专门的神经的话，现在能够在你的下脑区植入专门的芯片来帮助你倾听。这是大脑芯片，能够植入你的下脑，让你获得很好的听力效果，而且这不是未来，这是现实。这正在给我们带来一场新的通信革命。如果它现在已经发生了，那么我们可以去想一想，当更多的微观生物学、微观科学包括神经科学在未来取得更大进步的时候，会有什么样的未来，这将是非常有趣的、非常难以让人想象的未来，但是有时候也会带来一些麻烦。

当我们提到免疫治疗的时候，也就是第二个话题的时候，我们会想到什么？免疫治疗在癌症方面是非常热门的话题。但是我相信这当中有一个教训是我们所有人都要吸取的。当时作为年轻科学家，我被选择去了 MIT，也去了哈佛医学院。当时我到一个新的医院做癌症治疗的工作。我个人是比较喜欢用分子生物学来做艾滋病和癌症方面的研究，但是当时我大部分的同事关注的是免疫学，将其用在癌症治疗上，而且他们也希望用一个系统化的方式来做，是 20 世纪 70 年代中期盛行的方式，也就是 40 多年前。当时我们都有这样一个梦想，而现在通过他们的努力，通过数以千计的一代又一代的科学家的努力，梦想已变成现实。我们已经看到了免疫治疗，虽然现在涉及和覆盖到的人并不是很多，而且具有选择性，并不完美，但是它是一个从根本上治疗癌症的新方法。传统的癌症治疗方法是看到这个肿瘤，并且把它切除，这是通过外科手术实现的。第二，通过放疗杀死这样一些肿瘤。第三可以让它中毒，我希望不要让好的东西中毒，不要让患者中毒。传统的化疗会让人中毒。现在我们也会有一些新的模式，就是免疫治疗，它使用我们自身的免疫系统来发现癌症或者是恶性肿瘤，我深信通过这种组合式的工作方式、多模工作方式，在座的各位，我们如果在未来罹患癌症，那我们的生存期要比现在长很多。当我们使用这种组合治疗的时候，会享受到更多的福利。我来跟大家分享一个故事，有一位全身化疗的医生，他觉得通过化疗可以杀死癌细胞，但是这当中会使用毒气即一氧化氮，对人体有一些影响。但是他们有一些发现，抗药性对患者影响更大。他们杀死癌细胞的同时也在杀死良性细胞，有的时候剂量不得不过大。那时他们发现，癌症从自身的免疫系统转移到大脑。他们需要找到其他的方法。他们是在 20 年以后，甚至是 30 年以后才找到单一的疗法。它能够拯救人们的生命，或者是把人类的生存期延展到可接受的范围。

对于免疫治疗，我们还未达到终点，但是知道未来的方向是怎样的。全球有很多的科学家做了很多的实验，都希望了解这些机制。我也来跟大家分享我跟头颈癌医生间的故事。把化疗与外科手术结合，在中国这是治疗癌症的通用方法。外科医生说先切了再做化疗，而他说先化疗再做切除。我们发现头颈癌已经从 80% 的死亡率变为现在 80% 的生存率。所以我们看到，虽然这中间经历了很多的实验，也许有很多的人用自己的身体来做实验，以身来试这些新的疗法。我们现在免疫治疗取得了成功，也是基于之前人们所做出的巨大牺牲。因为现在的免疫治疗代表完全不同的方法，和我们在治疗这些疾病时是完全不同的思路，它并不一定是癌症的特例。我们只要考虑到癌症和组织细胞是不一样的，有的时候会关注到这些组织细胞特异性是什么，它们相互之间的差别是什么。人的癌症有没有差别，如果它们之间是有差别的话，我们会把癌细胞杀死。这个理念是完全不同的。而且在这个过程中，也结合了现代的化疗，所以对未来而言，这种组合的疗法有很大的潜力。

最后是总结部分，我想说对于这样一个自然的世界，从我们过去的宇宙学到物理学，到整个生物学以及我们取得了循序渐进的演化和发展，我们了解到，生物学以及整个的基因组学相互能够实现很好的组合，从而让我们深入地了解我们的本体，了解我们到底是什么，而且我们也不断地了解如何让我们的身体功能实现更好的修复甚至是恢复，甚至有可能让我们深入地了解我们如何思考、如何感受。我们现在是处于另外一个革命的开端。

以上就是我的演讲，谢谢大家的聆听！

William A. Haseltine
理解未来第 20 期
2016 年 9 月 10 日

对话主持人

姚凤娥　毕马威中国医疗保健业主管合伙人

对话嘉宾

鲁先平　深圳微芯生物科技股份公司董事长兼总经理

Mariette DiChristina　《科学美国人》主编

William A. Haseltine　艾社康主席及董事长

吴　灵　上海肿瘤医院副院长

许晓椿　北大博雅转化医学研究院理事长

生命的希望

姚凤娥：大家下午好！我是姚凤娥，是毕马威中国医疗保健业主管合伙人。可能你们也听说过毕马威，有兴趣可以申请我们公司的职位。

下面我来介绍一下今天的对话嘉宾。我们非常荣幸地邀请到了这些顶尖人士，首先有请 Mariette DiChristina，她是《科学美国人》的主编；还有 William A. Haseltine 博士，刚才 William 已经作了自我介绍；然后有请鲁先平博士，他是微芯生物的董事长兼总经理；下面有请吴炅教授，他是上海肿瘤医院的副院长；最后有请许晓椿博士，他是北大博雅转化医学研究院理事长。

本次对话环节里，我会请每一位演讲人先作自我介绍，并分享一下他们对于精准医疗的看法，之后我会对他们提问，希望他们都能回答我的问题，最好都能提出不同的观点。

之后我们会进入观众互动环节。大家如果还没想好问什么问题的话，现在可以开始准备一下。那么我们先从许博士开始。

许晓椿：大家下午好，我是许晓椿，我是博雅集团的理事长和发起人，也是北大博雅转化医学研究院的理事长。我今天非常高兴能听到 William A. Haseltine 博士的演讲。因为我的团队一直专注于干细胞的研究，也非常关注再生医学这一前沿科技，那正是我们在做的。事实上我们在努力把这些技术用到病人身上。我们知道所有技术通常都需要近 20 年的发展时间，才可用于临床治疗。我们往博雅投入了极大的人力物力，我们正往那方面努力。

姚凤娥：谢谢！现在我们知道是谁在做再生技术了，大家如果对于再生方面有什么疑问可以会后与许博士交流一下。有请下一位。

吴　炅：大家好！我是吴炅，来自复旦大学。事实上我是台上唯一一位外科医生，很高兴见到大家。我毕业于上海医科大学，现在它已更名为复旦大学了。我出生于上海，我只离开过中国大概半年时间，到美国作访问学者。我的职业生涯大部分是在中国，我做了二十多年的医生。我关注的主要是肿瘤领域，特别是乳腺癌。我们知道，在过去的二十年，乳腺癌的治疗方法较过去我刚接触这个领域时有了很大变化，现在我们有越来越多的新药，也有很多靶向定位的治疗方式，精准医疗对有些病人而言已经成为现实。我非常乐意加入这一潮流。

姚凤娥：那么 William，我们刚刚听你谈了很多关于再生医学的话题，但还没听过你对精准医疗的看法，可否和我们分享一下呢？

William A. Haseltine：我觉得精准医疗就像个普通商业牌子，没啥特别的。我这样说的意思是，如果你去了解医药现况，会发现曾经的个性化医疗，那些为了治疗遗传病患者（的治疗）是非常糟糕的，（遗传病）仅占所有疾病的 5%，尽管多数人认为不止 5%，但事实上它就是 5%，这是人们常有的误解。人们认为这些遗传病是基因组革命引起的，但其实它可能是由基因组革命的另一面引起的，就是遗传医学。这意味着我们是可以通过基因组学、蛋白质组学和其他技术，去更细致地了解每个患者的病源，然后用精准医疗治愈。为什么我说它像个牌子？因为医疗方案本来就都是个性化的。我认为，如果你的医生没法给你单独看病，那你还是换个医生吧。如果你的医生不能为你的手术、诊断提供个性化的治疗方案，那么充其量是精准医疗。你应该接受不同的诊断，获得不同的解决方案及治疗。同样，如果有另一个医生，他可以做得更个性化，那么你应该选择他。这个故事的深层含义是我们在精准医疗上取得了很大进步，因而从根本上重塑着我们的医疗体系结构。今天最好的医院，他们大多都是采取个性化手术的，比如说胸外科手术、脑外科手术，或其他需要精准医疗的手术，但这些都不能用以说明精准医疗的全部。所以我希望大家在制订政策时要注意，因为精准医疗与政策是息息相关的，你要认清哪些是你可以做的，怎样才能把这些先进医疗应用起来，而不是一提精准医疗，就把它当作一个医疗品牌来推广。

姚凤娥：有请 Mariette DiChristina。

Mariette DiChristina：大家好！我是 Mariette DiChristina，我是《科学美国人》的主编。《科学美国人》是施普林格·自然旗下的一本大众科学杂志，我也很期待跟大家交流。今天能来到这里，我感到非常荣幸，这是我第二次来到上海。当然，我已经来过中国很多次了。

《科学美国人》从 1979 年起就已经有中文版了，译名是《环球科学》。我觉得这个译名非常合适，因为科学本身就应该是属于全球的。我非常高兴能来到这里。在这场论坛中，我和大家不太一样，因为我其实不是个性化医疗方面的技术专家，但是我是一个职业观察者，观察研究学术界如何将基础科学转化为应用。有人曾说，评论家都是失败的科学家，我有时也会这样形容自己的工作：我的失败之处在于，我热爱所有科学学科，以至于无法专注于一个学科，但我十分敬佩在座嘉宾的专业知识和精神。就我个人角度来谈吧，人们常说科学是进步的引擎，我们通过科学做出新发现，发明新技术，无论是我们吃的食物，使用的医疗技术，还是身处的这栋建筑，都来自数十年的基础研究。我们也常说，科学和技术是中性的，重要的是人们应用科学的方式。对于科学而言，当下是一个至关重要的时刻。精准医疗和人工智能都是非常重要也非常复杂的领域，如何向公众传达这些技术对它们的成功来说是非常重要的。对其他领域，比如转基因作物、疫苗来说，要获得公众的接受，去与他们沟通和帮助他们是十分重要的。

姚凤娥：有请鲁博士。

鲁先平：姚总只是介绍了我的职位，我是微芯生物的总裁，也是首席科学官。事实上，我也是一个科学家，我觉得科学不应只关乎应用科学去解决技术问题。在过去的研究中，我们发现其实我们更应懂得选择不同的方式来应用科学的发现，所以我觉得我们还应讨论利用科学的发现来解决可持续发展问题，当然我们微芯所做的就是把科研成果转化为应用。

姚凤娥：鲁博士，我想问一下，即使你做了董事，你还是科学家。全球范围内，你做过许多工作，包括科学家的工作，包括转化医学，现在甚至成功进军了商界。现在你又回到了中国。那么在你研究精准医疗的时候，你可以看到中国在这方面的进展是巨大的，无论对患者还是医生，抑或企业家，我们都有了很多改变。你觉得最好的技术是什么呢？哪些公司有这些最好的技术？就您个人而言，您觉得精准医疗未来的发展方向如何？会面临什么样的挑战？您对这些挑战的解决方案是什么？

鲁先平：这是一个很好的问题。精准医疗对未来非常重要，它能帮助我们了解疾病的形成原因和提供更为准确的治疗方式，所以我们要做的是去了解国内外的相关科学技术，去看看这些技术的发展现状。现在精准医疗在中国已经成了热门话题，我们要意识到有一半的患者已经在讨论精准医疗了，他们对精准医疗非常了解，看似专家，这不正常。同时我们也要去了解免疫疗法及其他很多新颖的治疗手段。如果我们能继续推进其发展，推进这些独特的好点子才能帮助患者，而不是通过一些利益集团去推进的话，我相信我们会找到正确方向的。这就是我个人的一些观点。

姚凤娥：谢谢！来看看其他人有没有补充，William。

William A. Haseltine：我非常高兴你提到这一点。他刚才其实做了一个分析，我前面也提到了过分宣扬（精准医疗）的敏感性。我们轻易地就把精准医疗挂在嘴边，但其实精准医疗的关键在于你要去了解每个患者，要更精确地去了解他的疾病，了解相关疾病的基因序列，蛋白质组信息也是非常重要的。而这样的精准医疗，正如我刚刚指出的，现在还没有通行。通过实施治疗，你可以判断它是否有效。当你治疗癌症时，不单要分析癌症的成因，还要比较治疗间的差异，这取决于你如何治疗。我想市场会相中那些容易的项目去推进。对于商界人士而言，他们会进一步推进精准医疗。如果我们把所有这些都结合到显微手术中，并进一步推进精准医疗，科学界和医疗行业需要认真考虑未来如何把这些落到实处。

吴　炅：我这里有一点评论，对于刚才所说的精准医疗，特别是对精准医疗行业，我们已经看过不少前人的尝试，并且我们有很多新型的治疗药物，它们都是能靶向治疗癌症的。但它们只对一些人起作用，对另一些人不起作用。最近有一个研究，是关于肺癌治疗的。他们在一个肺癌病人中进行临床研究，可惜在第三期研究时失败了，这对该公司来说可能意味着巨大的损失。所以我们不单要研发更有效的药物，还要有更精准的分子诊断技术。事实上我们现在有很多新药，但靶向都不是非常强，这是我们应该改进的。

许晓椿：我这里也提一点评论，因为我是做新药研发的。事实上对于精准医疗，我们已经有足够精准的工具去实现了。我们有很多新技术，但我们在做精准医疗时仍旧在使用传统的工具，都是做传统治疗用的工具，它是一刀切的模式，而不是新型的模式。所以我个人认为我们现有的方法不够精准，我们的工具不够精准。这一点不改的话，我们只会继续失败。

姚凤娥：这是一个非常好的总结，我们应该为它鼓掌。William，您前面说到三十年之后你的旁边会站着一个更加年轻的你。你觉得他会拥有跟你一样的记忆吗？他会有跟你一样的想法吗？你觉得这一点能够实现吗？

William A. Haseltine：我觉得对于再生医生而言最困难的就是大脑的再生。事实上我们不确定能否再生一个大脑，但我个人相信，我们可以再生我们身体的任何一个部分，除了大脑。因为我们还不知道要怎么做。如果说有这样一些发现，使我们可以再生大脑，使这个大脑能够与其他一些新细胞再联结，就算这也办到了，我觉得还有一点是很难实现的，这点大家可能没有意识到，就是现在我能够看到你的大脑。因为眼睛是大脑的一部分，眼睛就好比是大脑探出颅骨的一部分，也可以说颅骨只是围绕眼睛成形而已。当明白到眼睛是大脑的一部分时，你可以做一些非常有意义的事情。比如，我们可以再生它的一部分，这是非常有前景的。我们可以实现很多事情，可以（往眼睛）加入新的细胞、新的基因，甚至可以（让眼睛）再生。这意味着我们可以再生大脑的一部分，耳朵也是如此。有些人听太多摇滚乐，导致听力损伤，你可能听不到某些频率的声音。现在我们正尝试了解，如何让这些听力细胞再生，以恢复听力。无论你相信与否，耳朵也是大脑的一部分，是大脑外露的一部分。所以，如果能做到这一点的话，未来我们也许有可能再生大脑的其他部分。如果我们真的做到了，就有可能保留我们的记忆了。您刚才问的问题非常有趣，如果你身边站着一个新的你，那他是不是你呢？但就算你们长得一样，他也是一个克隆的你。如果他是由你的一个皮肤细胞克隆来的，成长为一个与你一样的肉体，那我可以跟你保证，他不会是你。

姚凤娥：你的回答非常有意思。如果我身边站着一个和我一模一样的人，但是思考方式不一样，我不确定我是否真的希望有这样一个人存在，这真的值得我们思考。您提到克隆技术，其实我们在座的专家里面，许博士的研究所就有很多出色的科学家，他们做了很多与克隆相关的工作，估计不是在人体上吧，也许是在蔬菜和动物上，上一

次他还提过在大象上。那从您的角度而言，把精准医疗和克隆技术相组合，能为在座的我们带来什么好处呢？它的发展又面临着哪些挑战呢？

许晓椿： 关于这点，会有非常多的好处。比如汽车的某个部件坏了，你会把坏的部件换掉，无论是电池还是发动机引擎都可以轻易替换。但如果我们的肝坏了呢？我们能怎么办？要找到一个捐赠者看他的肝是否与我们匹配（做替换），如果不匹配，我们要怎么找到匹配的人。如果在未来，我指 15—20 年以后，我们是否能够实现自我替换呢？就是通过再生自身身体的某些部分，去代替受损的组织呢？我相信这就是未来。现在科技进步了，有一些甚至已变成了现实，这在过去二十年是完全不敢想象的。当我们还是孩子的时候，中国有一部电视剧叫《美猴王》，这猴王非常厉害，他拔一根毛就变成了 20 只、200 只猴子，这是一个童话故事。现在如果您有一只小狗，或者是其他动物，我们就能把它变成 200 只。在 20 年前您能想象到吗？Google 最近也做了一些工作，他们的一些高管宣称，在 2029 年人类就能有不死之身，我觉得这是有争议的。但我想说到 2029 年，会有越来越多的器官可以由包括再生医学和克隆技术在内的技术实现永生，我们也正在把这些技术应用到这场人类的不死之战中。

姚凤娥： 我相信这是很有意思的，各位可能也在想是否会克隆自己。但是你可以把你的狗带过来先给许博士试一下，看看克隆出来的狗是否和现在的狗一样对你忠诚。若要探讨科学家在精准医疗方面能做什么，我想 Mariette DiChristina 是最有发言权的。如果我们想推进一些新技术，我们应如何把这些新的技术或者新发现转化到实际生活中呢？

Mariette DiChristina：首先，我非常高兴看到这么多人齐聚一堂，因为在将科学应用于社会的过程中我们每个人都有需要扮演的角色。包括 William 刚刚说到的免疫治疗，你和你的家人就像英雄一样，因为一些已经成功的疗法是得益于你们参与试验才实现的。从这儿我明白到，这不仅需要公众扮演好自己的角色，还需要科研和医疗界的共同参与。这一过程中需要大量的信任。要让个性化医疗取得成功，你必须了解人体在不同层面的运行机制，这意味着我们必须了解自己的DNA序列，不同系统在细胞或分子水平上的机制。截至目前，我们还没能为公众解决所有的问题。我们需要做的是为人们提供了解自身数据的途径，并保护好这些数据不被不当使用。我们要让公众参与进来，帮助科学界、研究者做更多的工作。只有当数以百万计的人参与进来后，这个工作才会更有意义。因为全世界有数十亿人口，彼此非常相似，但也十分不同，所以我们需要把公众和研究联系起来，让再生医学或免疫治疗发挥出最大的作用。

姚凤娥：谢谢！接下来问一下吴教授。在中国很多热点讨论都聚焦在精准医疗上，但是好像没有多少成功案例，或者是治疗奇迹。作为工作在一线的医院院长，您对此怎样看？我们什么时候、怎么做才能看到成功的例子？

吴　炅：首先我想说我们还需要时间。在我的医院里，患者经常会问我几个问题："我的病怎样了""它是否属于高危险疾病""确诊为乳腺癌后我还能活多久""我的生存概率有多高""我如何避免这些治疗的毒性"，包括William刚提到的化疗，化疗对人体产生的毒害作用非常明显。另外他们也会问："未来如果疾病复发该怎么办"，这些都是我们需要向病人以及他们的家属解释的。正如我之前所提到的，在实际中，我们有不同的方法来解决。其中一个方法关乎我们能不能把患者分成不同的亚型，去进行精准医疗。我们可以把乳腺癌患者分成5—6个不同亚型，基于基因组学，然后我们可以给他们施以不同的治疗方案，对于某种亚型的患者我们只能用激素治疗。对于另一些亚型，我们要使用不同的抗体或其他靶点，或靶向治疗。如此一来，在过去的10—20年里，我们的疗效已经有了很大提升，乳腺癌患者的存活期比过去延长了不少。对于外科手术，我们可以多采取保守性治疗，尽量避免创伤过大的治疗，以保留他们的乳房，也为乳房的再造留有机会。我们有不同的方法来做，当然这在实际中还是远远不够的。在未来，我们还有很多方法可以尝试，其中一项，就是我们可以建立大型组织库或者生物组织库，这对科学家做研究、分析、并提出新方法而言是非常重要的。

另外就是我们应该建立大数据库，这是医院应该做的，以便收集不同数据，尤其是不同的细胞、组织的功能性图像，此外它还应包括临床、病理学数据，病人术后的恢复数据，这些应是我们能从数据库获得的。所以我认为最重要的是打造一个成熟的、方便科学家和一线医疗工作者沟通的平台。中国医生实在是太忙了，患者又那么多，每周 5 个工作日，每天只有 1—2 个小时停下来看看报纸，看看出台了什么相关的新政策需要我们跟进。和美国的同行相比，我觉得我们需要改变，病人（上大医院之前）应先在基层医院接受初步的检查。

姚凤娥：非常感谢各位专家的分享。在这里我们可以作一个总结，未来还是光明的。在进入观众互动环节之前，我们用 1 分钟的时间分享一下自己的观点吧。在未来的 20 年，世界会变成什么样呢？从许博士开始吧。

许晓椿：我想那是生物科学的黄金时代，2000 年的时候《时代》杂志提到一个特别的峰值，在 2020 年我们会进入一个新的纪元，叫生物经济时代。现在我们离 2020 年只有 4 年了，我相信那是一个美好的未来。但我也很谨慎，因为今天在座的各位很多是来自投资界的，有投资背景。说到生物学，我觉得北京是个不错的前线，它不仅改变了我们对生物学的认识，也改变了我们对科学、商业、经济的看法。比如说过去我们青睐研发出有名的药物，但是现在我们做的只涉及一个非常小的市场，有时候好技术不代表高利益，甚至可能卖不出去。无论如何，我还会相信在未来的十年或二十年，正如《时代》所预言的，那将是生命科学的黄金时代。

姚凤娥：吴医生，未来的二十年，您的医院可能会变得很空甚至要倒闭了。

吴　灵：是的，我想如果真是那样的话，还是挺幸运的。从今往后的二十年，在座的各位也许已经有了下一代，当我们回顾精准医疗的发展进程时，有一个非常著名的公司，是40年前成立的，它也是花了整整20年的时间来发展壮大，我想在未来的20年，会有越来越多像这样的企业。其次，我相信会有越来越多人才、科学家对医疗感兴趣，我相信他们能做得更好，能研发更多诊疗工具。最后一点，我想会有更多的来自各方的投资，包括来自政府的。因为中国的政府说了，将会在2030年前对精准医疗投入600亿人民币，这些投资可以帮助我们实现梦想。

姚凤娥：William，你之前提到对当前发展速度感到失望，是觉得从技术到现实的转化太慢吗？你对未来怎么看呢？

William A. Haseltine：首先20年后我肯定更老了，皮肤状况也不一样了。我第一次来到中国大约是25年前，是20世纪90年代，中国发生的变化以及取得的成就是巨大的。你到浦东走走，跟25年前的浦东地图比较一下，你会很震惊。回到我们的话题，我相信人类在短时间内能够取得极大的进步。对大部分人来说，那些技术都是很新的，那些应用也很新，我相信未来是大有希望的。现在我们提到的很多技术和取得的进步，只有很小一部分人有机会用到。对于我的国家，或者是中国，或者是邻国印度，或者是世界上其他国家，高质量的医疗还是很少的，估计也就5%的人能享受到，还有一部分人可以享受到水平较低一点的医疗服务，而大部分的人没有办法获得高质量的医疗服务。我想现有的技术、现在的工具，是能够帮助我们解决这些问题的。我们并不一定要开发新的技术，就能让中国、美国的大部分人受益，让大部分的人获得高品质的药物和高新技术，因为我们现在有IT

技术，有非常好的设施，但是还缺少政治上的支持。也许我们最需要做的是纠正观念，并用正确的方式通过正确的途径传播。在我的眼里，我们不仅要推进医疗发展，还要保证包括中国在内的世界上大部分人能够获得这些医疗资源。这是我对未来二十年的希望。

姚凤娥：好的，技术只是一个方面，我们需要更多的政府和公众支持来让更多人获益。Mariette DiChristina，您是怎样想的？

Mariette DiChristina：在一家有 170 多年历史的老杂志社工作的好处之一是，当你回顾人们过去做出的预测时，会发现许多都是完全错误的，所以在这里我就不预测了。我想补充的是，从公众的角度出发，我希望全社会能以 William 刚才描述的方式提供保健服务，我认为技术会在其中做出巨大的贡献。我希望我们现在每天携带的设备，比如智能手机，能让我们更加个性化地参与到医疗服务中来，帮助我们获取医疗资讯，比如医生追踪患者的情况。但我也希望人们能与医疗界实现双向交流，而不是单向沟通。对我来说，亲身收集数据的公民科学家十分鼓舞人心，在个性化医疗中，我们需要更多的人分享自身的数据。我希望在未来 20 年的公众讨论中，人们不仅能将科学视为社会进步的动力，而且亲自参与到科学当中。

姚凤娥：鲁博士，您是一位成功的科学家，在中国也是事业有成，你认为20年后人们的发展空间愈来愈大，也有了更多的选择，生活会变成什么样呢？

鲁先平：其实我们现在所住的房子越来越大了，这当然也归功于科学和社会的发展，它提高了我们的生活质量。但就我个人而言，现在有一些体制问题困扰我，包括涉及产业生态、创新及环境层面的问题。

姚凤娥：感谢所有的对话嘉宾。

姚凤娥、鲁先平、Mariette DiChristina、
William A. Haseltine、吴炅、许晓椿
理解未来第20期
2016年9月10日

FUTURE

第四篇

通往精准医学之路

目前世界上已经发现的单基因遗传病有 7000 多种，其中 4000 多种已经找到明确的致病基因。很多遗传病在患者幼年即开始发病，直接导致患者的夭折、早逝或者伤残，给患者家庭和国家带来沉重的经济负担和生活负担。因担心严重的单基因遗传病，许多患者家庭甚至不敢生育后代。谢晓亮及相关学者的研究成果可有效避免中期被迫引产，有效地防止遗传病患儿的出生，同时彻底阻断遗传病在家族中的延续，对预防单基因遗传病的发生和传递具有极为重大的科学及社会意义，让众多家庭看到了新的希望。

谢晓亮

哈佛大学Mallinckrodt讲席教授
北京大学生物动态光学成像中心（BIOPIC）主任
美国国家科学院院士
未来科学大奖科学委员会委员

单分子水平上的生命

女士们、先生们，大家好！我今天的讲座内容跨度会比较大，从物理学到化学、生物学、医学。

著名的物理学家理查德·费曼（Richard Feynman）在《费曼物理讲义》开篇说过："如果要用一句话来描述我们拥有的最重要的科学知识，这句话应该是：所有物质都是由原子组成的。"原子在宇宙中比比皆是，但是如果只有独立的原子，我们的世界会变得非常无趣，没有生命、没有爱。原子间的相互作用导致分子的产生，分子们进行化学

本讲座与本书第一篇基因检测内容有部分重复，为了保证讲座的完整性，我们保留了重复的部分，请读者谅解。

反应，产生新的分子，这才有了生命。

那么如果要用一句话来形容过去半个多世纪生命科学的主要进展，这句话应该是什么？我想应该是：生命过程可以在分子水平上得到解释。

单分子成像技术开启研究生涯

我在北大读本科时学的是化学，生物是到美国才学的。我 1985 年离开北大，来到美国加利福尼亚大学圣迭戈分校，攻读物理化学博士学位。我因从小就喜欢动手，在美国学的是用超快激光来研究化学反应动力学。

在化学和生物化学的教科书里，分子相互作用和化学反应总是在单分子的水平上描述的，可是迄今为止，我们的化学知识几乎都是从含有大量分子的实验中得到的，量大到摩尔（mole）的数量级。1 摩尔是 2 克氢分子的分子数目，被称作“阿伏伽德罗常数”，数值是 6.023×10^{23}。阿伏伽德罗是意大利的化学家、物理学家，虽然他定义了阿伏伽德罗常数，但他只知道这是一个非常大的数，直到死也不知道到底是多大。6.023×10^{23} 是个天文数字，我大概算了一下，1 摩尔 1 立方毫米大的沙粒，如果平铺在中国大地上，可以形成一个 60 米深的沙漠。

20 世纪 90 年代初，我在美国太平洋西北国家实验室开始了我的独立研究生涯，带领一个团队研究在常温下用荧光来检测单个分子（图 1）。当时的研究非常令人兴奋，有几个小组在竞争，去年因为超分辨率荧光显微技术获得诺贝尔化学奖的两位科学家 Eric Betzig 和 W.E. Moerner 那时也在做同样的事。1994 年 7 月，我第一次在《科学》杂志上发表了文章，研究单分子的动态过程。

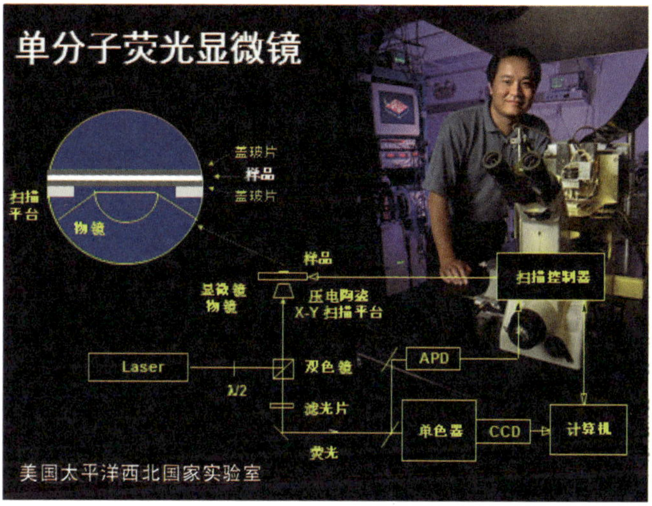

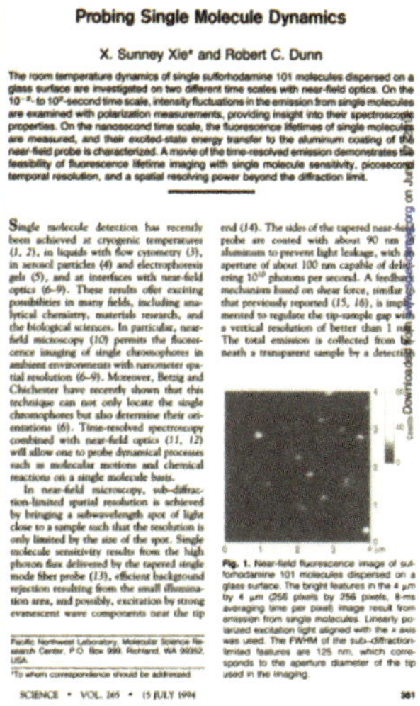

Probing Single Molecule Dynamics

X. Sunney Xie* and Robert C. Dunn

The room temperature dynamics of single sulforhodamine 101 molecules dispersed on a glass surface are investigated on two different time scales with near-field optics. On the 10^{-2}- to 10^{2}-second time scale, intensity fluctuations in the emission from single molecules are examined with polarization measurements, providing insight into their spectroscopic properties. On the nanosecond time scale, the fluorescence lifetimes of single molecules are measured, and their excited-state energy transfer to the aluminum coating of the near-field probe is characterized. A movie of the time-resolved emission demonstrates the feasibility of fluorescence lifetime imaging with single molecule sensitivity, picosecond temporal resolution, and a spatial resolving power beyond the diffraction limit.

Single molecule detection has recently been achieved at cryogenic temperatures (1, 2), in liquids with flow cytometry (3), in aerosol particles (4) and electrophoresis gels (5), and at interfaces with near-field optics (6–9). These results offer exciting possibilities in many fields, including analytical chemistry, materials research, and the biological sciences. In particular, near-field microscopy (10) permits the fluorescence imaging of single chromophores in ambient environments with nanometer spatial resolution (6–9). Moreover, Betzig and Chichester have recently shown that this technique can not only locate the single chromophores but also determine their orientations (6). Time-resolved spectroscopy combined with near-field optics (11, 12) will allow one to probe dynamical processes such as molecular motions and chemical reactions on a single molecule basis.

In near-field microscopy, sub-diffraction-limited spatial resolution is achieved by bringing a subwavelength spot of light close to a sample such that the resolution is only limited by the size of the spot. Single molecule sensitivity results from the high photon flux delivered by the tapered single mode fiber probe (13), efficient background rejection resulting from the small illumination area, and possibly, excitation by strong evanescent wave components near the tip end (14). The sides of the tapered near-field probe are coated with about 90 nm of aluminum to prevent light leakage, with an aperture of about 100 nm capable of delivering 10^{10} photons per second. A feedback mechanism based on shear force, similar to that previously reported (15, 16), is implemented to regulate the tip-sample gap with a vertical resolution of better than 1 nm. The total emission is collected from beneath a transparent sample by a detecti

Fig. 1. Near-field fluorescence image of sulforhodamine 101 molecules dispersed on a glass surface. The bright features in the 4 μm by 4 μm (256 pixels by 256 pixels, 8-ms averaging time per pixel) image result from emission from single molecules. Linearly polarized excitation light aligned with the x axis was used. The FWHM of the sub-diffraction-limited features are 125 nm, which corresponds to the aperture diameter of the tip used in the imaging.

Pacific Northwest Laboratory, Molecular Science Research Center, P.O. Box 999, Richland, WA 99352, USA.

*To whom correspondence should be addressed.

SCIENCE • VOL. 265 • 15 JULY 1994   361

图 1　谢晓亮的独立研究生涯从荧光显微镜检测单分子开始

这篇文章是和我的第一个博士后 Dunn 合作的。当我们把这些技术发展起来以后，我有了一个预感，单分子技术在生物化学和分子生物学上将有重要的应用。所以我们就开始研究酶。

酶是生物过程的催化剂，加速生物化学的反应。我们把带有荧光的胆固醇氧化酶分子固定在 99%的琼胶中，让它们不能游动，以便我们长时间地观察胆固醇氧化酶催化的胆固醇氧化反应。

这个酶有两个态，在氧化态下，它有天然的荧光，在还原态下，它不会发光。酶作为生物催化剂，在这两个态之间循环，自己最后是没有变化的。所以当我们观测单个酶分子的荧光时，每一次荧光的“亮/灭”就对应着一个酶分子催化状态的循环。这使我们第一次实时观测到了单个酶分子的化学反应。在单分子层面上，化学反应是随机发生的，即化学反应发生所需的等待时间是随机分布的，而不像在拥有大量分子系统中的反应里，有可被推测的结果。因此单个酶分子的荧光强度随时间变化的曲线是不会在下一个实验中重复出现的，尽管这个曲线的统计结果是可以重复的。

因为这个工作，哈佛大学给了我一个资深教授的职位。这个工作之所以重要，是因为很多生物大分子，比如 DNA 是以单分子或者少量几个分子的形式存在于细胞之中的，这个工作能让人们对单分子的生物化学反应进行实时观察。

大家知道，20 世纪最重要的生物学发现是沃森（Watson）和克里克（Crick）解出遗传分子 DNA 的双螺旋结构。DNA 是由四种碱基（A、T 和 C、G）配对构成的。遗传信息储存在碱基的序列里。

单分子酶学也具有实际应用意义。比如有人做了与我们类似的实验，造出了两个单分子 DNA 测序仪，其中一个是美国加利福尼亚的公司做的 Pacbio 测序仪,通过监测单个合成 DNA 的酶分子，将有荧光标记的四个碱基逐个加入到 DNA 模版上，以直接读取 DNA 分子的序列。这个技术的特点是它能够测很长的 DNA 序列。

在基础研究领域，单分子生物学增进了我们对许多生物大分子工作机制的深入了解，让我们在活细胞里直接观测蛋白质分子的逐个产生。分子生物学的中心法则告诉我们，在 DNA 上的遗传基因会转录成 mRNA，在翻译过程中 mRNA 导致蛋白质的合成。

由于一个基因在单个活细胞里只有 1—2 个拷贝，基因表达过程就跟单个酶分子反应一样，也是随机发生的，所以单分子生物学与单细胞生物学是密切相关的。我们对单个活细胞的基因表达进行了非常详细的研究，从而使得分子生物学的中心法则得到了定量的描述。

图 2 右边的细胞有同样的基因和基因组，我们说它有同样的基因型，但它们有不同的表型，一个有荧光，一个没有荧光。这个细胞从一个表型变到另外一个表型，从没有荧光的状态变到有荧光的状态，可以证明这个过程完全是单个蛋白质分子从 DNA 的单链上随机脱落下来造成的。我觉得这是一个非常普遍的现象，单分子的小概率事件可以导致非常重要的生物学结果。

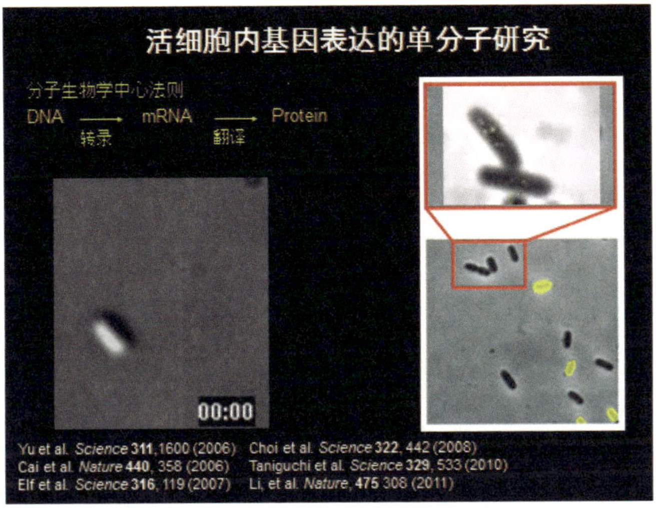

图 2 活细胞内基因表达的单分子研究

基因突变也是这样。这个基因型和表型的关系跟我生活中最大的奥秘是相连的，我的两个女儿是同卵双胞胎。同卵双胞胎被普遍认为有相同的基因组，我的双胞胎女儿确实非常相似，但她们也有各自的特点，也许这跟基因表达的随机性是相关的。最近却有研究表明，同卵双胞胎的基因组实际上是不一样的，因为我们的基因都是随时间变化的。不管怎么说，基因型和表型的关联是生物学中非常重要的一个问题。

破解基因组的奥秘

生物遗传学起源于孟德尔的遗传法则。孟德尔是一位牧师，他的伟大是去世之后才被人们认可的。几个月前，我应邀在捷克做了一个“孟德尔讲座”，有幸在他曾经工作过的修道院做了报告。

孟德尔的实验是把绿色的豌豆和黄色的豌豆杂交，开始是用纯种豌豆杂交，杂交的结果还是绿色的，后来他把两个杂交出的绿豌豆再次杂交，就发现有 1/4 的概率可以得到黄色的豌豆。通过这个实验，他推断每个豌豆有 2 个等位基因，分别来源于上一代，一个是显性基因（绿色），一个是隐性基因（黄色）。

后来人们发现，人类也遵循类似的遗传法则。人的体细胞与豌豆一样，正常情况下都是双倍体，有 46 条染色体，其中 23 条来自父亲，23 条来自母亲。染色体存在于细胞核内，是 46 条不同的 DNA 分子。它们有 60 亿对碱基，携带 2 万个基因。（编者注：人类基因组由 30 亿对碱基构成，分布于 23 条独立的染色体中。人类的体细胞是双倍体，含有 46 条染色体，生殖细胞是单倍体，含有 23 条染色体。体细胞中的两套染色体分别源于父亲和母亲，它们所包含的碱基有微小的差异，因此人的全基因组包括约 60 亿对碱基）。

基因组的主要变化是点突变（SNV）和基因拷贝数的变化（CNV）。我们每个人之间的不同就是由于点突变，也就是单碱基发生了变化。60 亿对碱基中大约只有千分之一的碱基在人与人之间是不同的。另外一个基因组的变化是基因拷贝数的变化。一般来讲，基因拷贝数应该是 2，一个来自于父亲，一个来自于母亲，形成两个等位基因。但有的时候，特别是发生癌症的时候，拷贝数可以变成 1、3 或者 4，这叫染色体不正常。

2001 年人类基因组计划完成，也就是这 30 亿对碱基的顺序被测定了，这是人类历史上的一个里程碑，意义重大。当时美国的一个私人公司（领导人是 Craig Venter）和美国组织的国际团队（领导人是现任美国国家卫生局主任 Francis Colon）展开了激烈的竞争，他们分别在《科学》杂志和《自然》杂志上发表文章。这项工作花费了 30 多亿美金，用的测序方法是第一代电泳测序技术。这是 1980 年获得诺贝尔奖的技术，是由 Fred Sanger(1918—2013)做出的。这是一个传统的办法，通过测 DNA 的长短来测序。

以这个技术为基础研发的第一代测序仪由美国公司 ABI 生产，该产品是产学研结合的范例。加利福尼亚理工学院的教授 Leroy Hood 和他的研究生 Mike Hunkapiller 先在他们的实验室里改造了传统的

DNA 测序方法，把电泳的方法用到毛细管里，用激光来代替放射性 DNA 监测仪，然后成立了 ABI 公司。这是一家车库公司，但后来这家公司很快垄断了世界测序仪市场。刚才说的参与人类基因组计划测序竞争的私人公司领导人 Craig Venter 就是买了 240 台这种仪器来完成人类基因组测序的。

Craig Venter 的一大科学贡献是把人类的基因库组装起来，他发明的方法是很有意思的“鸟枪法”。比如说我要知道《三国演义》这本书里文字的序列，但是我能得到的只是打碎的一行一行的片段。Venter 的方法是找很多本《三国演义》，然后打碎成一行一行的，由于是随机的，所以每行的断裂都不一样，然后把得到的千千万万碎片上下重叠起来，就可以得到《三国演义》中原始的文字序列（图 3）。当时没有人觉得这个方法可行，而 Venter 坚信可以由此得到百分之八九十的人类基因序列，虽然不是 100%，但已经很了不起了。

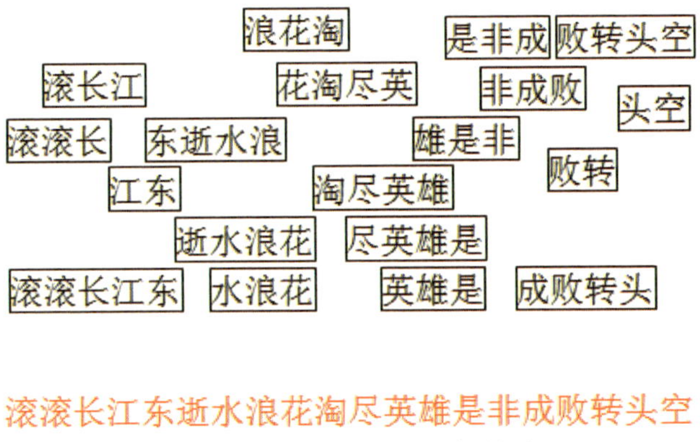

图 3　Craig Venter 的鸟枪法

如今十几年过去了，测序仪技术有了突飞猛进的发展。2007 年以来，新一代的 DNA 测序仪层出不穷，主要是 CCD（电荷耦合元件）的应用，使得大家可以在很多不同的位置上观测大量的序列，提高测序通量，这样一来，测序价格的衰减比指数衰减还快。现在如果你想测你的基因组，一天之内就可以完成，价格大概 1000 美元。其中

Illumina 公司的仪器占据了 90%的市场。第三代测序仪是单分子测序仪，但它现在在成本、准确性和通量方面还不能与基于大量分子的 DNA 测序仪相竞争。

我在哈佛的实验室也做过一个测序仪，但是我们起步比较晚，这是因为到哈佛以后要学怎么做教授，怎么教书，怎样申请基金。我们只发表了一篇文章，没形成产品。中国目前还没有自己的测序仪，但就像中国需要自己的飞机一样，中国也需要自己的测序仪。这几年我和北大的黄岩谊教授一直在合作做这个工作。

哈佛实验室的新发明

新一代测序仪对医学的贡献是革命性的，它使个体化医疗成为可能。什么是个体化医疗？就是通过个人的基因组测序，为预防、检测和治疗疾病提供个体化的解决方案，所以基因测序成了个体化医疗的基础。

一个著名的例子是，美国好莱坞影星安吉丽娜·朱莉公开宣布她切除了乳房，因为她知道自己携带一个有缺陷的基因 BRCA1，她的医生估算过，她有 87%的概率患乳腺癌，50%的概率患卵巢癌。她宣布切除乳房的这一天，是 2013 年 5 月 13 日，当时我正好在美国卫生局进行一个申请项目的答辩。我的实验室有一种技术，可以让父母避免把严重的遗传病遗传给胎儿。评审委员会听到朱莉的新闻后就问我，如果把我的技术用来避免把有缺陷的基因遗传给下一代，伦理上行不行？我当时还没想好，回答得不好，结果这个项目没有在美国启动。关于伦理问题，我到今天也没有一个好的答案。但我今天想告诉大家，我们这两年在北京大学的一个工作，是伦理上可以接受的。

这个新技术对我来讲是一个新的单分子实验。如果给我一个人的体细胞，我能告诉你这个人的基因组，就是 46 条染色体的序列是什么样的。

我们以前是测多细胞的，抽几毫升血来测。那么我们为什么要测单细胞的基因组？因为种种原因，基因组对每个细胞来讲都不相同。比如说人类生殖细胞（精子、卵子）在分裂时发生随机重组，使得每个生殖细胞都不相同。另外，癌细胞中剧烈的基因组变化，也使得原发肿瘤中的细胞之间存在高度不同。

刚才说到在一个细胞中最常见的基因组改变包括点突变和基因拷贝数变化。这种变化是单分子的变化，所以是随机的，不同细胞是不同步的，不知道它什么时候发生，也不知道它在哪发生，因此每个细胞都拥有不同的基因组，这使得单细胞测序成为必需，只不过以前技术上不可行。到目前为止，还没有一台单分子测序仪可以对46条染色体从头到尾进行测序，我们必须借助于单细胞基因组的扩增，就是把46条染色体放大，然后进行高通量的测序。

第一种方法是PCR (聚合酶链式反应) 技术，这是一个在1985年获得诺贝尔奖的技术，有单拷贝的高灵敏度。在犯罪现场，只要拿到一个DNA分子，我们就可以把信号放大到被检测的点。但是如果用它来覆盖全基因组，指数放大覆盖率只有6%。因为PCR技术是指数放大，让一个DNA变成两个，两个变成四个。这种指数放大过程不够精确，因为它是对拷贝进行拷贝，一旦拷贝件出错，错误就会被传下去，结果就不准了。

2012年，我在哈佛的实验室发明了新的单细胞扩增方法——“多重退火环状循环扩增法”（MALBAC）。它的最大优势是线性扩增，而不是指数扩增，不针对DNA拷贝再做拷贝，我们只拷贝原始DNA。就像一台复印机把原始的一份文件复制成多份，如果一次复制出错的话，在扩增后的产物里是微不足道的。哪怕单个细胞的30亿个碱基对里有一个碱基错了，我们都能看出来，而且没有假阳性。这种方法比此前广泛应用的 MDA(多重置换扩增)方法能更准确地检测点突变和拷贝数变异，将覆盖率大大提高到了 93%。

做出这个工作的是我哈佛实验室的博士后宗诚航和我当时的博士研究生陆思嘉。目前，宗诚航正在 Baylor College of Medicine 做助理教授。陆思嘉在哈佛的博士论文就是关于 MALBAC 技术。他想看到他毕业论文的社会效应，他目前担任亿康基因的 CTO。

我们当时做的第一个实验就是测单个精子的序列。精子作为生殖细胞，是单倍体，有 23 条染色体，其中一半基因来自父亲，一半基因来自母亲。

如图 4 所示，绿的是父源 DNA，红的是母源 DNA，每条染色体都是父源和母源基因的组合。由于基因组合交结的地方不一样，所以每个精子的序列都是不一样的。这就是兄弟姐妹都不一样的原因。

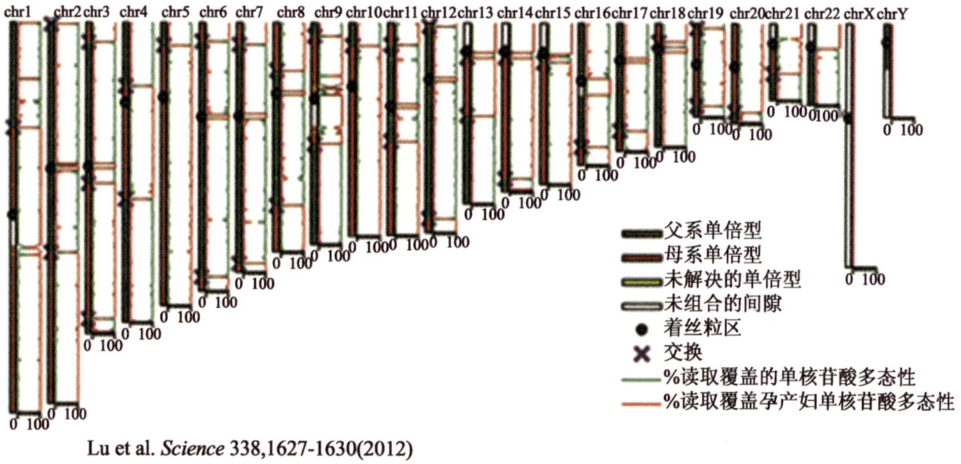

图 4 单个精子细胞（单倍体）中的 23 条染色体

这项工作是与我以前 BIOPIC 的同事李瑞强教授合作的。精子来源于一位华人教授，我们检测了他的 99 个精子，发现了几个染色体不正常的精子细胞，其中一个缺第 19 号染色体，一个 6 号染色体出现了

2 个拷贝。好在这个人还算正常，因为任何一个正常的男子都会有约5%的精子出现拷贝数不正常的现象。这种不正常是由于细胞分裂时染色体没有正常分裂。这种染色体不正常的精子会导致生殖障碍、流产、胚胎停育或者唐氏综合征等遗传疾病，尽管父母看起来完全健康，但就是有 5%的出错概率。对男子而言，这 5%的概率是不随年龄变化而变化的。但对女士的卵子来讲，染色体不正常的概率在 30 岁之前是25%，此后很快随年龄的增长而上升，到 40 岁的时候是 70%。这就导致发生生殖障碍的比率和流产的比率随年龄的增长而增加，生育成功率则随年龄的增长而递减。

利用 MALBAC 技术，我们可以选择一个染色体正常的受精卵来提高生育成功率，特别是对高龄产妇。这是可能的，因为她们染色体不正常的概率并不是 100%，即使在 43 岁以后，妇女仍然有正常的卵细胞，只不过概率小一些。即使是 50 多岁的妇女，只要有一个染色体正常的受精卵，不管是本人的还是别人捐献的，她怀孕的成功率就和年轻妇女一样。也就是说有一个好的卵子是正常生育的前提条件。

中国是一个人口大国，出生缺陷率高，大概有 1%是遗传疾病患者。不孕不育的夫妇也越来越多,高达育龄夫妇的 10%，全国大约有1000 万对育龄夫妇存在不孕不育问题，渐渐成为一个严重的社会问题。此外，随着现代化进程的推进，头胎生育年龄逐渐增加，这个问题也会日益严重。不孕不育和遗传疾病不仅为患者个人带来了巨大的痛苦，也大大增加了家庭、社会与政府的负担。

MALBAC 宝宝的诞生

世界上第一个试管婴儿诞生于 1978 年,迄今已有超过 600 万个孩子是通过试管婴儿技术出生的。Robert Edwards 是试管婴儿的创始人，他于 2013 年去世了。然而直到他去世前两年，也就是 2010 年才荣获诺贝尔奖，并获得爵士封号。可以想象他当年的困难有多大，绝不仅仅是技术上的困难。

中国第一个试管婴儿于1988年在北医三院诞生，由张丽珠教授完成，她是现在北医三院院长乔杰教授的导师。当时张教授比 Edwards 晚了10年，而这次乔杰院长走在了世界的前列。为了将单细胞基因组学在生殖医学中进行应用，我和乔杰院长、汤富酬教授，还有亿康基因公司展开合作。汤富酬是北京大学“生物动态光学成像中心”（BIOPIC）的一位年轻有为的科学家，BIOPIC 成立于2010年，致力于用技术推动生物医学的研究。作为 BIOPIC 的主任，在过去的几年里，我不断往返于北大和哈佛之间。

我们要做的实验是对单个人卵细胞进行高精度的全基因组测序分析。图5是一个卵母细胞，里面有两根 DNA 是从父亲来的，两根 DNA 是从母亲来的。刚才讲过，基因在重组时的交结点不一样，使得每个卵子和精子都不同。卵母细胞成熟过程中，会在旁边产生一个第一极体和第二极体作为卵细胞减数分裂的产物，它们分别是双倍体和单倍体，这两个极体细胞是没有用的，会在生殖细胞发育过程中被降解。我们为了不影响受精卵正常发育，所以选择分析两个极体细胞的全基因组来推断这个受精卵的全基因组是否正常。

不正常的第一种情况是染色体拷贝数不正常。原因是细胞分裂时染色体分裂异常，即使父母完全健康。这种染色体不正常会导致生殖障碍或者唐氏综合征等遗传疾病。

还有一种情况，如果父亲或母亲的基因有点突变，导致严重的遗传疾病，它们也会传给下一代。如果发生突变的基因只在极体内，受精卵没有点突变，那就没事；如果传到了受精卵里，就会让下一代患上遗传疾病。

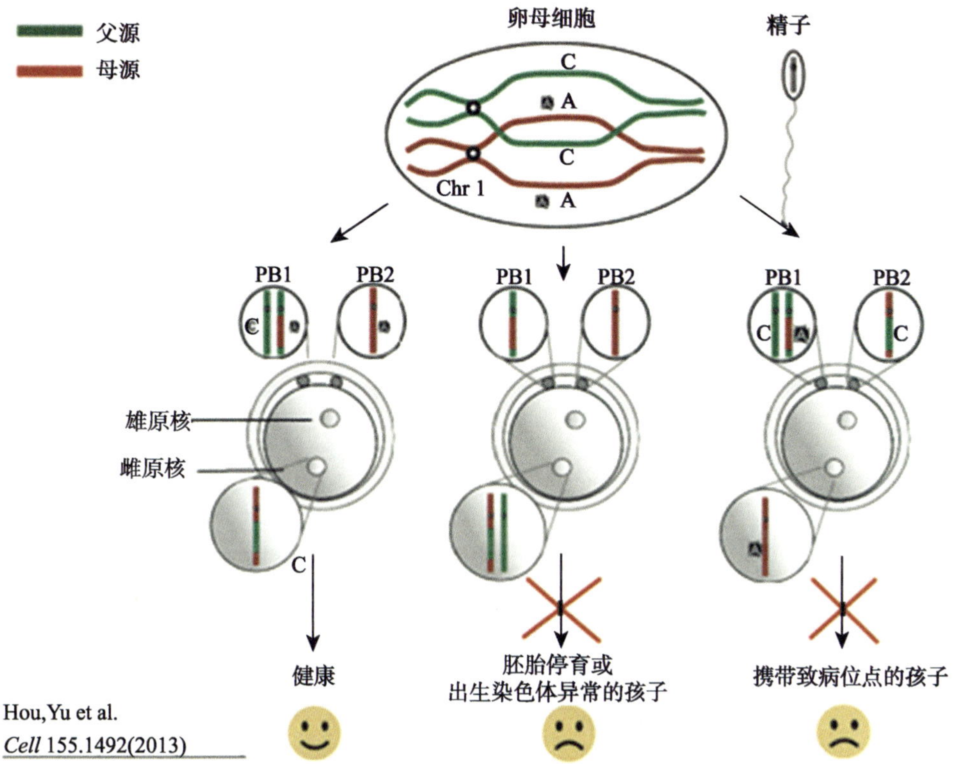

图 5　卵母细胞的减数分裂

用 MALBAC 技术进行单细胞基因组扩增，我们可以同时检测并避免上述两种情况，来提高生殖细胞健康发育的成功率，避免遗传疾病发生。具体做法就是用激光打一个小洞，把毛细血管插进去，吸出两个极体细胞来测序。如果疾病遗传自母亲， 我们就用这个办法；如果疾病遗传自父亲，我们则在受精第 5 天时取 1—3 个囊胚细胞来测序。

2013 年，乔杰院长在北医三院开始了临床试验，利用 MALBAC 技术进行胚胎遗传诊断。我们第一个病例，是一位患有遗传性多发性骨软骨瘤（HME）的男性患者，他从 10 岁开始，几乎每过两三年就长一个瘤子，所以他的身上充满了金属。这种病是由于名为 EXT2 的基因发生单碱基杂合缺失，造成移码突变。与孟德尔推测豌豆遗传类似，他和正常女性生育的后代会有 50%的概率患病。与豌豆实验不同的是，这是人命关天的事，不能出任何差错，所以我们特别需要MALBAC技术的精确性。

通过体外受精技术，共得到这对夫妇的18个胚胎，经过致病突变位点检测和染色体筛查，发现共有7个胚胎是既没有点突变也没有染色体异常的，乔院长从中选了第4号胚胎进行移植。

2014年9月19日，世界首例MALBAC婴儿诞生了。我们去看这个孩子的时候，她真是完美，她一声都没哭，一直冲我笑（图6）。

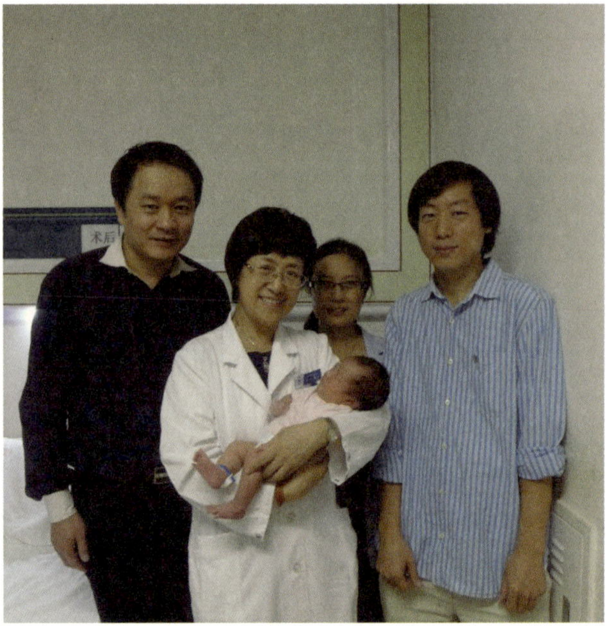

图6 谢晓亮（左1）、乔杰（左2）、汤富酬（右1）在医院看望世界首例MALBAC婴儿

第二个病例是一位携带少汗型外胚层发育不良致病突变基因的女性，她和丈夫已经有一个遗传了这种疾病的儿子，没头发、没汗腺、没牙齿，他们想要二胎生一个正常的孩子。此病的发病率是十万分之一，美国电影演员迈克尔·贝瑞曼(Michael Berryman)也患有这种病，他没有毛发、汗腺和指甲，一直在呼吁医学界对这种遗传病进行研究。这个致病基因EDA1是在X染色体上，如果生男孩，患病的概率是1/2，

如果生女孩不会发病，因为女孩有两个X染色体，而致病基因EDA1是个隐性基因，但该女孩有1/2的概率携带这种致病基因。

通过试管婴儿技术，共得到这对夫妇的5个胚胎，其中2个胚胎既不携带致病基因也没有染色体异常，乔院长选了一个看上去最健康的移植。这个孩子于2014年11月30日出生，不但正常而且肯定不再会把该疾病传给后代。

总结一下，MALBAC技术可以同时避免染色体不正常和非常严重的基因点突变导致的遗传疾病，使得我们可以提高生殖的成功率，得到健康的后代。

想要孩子的朋友可能会想，我们能不能用这种技术来选择一个胚胎，让孩子拥有更漂亮、更聪明的基因？首先，基因组学还没有发展到这种程度，能够让我们非常了解哪个基因是控制长相的，哪个基因是控制聪明程度的。那不是单基因的问题，而是多基因的事情。我们现在做的，就是避免非常严重的遗传疾病。目前世界上大概有7000多种单基因遗传疾病，常见的有400多种。避免这类遗传疾病在伦理上是可以接受的。

能否在更广泛的情况下使用这类技术？比如是否应该筛选掉得癌概率高的BRCA1基因，它导致癌症的概率是70%，而不是100%。我们能不能让父母决定婴儿以后的命运？我认为这不是我们科学家或者医生能解决的问题，整个社会应该进行伦理上的研究和讨论。

MALBAC的第二个应用是癌症。在中国，癌症的发病率、死亡率逐年上升。根据2012年的统计数据，中国每年新发癌症病例约为312万例，中国人一生患癌概率高达22%，死于癌症的概率为13%。

癌症是由于基因组改变所引起的疾病，针对癌症的很多重大课题都需要单细胞基因组学。首先是个体化治疗，即靶向治疗，就是要对症下药，通过测序找到基因组哪里出现了改变，现在很多新药都是靶向治疗。

癌症难以治愈和高死亡率的罪魁祸首是肿瘤的转移。其机制是癌症先出现在原发灶，然后通过血液循环扩散到身体的其他器官。然而，癌症病人血液中肿瘤细胞数量很少，一般只有几个，传统的研究手段往往基于大量细胞才能进行分析。因此我们的单细胞测序技术就可以用到循环肿瘤细胞的研究上。对病人来说，还有一个好处就是抽血分析的检查是无创的，不用做活检。北大肿瘤医院的王洁教授、BIOPIC的白凡教授，以及天津医科大学的张宁等教授和我的实验室一起参与了这项工作。

我们在一个肺癌病人的几毫升血液样本中共找了 8 个循环肿瘤细胞，对它们进行基因测序，看到基因组不同位置点突变，这突变信息为个性化治疗提供了重要依据。但是，这 8 个循环肿瘤细胞的单碱基突变存在异质性——也就是说每个细胞都不一样，这对癌症检测意义不大。

我们同时也看到拷贝数的变化。正常体细胞里的基因拷贝数是 2，癌细胞要高于或低于 2。实验发现同一个肺癌病人的 8 个循环肿瘤细胞表现出高度一致的拷贝数变异模式。更有趣的是，不同病人的同种癌的基因拷贝数图案也是一样的，这就展现了一个好的前景。我们可以通过分析循环肿瘤细胞拷贝数图案来推测癌症类型。最近我们跟张宁教授合作，又发现乳腺癌、肺癌、前列腺癌、结肠癌和胃癌具有不同的基因拷贝图案（图 7）。所以，现在我们想利用这些发现做不需活检的无创癌症检查，希望能多收集一些循环肿瘤细胞，这样也许能够做到癌症的早发现。

最后总结一下今天的讲座。DNA 是以单分子的形式存在于每个细胞中的。因此，基因组的变化是随机的。这也使得单细胞和单分子水平上的检测成为必需。单细胞基因组学是单分子技术与基因组学的交汇之处。在单细胞中测基因拷贝数以及单个点突变，现在不仅已成为可能，而且真正成了一项日益重要的技术。

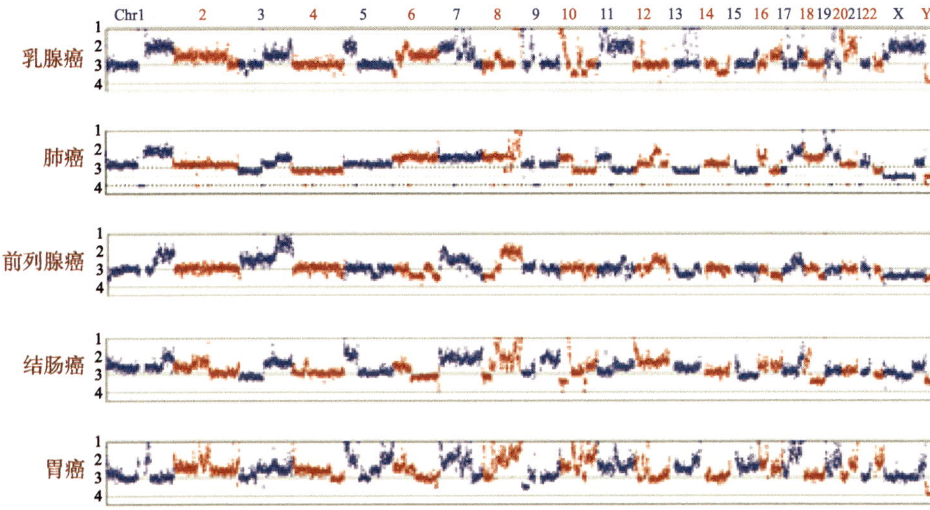

图 7　不同癌症 CTC 具有不同的基因拷贝（CNV）图案

精准医学是个体化医学的一个新提法，最早由美国总统奥巴马提出，大家对它有各种各样的解释。这个星期我参加了一个国内精准医学专家的会议，会议给出了一个定义："精准医学是指在大样本研究获得疾病分子机制的知识体系基础上，以生物医学，特别是组学数据为依据，根据'患者个体'在基因型、表型、环境和生活方式等各方面的特异性，应用现代遗传学、分子影像学、生物信息学和临床医学等方法与手段，制定个性化精准预防、精准诊断和精准治疗的方案。"

我们和乔杰院长合作的工作是精准医学的生动案例，有什么比一个细胞更精细？比一个碱基更准确？单分子手段使得我们能够在单个分子的层面上检测、理解并改善生命过程。

作为一个做基础研究的科学家，我热爱我的研究工作。科学家都希望研究成果能够造福人类，但是基础研究成果转化为临床应用是非常不容易的。我感到自己非常幸运，有机会与乔院长的团队合作，使我们的科学工作能够为有遗传疾病的家庭带来福音，我感到由衷的高兴。

我感谢我现在哈佛和 BIOPIC 的团队，以前的研究生和博士后，以及我的合作者们。没有他们的努力，我今天讲不出这样的故事。

谢晓亮
理解未来第 9 期
2015 年 7 月 18 日

后　记

2015年1月20日，未来论坛创立。

此时的中国，已实现数十年经济高速发展，资本与产业的力量充分彰显，作为人类社会发展最重要驱动力的科学则退居一隅，为多数人所淡忘。

每个时代都有一些人，目光长远，为未来寻找答案。中国亟须“推崇科学精神，倡导科学方法，变革科学教育，推动产学研融合”，几十位科学家、教育家、企业家为这个共识走在一处。“先行其言而后从之”，在筹建未来论坛科学公益平台的过程中，这些做过大事的人先从一件小事做起，打开了科学认知的入口，这就是“理解未来”科普公益讲座。

最初的“理解未来”讲座，规模不过百余人，场地很多时候靠的是“免费支持”，主讲人更是“公益奉献”。即便如此，一位位享誉世界的科学家仍是欣然登上讲台，向热爱科学的人们无私分享着他们珍贵的科学洞见与发现。

我们感激“理解未来”讲台上每一位“布道者”的奉献，每月举办一期，至今已有四十二期，主题覆盖物理、数学、生命科学、人工智能等多个学科领域，场场带给听众们精彩纷呈的高水准科普讲座。三年来，线上线下累积了数千万粉丝，从懵懂的孩童到青少年学生，从科学工作者到科技爱好者，现在每期“理解未来”讲座，现场听众400多人，线上参与者均在40万人以上。2017年10月举行的2017

未来科学大奖颁奖典礼暨未来论坛年会，迎来了逾2500名观众，其中近半是“理解未来”的忠实粉丝，每每看到如此多的中国人对科学饱含热情，就看到了中国的未来和希望。如果说未来论坛的创立初心是千里的遥程，“理解未来”讲座便是坚实的跬步。

今天，未来论坛将“理解未来”三年共三十六期的讲座内容结集出版，即如积小流而成的“智识”江海。无论捧起这套丛书的读者是否听过“理解未来”讲座，我们都愿您获得新的启迪与认识，感受到科学的理性之光。

最后，我要感谢政府、各界媒体以及一路支持未来论坛科学公益事业的企业、机构和社会各界人士，感谢未来科学大奖科学委员会委员、未来科学大奖捐赠人，未来论坛理事、机构理事、青年理事、青创联盟成员，以及所有参与到未来论坛活动中的科学家、企业家和我们的忠实粉丝们。

未来论坛发起人兼秘书长
武　红
2018年7月

国家社会科学基金一般项目成果（项目编号：[illegible]JY123）

国际大宗商品价格变化趋势与我国的对策研究

吴　翔　著

科　学　出　版　社
北　京

内 容 简 介

本书系统地研究了国际大宗商品价格长期变化趋势和短期波动对我国宏观经济的影响及其相关的对策。首先，利用经济“中期周期”演化理论和滤波技术，对以油价为代表的大宗商品价格超级周期进行了全面分析；同时，探究了大宗商品价格短期波动对我国物价指数影响的非线性特征；特别地，利用时变参数模型验证了不同来源的油价冲击对我国经济政策不确定性指数影响的显著差异性；最后，研究了中国经济产出与货币流动性对国际大宗商品价格的反向作用。

本书可供从事我国宏观经济、大宗商品交易的研究人员及政府相关管理决策部门的工作人员阅读使用，同时也适合高等院校经济、统计、国际经济与贸易、能源金融专业的教师、研究生阅读参考。

图书在版编目（CIP）数据

国际大宗商品价格变化趋势与我国的对策研究 / 吴翔著. —北京：科学出版社，2022.6

ISBN 978-7-03-071167-0

Ⅰ. ①国… Ⅱ. ①吴… Ⅲ. ①国际贸易－商品价格－影响－商品市场－研究－中国 Ⅳ. ①F723.8

中国版本图书馆 CIP 数据核字（2021）第 271694 号

责任编辑：陶 璇 / 责任校对：邹慧卿
责任印制：张 伟 / 封面设计：无极书装

科 学 出 版 社 出版
北京东黄城根北街 16 号
邮政编码：100717
http://www.sciencep.com
北京凌奇印刷有限责任公司 印刷
科学出版社发行 各地新华书店经销
*
2022 年 6 月第 一 版 开本：720 × 1000 1/16
2023 年 1 月第二次印刷 印张：9 1/2
字数：200 000

定价：98.00 元

（如有印装质量问题，我社负责调换）

作者简介

吴翔（1968—），男，吉林市人，毕业于吉林大学，获经济学博士学位，现为东北电力大学经济管理学院教授、经济学博士、硕士研究生导师。吉林省社会科学研究“十四五”规划学科专家，吉林省高校经济学专业教学指导委员会成员，吉林省未来发展协会理事。主要承担研究生和本科生计量经济学、金融计量经济学、统计学教学，主持和参与国家社会科学基金项目 3 项，主持教育部人文社会科学基金项目 1 项，主持和参与省部级项目 5 项，CSSCI 期刊检索 9 篇，获吉林省哲学社会科学优秀项目成果奖 1 项。目前主要研究方向是应用计量经济学、能源经济与管理。

前　言

自金融危机以来，尤其是2020年初受到新冠肺炎疫情的影响，全球经济面临深度调整，各国经济发展格局呈现分化加剧趋势。在上一轮大宗商品繁荣周期结束，新一轮大宗商品价格周期有待确认的背景下，探究国际大宗商品价格走势是对大宗商品价格周期理论的深入研究，有助于发现全球新经济形势下大宗商品价格趋势与波动规律，可以进一步丰富和完善大宗商品价格理论。对国际大宗商品价格走势的准确研判是我国进行宏观经济调控的重要依据之一，对大宗商品价格变化趋势的研究有助于为政府制定物价稳定的经济决策提供理论指导。本书的研究内容和主要创新体现在以下几个方面。

（1）探讨了国际大宗商品价格的超级周期问题。在借鉴关于经济“中期周期”演化理论和带通滤波（band-pass filter，BP滤波）和过滤器（hodrick-prescott filter，HP滤波）等滤波分析技术的基础上，采用美国能源信息管理局（Energy Information Administration，EIA ）和世界银行提供的国际能源价格指数数据，以大宗商品中最具有代表性的石油商品价格周期为核心，分析石油价格周期自身特征，以及油价周期与经济周期之间的关系。在对经济周期的选择上，首先，探究油价周期与美国经济周期的关系；其次，采用相关指数数据实证分析油价周期与全球实际经济活动周期之间的关系；在上述分析的基础上，进一步研究了能源类、金属类和农产品类价格指数之间的协同关系，即分析了油价周期与以铜价为代表的金属产品价格周期、与国际农产品原料价格指数周期之间的关系。

（2）选取国际油价作为国际大宗商品价格的代表，分析了影响国际油价走势的长期趋势与短期波动因素。在构建驱动国际油价变动基本分析框架的基础上，从影响国际原油价格的长期均衡和短期波动两个方面进行分析，认为影响油价长期供给因素的主要是石油输出国组织（Organization of Petroleum Exporting Countries，OPEC）原油供给量与闲置产能的变化，非OPEC国家原油供给与OPEC国家存在相互竞争，经常导致国际油价处于低位，全球石油总需求与经济合作与发展组织（Organization for Economic Cooperation and Development，OECD）国家和非OECD国家经济发展特点、经济结构性条件密切相关，未来的石油消费净增加量主要取决于非 OECD 国家的经济发展。实证分析认为影响国际原油短期现货价格的因素主要是原油库存的变动、石油期货市场的未平仓合约数量、石油期货市场与其他大宗商品市场及相关国际金融市场之间的关系。

（3）分析了国际大宗商品价格波动对我国通货膨胀的影响。首先，利用无约束向量自回归模型（vector autoregression，VAR）分析了国际油价冲击对我国消费者价格指数（consumer price index，CPI）及 CPI 分类价格指数的影响，实证结果表明国际油价冲击对我国能源密集型 CPI 具有显著的正向影响作用，总体的 CPI 变动实质上是由与能源密切相关的商品价格变动引起的，如果能源类商品价格是非弹性的，油价的非预期变化会导致对非能源商品需求预算的变动；其次，利用国际大宗商品现货价格指数，采用非线性平滑迁移结构向量自回归模型（smooth transition structure vector autoregressive model，ST-SVAR）和广义脉冲响应函数分析了国际大宗商品价格变动和我国生产者价格指数（producer price index，PPI）与 CPI 的相互关系，认为三者之间存在明显的非线性特征，国际大宗商品价格变动对我国 PPI 与 CPI 均具有显著的正向影响，同时我国 PPI 对 CPI 不仅存在成本推动型影响，而且还存在从 CPI 到 PPI 的反向倒逼作用。

（4）探讨了金融危机后，国际油价波动与我国玉米、大豆、小麦等主要粮食期货价格之间的关系。利用自回归分布滞后误差修正模型（autoregressive distributed lag-error correction model，ARDL-ECM），实证研究了国际油价波动和我国主要粮食价格的短期波动与长期趋势关系，认为无论是在长期和短期，国际油价波动对我国玉米和大豆的期货价格变动均存在显著的正向冲击作用，且长期效应大于短期效应。

（5）分析了不同来源油价冲击对我国经济政策不确定性的影响。从石油价格传导链的视角，通过扩展石油市场无约束 VAR 模型，将油价冲击来源分解为四种类型：全球石油供给冲击、全球石油需求冲击、石油特定市场需求冲击、中国国内需求冲击，同时将我国进口商品价格指数纳入模型中，构建了多变量结构向量自回归模型（structure vector autoregressive model，SVAR）分析框架。基于 2000 年 1 月至 2019 年 6 月的月度数据，采用时变参数结构向量自回归（time-varying parameter structural vector autoregression，TVP-SVAR）模型，分析了不同类型油价冲击对我国经济政策不确定性的影响程度，认为不同类型的油价冲击在不同时间间隔和时点对我国经济政策不确定性影响存在显著差异；利用方差分解及稳健性检验表明中国国内需求冲击、石油市场特定需求冲击及全球石油需求冲击引致的油价冲击对我国经济政策不确定性影响作用较大，相关的政策建议是通过识别不同性质来源的油价冲击并采取针对性的措施，这在一定程度上有利于降低中国经济政策的不确定性。

（6）探讨了中国实际经济产出与货币流动性对国际大宗商品价格的反向作用路径与影响程度，这能有效识别中国因素与国际大宗商品价格之间相互作用关系的时变特征与阶段性特征，有利于宏观经济政策制定的有效性。实证分析上利用 TVP-VAR 模型，采用 1998 年 1 月至 2017 年 2 月的月度同比数据，选取能源和非能源类国际大宗商品价格指数，实证研究了我国实际工业产出与银行利率变化对国际大宗商品价格的影响，认为自 2015 年后国际大宗商品价格波动对中国经济变量的冲击响应函数呈现出复杂性特征，我国工业产出变动对能源价格指数的冲击影响明显强于非能源价格指数，国内利率冲击对国际商品价格指数影响有限。

目　　录

第1章　绪　　论

1.1　选题背景与意义

近十几年来，国际大宗商品价格波动呈现出更加频繁的特征。中国等新兴市场国家的快速工业化和城镇化导致其对大宗商品需求强劲，2008 年原油价格曾达到 145 美元/桶，同时多数金属类价格也出现了飙升。2006~2008 年，粮食价格的大幅度攀升导致多个国家出现粮食短缺。尽管金融危机的发生一度阻断了大宗商品价格的涨势，但是此后不久就出现了反弹并保持高位震荡。2015 年后世界经济处于深度调整中，贸易摩擦导致的世界经济发展的不确定性，大宗商品市场金融化程度的加深及中国经济发展步入新常态，这些因素均导致大宗商品价格走势出现复杂的局面。作为国民经济运行的基础工业原材料、基础能源和人民生活必需品的来源，大宗商品的长期价格走势与短期波动特征对于全球经济产生重要影响，受到广泛关注。

大宗商品消费对于我国的经济发展至关重要。我国自改革开放后，四十年强劲的经济增长，工业化和城市化进程的不断深入，大量的基础设施投资和对粮食消费的增长，这种资源密集性增长模式使得大宗商品消费在我国经济发展中扮演着重要的角色。我国在能源类、金属类、农产品类等世界大宗商品进口贸易中占有重要的地位。近年来，随着我国经济由高速增长阶段转向高质量发展阶段，供给侧结构性改革、“一带一路”倡议的实施及新的信息技术的采用，大宗商品贸易和商品交易均出现了新的特征，对国际大宗商品价格变化趋势的研判与驱动因素的探究有助于发现全球新经济形势下大宗商品价格波动规律，为我国政府制定物价稳定的经济决策提供指导。

1.2　研 究 价 值

本书的研究价值在于以下方面。

1.2.1 理论价值

在后金融危机时代，尽管全球经济出现回暖，但仍存在诸多不确定性，缓和与动荡并存，经济增长不稳定性态势依然存在，原因在于经济危机产生的根源并没有完全消除；此外，全球气候变化与各国能源转型，对大宗商品结构性供给与需求均产生深刻的影响。在此背景下研究国际大宗商品价格走势，有助于发现在全球经济新形势下大宗商品价格的波动规律，是对大宗商品价格周期理论的进一步扩展和深化。鉴于中国在国际大宗商品市场中的重要地位，对国际大宗商品价格走势的判断是我国进行宏观经济调控的重要依据，可以为政府制定稳定物价的经济决策提供理论指导。

1.2.2 实践价值

在全球经济面临新形势、中国经济发展新常态下，对国际大宗商品价格走势的研究有助于发现国际大宗商品价格的运行规律；分析国际大宗商品价格波动对我国宏观经济变量的影响，对我国抑制通货膨胀、避免通货紧缩、维持币值的稳定方面具有重要的启示，还能为政府制定宏观经济决策提供重要的经验参考和依据。

1.3 研究内容、研究重点与难点

1.3.1 研究内容

本书的研究内容主要分为以下几个方面。

（1）基于大宗商品价格的历史数据，结合大宗商品供需状况及当前全球经济态势，对国际大宗商品价格变动长期趋势和中期周期循环的基本特征进行研究。鉴于大宗商品价格的代表性和数据的可得性，以大宗商品中最具有代表性的石油商品价格周期为核心，通过分析石油价格周期自身特征，探究油价的长期趋势及油价的超级周期问题；以美国经济周期为代表，分析油价周期与经济周期的相互关系；从大宗商品需求的角度分析油价周期与全球实际经济活动周期之间的相互作用关系；探讨以油价为代表的能源类大宗商品与金属类和农产品类价格之间的相互协同关系，即分析国际油价周期与以金属铜为代表的金属产品价格周期、与农产品原料价格指数周期之间的关系。

（2）结合金融危机后全球经济进入深度结构调整期特点，以国际油价为代表，对影响国际大宗商品价格长期趋势与短期波动的主要因素进行理论分析与实证研究。通过构建驱动原油价格变动因素的基本分析框架，从原油供给和需求两个方面分析影响原油均衡价格的长期因素；考虑到油价的长期趋势与短期波动之间的相互关系，实证分析原油库存、金融市场因素对油价短期波动的作用方向与影响程度。

（3）结合我国作为全球大宗商品主要进口国及在大宗商品国际贸易中的重要地位，探究大宗商品价格波动对我国物价水平影响的传导路径与作用方式，以及对我国主要宏观经济变量的短期和长期影响具有重要的现实意义。在分析不同种类的大宗商品价格波动对我国通货膨胀的影响，即对我国 CPI 与 PPI 的影响方式与作用程度时，要充分考虑这种影响的非线性特征。对 CPI 进行分类研究有利于把握大宗商品价格波动对我国物价水平的影响。

（4）金融危机后，尽管国际油价与国际粮价之间存在一定程度的协同变化，但鉴于我国粮食价格定价机制的特点，国际油价变动对国内粮食价格产生的影响程度、时限及其作用方式需要进一步分析；同时从政策影响分析的视角，需要深入探讨以国际油价为代表的大宗商品价格波动对我国宏观经济政策的影响。鉴于一国经济政策是货币、财政和监管政策的组合，这些政策的经常性调整导致了经济政策不确定性，研究大宗商品价格波动对经济政策不确定性影响、对于理解和把握不同性质的油价冲击对我国宏观经济产生的影响具有重要的现实意义。

（5）由于中国在国际大宗商品贸易中处于重要的地位，国际大宗商品价格波动不仅对中国经济产生重要影响，同时中国自身的实际经济产出与货币流动性也会对国际市场的大宗商品价格起到反向影响作用，及时准确地识别中国对大宗商品价格影响路径与影响程度将有利于准确判断国际大宗商品价格波动与国内宏观经济变量之间的关系，对中国宏观经济政策制定的有效性具有重要的意义。考虑到中国经济发展和货币政策在不同阶段的特点，以及中国在不同发展时期对大宗商品需求的时变特征，宜采用多变量时变参数模型进行分析。

1.3.2　研究重点与难点

本书研究的重点和难点主要阐述如下。

（1）研究重点：第一个研究重点是国际大宗商品价格超级繁荣周期与短期剧烈波动特点。着重从大宗商品价格超级周期的波动幅度、持续时间、波动频数等方面分析自 2000 年以来大宗商品价格周期波动特征，结合美国等发达经济体与中国等新兴经济体在投资扩张、货币与信贷扩张、宏观调控政策等方面做出的举措，分析其与大宗商品价格周期波动的关系。第二个研究重点是对国际大宗商品价格波动的影响因素、对中国经济影响效应及走势的预测。首先，尽可能全面、客观地分析国际大宗商品价格波动的影响因素；其次，分析大宗商品价格波动对我国物价水平等宏观经济变量和经济政策稳定性的影响；最后，就未来几年国际大宗商品价格波动的走势进行科学客观的研判和预测。

（2）研究难点：第一个难点体现在对国际大宗商品价格超级周期研究及拐点的研判。对 2000 年以来大宗商品价格繁荣超级周期波动的研究，不仅涉及大量的大宗商品价格历史数据的收集和整理，还涉及对数据的处理与分析。此外，在分析能源商品、金属类原材料和农副产品不同时期价格周期波动时，还涉及不同种类不同时期商品价格波动的经济运行背景，以及与这些经济运行相关的数据和资料的收集和整理工作，相应地增加了研究的难度。第二个难点在于大宗商品价格波动对我国经济影响效应分析和测度问题。大宗商品价格走势具有显著的时变特征，不仅受到世界经济景气导致的供求关系的影响，而且还受到金融市场和地缘政治的波及，加之我国大宗商品贸易所具有的阶段性特征，描述、刻画和实证检验大宗商品价格对我国经济的影响需要采用马尔科夫区制转移等非线性模型和具有时变特征的参数结构模型，对这些模型怎样构建、如何进行参数估计和检验也是本书的一个难点。

1.4 研究思路

1.4.1 研究思路总体框架

本书主要通过五个方面探讨国际大宗商品价格变化趋势及我国的对策研究。本书具体的研究思路结构框架可由图 1-1 描述。

1.4.2 研究具体思路

首先，研究的前提和基础主要是对国际大宗商品价格长期走势、周期形态和拐点的测定，分析 2000 年以来国际大宗商品价格超级周期波动的总特征；其次，对影响国际大宗商品价格周期与波动的因素进行研究；再次，运用非线性 ST-SVAR 模型分析国际大宗商品价格波动对我国宏观经济变量的影响，并运用 ARDL-ECM 等模型分析国际油价与我国主要粮食价格之间的关系；最后，探究国际油价冲击对我国经济政策不确定性的影响，并对我国实际经济产出与货币流动性对国际大宗商品价格的反向影响进行分析。

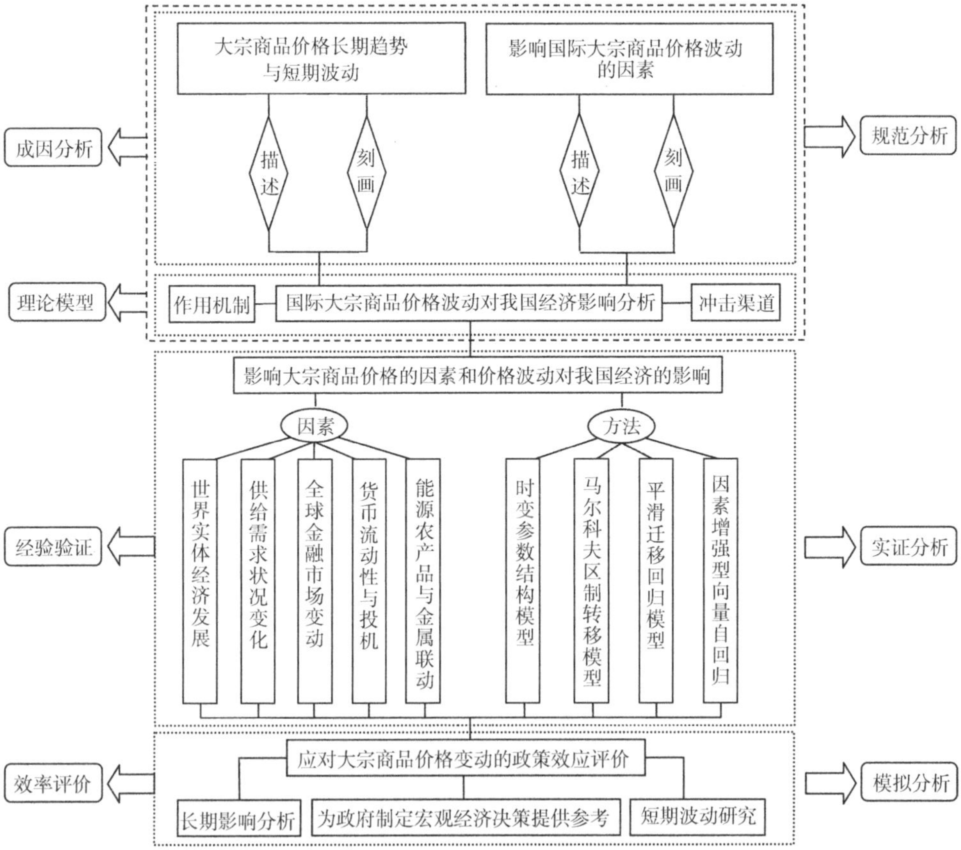

图 1-1 研究思路结构框架

1.5 研 究 方 法

（1）文献研究法与经验总结法相结合。在研究大宗商品价格长期趋势与中期周期波动的过程中，充分收集和整理各个时期大宗商品价格和经济运行情况的相关资料，对 2000 年以来大宗商品价格波动的状况进行经验归纳和总结，以此为基础来研究大宗商品价格在不同时期、不同条件下波动的状况、特征及波动规律。

（2）实证分析法与规范分析法相结合。运用实证分析法分析大宗商品价格波动的原因及价格波动对国内物价水平等宏观经济变量产生的影响，而在减轻与缓和大宗商品价格波动的对策分析中主要采用规范分析法。

（3）静态分析法和动态分析法相结合。在分析大宗商品价格长期趋势和波动的形态、波动的影响因素时，采用静态的分析方法。分析大宗商品价格波动的经济效应时牵涉到时变问题和非线性因素，运用 TVP-SVAR 模型和非线性 ST-VAR 模型分析大宗商品价格波动对我国经济变量的影响。

1.6 创 新 点

（1）参照关于经济“中期周期”演化理论和采用 BP 和 HP 滤波等分析技术的基础上，以大宗商品中最具代表性的石油商品价格周期为核心，对国际大宗商品价格的超级周期问题进行研究，认为目前国际油价周期处于第三个超级周期，但是周期峰值已过，正处于下降阶段；油价周期与以 Kilian 指数为代表的全球商业周期中的循环成分在不同的时间段呈现出不同的特征，金融危机后，Kilian 指数能够对国际油价走势的研判起到先行指标器的作用；在金融危机后，油价周期与金属铜价、农产品原料价格指数周期趋势成分之间表现出较高程度的相似性。

（2）从实证分析层面上分别计量分析了国际大宗商品价格、我国 PPI 与 CPI 三个变量之间的关系，以及国际油价冲击对我国 CPI、CPI 分类价格指数的影响。首先，采用非线性 ST-SVAR 模型和广义脉冲响应函数分析了国际大宗商品价格波动对我国 PPI 与 CPI 的影响，认为三者之间存在明显的非线性特征，大宗商品价格的正向冲击无论对我国 PPI 还是对 CPI 都产生显著的正向影响，不仅存在上游生产要素价格变动对下游消费价格指数产生的成本推动型影响，而且还具有显著的下游消费价格变动向上游生产价格传导的倒逼机制作用；其次，利用无约束 VAR 模型分析了国际油价冲击对我国 CPI 及 CPI 分类价格指数的影响，认为油价冲击对我国能源密集型 CPI 具有显著的正向影响作用，这种正向作用导致了我国总体 CPI 的变动，如果能源类商品价格是非弹性的，油价的非预期变化会导致消费者对非能源商品需求预算的变动，更进一步影响我国 CPI 的变动。

（3）从石油价格冲击传导链的视角，分析了不同种类油价冲击对我国经济政策不确定性的影响。通过对国际石油市场标准 VAR 模型进行扩展，将油价冲击来源分解为四种类型：全球石油供给冲击、全球石油需求冲击、石油特定市场需求冲击、中国国内需求冲击，同时将我国进口商品价格指数纳入模型中，构建了多结构 SVAR 模型分析框架。选取 2000 年 1 月至 2019 年 6 月的月度数据，采用 TVP-SVAR 模型进行了实证分析，结果表明不同类型的油价冲击在不同时间间隔和不同时点对我国经济政策不确定性影响存在显著差异，同时方差分解及稳健性检验表明中国国内需求冲击、石油市场特定需求冲击及全球石油需求冲击引致的油价冲击对我国经济政策不确定性指数影响较大，认为通过识别不同性质来源的油价冲击并采取针对性的措施在一定程度上可降低中国经济政策的不确定性。

（4）系统地分析了中国实际经济活动对国际大宗商品价格的影响。中国作为重要的大宗商品进口大国和世界重要的经济体，国际大宗商品价格波动不仅影响中国宏观经济指标的走势，同时其经济活动也会对国际大宗商品价格产生反向影响。基于时变参数模型，采用相应的国际大宗商品价格指数、中国工业产出和银行利率数据进行实证分析，认为中国实际工业产出变动对能源类国际大宗商品价格具有明显的冲击作用，对非能源类大宗商品价格作用不显著，而银行利率变动对上述两类大宗商品价格均无显著影响。

第 2 章　国际大宗商品价格的超级周期分析

2008 年金融危机之前，主要经济发达国家出现被称为“大缓和”的商业经济周期，在金融危机之后，尽管世界经济增长缓慢，但是增长速度基本稳定在年均 3%左右，这主要归功于新兴经济体在金融危机冲击发生之后所表现出的较强的经济弹性。我们从“大缓和”研究的文献中得出的启示是——经济周期并没有消失，只是周期的频率和严重程度出现下降而已。

经济周期与大宗商品价格周期是相互关联的，在某种程度上影响和决定了大宗商品的价格周期。从理论讲，大宗商品市场缺乏供给和需求弹性，任何外部冲击都有可能导致其价格大幅波动，以实现商品市场出清。大宗商品价格的周期性波动所引发的生产要素在资源开采业、资源出口业与制造业之间频繁流动，造成了交易成本的上升和摩擦性失业的增加。因此，研究大宗商品价格的周期波动对于理解实际经济周期具有重要的理论与现实意义。

考虑到全球大宗商品价格波动是新兴市场波动的根本原因，其价格波动基本解释了三分之一的产出变动（Fernandez et al.，2017），并且当大宗商品价格处于萧条期时会导致经济衰退和复苏的缓慢（Reinhart et al.，2016）。鉴于大宗商品价格作为商业周期的驱动力之一（Fernandez et al.，2017），在全球经济面临深度调整、各国经济格局分化加剧的背景下，深入研究大宗商品不同类型的价格周期及大宗商品价格周期与经济周期之间的关系，有助于发现全球新经济形势下大宗商品价格波动规律，进一步丰富和完善大宗商品价格理论。对国际大宗商品价格周期研判也是各国进行宏观经济调控的重要依据之一，这为政府制定物价稳定的经济决策提供理论指导。

2.1　国际大宗商品价格周期相关文献综述

关于大宗商品实际价格周期，本书主要指长期周期，也有的文献称为“超级周期”。目前研究文献主要归类为两个部分：一是传统分析部分，主要包括熊彼特（Schumpeter）对经济周期的分析框架和 Prebisch-Singer 提出的假说；二是建立在时间序列分析技术基础上的近期文献对宏观经济变量中长期变动的分析。

在传统分析部分中，早期的分析框架用来解释商品价格的长周期特征是基于 Kondratiev（1925）和 Kuznets（1952）长期周期定义的分析。Kondratiev 提出长达 40~60 年的关于大宗商品价格、工业生产、利率和外贸波动的周期循环。Kuznets 定义了 25 年的长周期，反映了创新的生命周期。Kondratiev 认为在资本积累中技术变革等内在因素是经济周期长期波动的主要驱动力。受到内生技术变动观念的影响，Schumpeter（1939）强调了在投资技术变革导致的长周期的经济增长和收缩中企业家的重要作用，并识别了各种不同叠加经济周期的持续时间：Kondratiev 周期最长，持续约 50 年；较短的是朱格拉周期，约为 9 年；更短的周期是基钦周期，约为 3 年。Schumpeter（1939）用创造性破坏理论解释了 Kondratiev 周期，认为技术创新带来的投资机会在新兴产业创造了经济增长，并淘汰了落后的生产部门。通过在新兴部门的创新集聚实现的经济转型出现了繁荣阶段，由于各个行业吸收了创新，便出现了停滞阶段。

大宗商品价格与经济的繁荣、停滞两个阶段直接相关。在经济繁荣阶段，最初生产投入性（如矿产、金属和农产品）由于竞争相对制成品而言会倾向于提高价格。随着经济进入停滞阶段，由于逐渐模仿的创新及由此减少的企业家获得经济租金的机会减慢了对商品的需求，繁荣阶段观察到的商品价格上涨就出现了逆转。Schumpeter（1939）认为对于商品价格持续 50~70 年的下降并不能通过货币因素进行解释，是工业生产增长的下降和潜在的技术变化导致了价格下降。技术创新集聚的趋势产生了长期价格周期，对于分析工业与农业产品的贸易条件具有重要的作用。例如，Lewis（1978）观察到康德拉周期的价格的波动——1873~1895 年出现价格下跌，随后 1895~1913 年价格出现上涨，之间伴随着农业与工业贸易条件的变化：在价格下降期，农产品价格下跌幅度更大，然后出现农产品价格相对于工业价格上涨，这种上升趋势持续到 1913 年。

Prebisch（1950）与 Singer（1950）根据 19 世纪末英国的贸易数据，在考虑国际劳动力分工的条件下，认为英国的贸易条件改善表明了向英国出口初级商品的发展中国家贸易条件的不断恶化。Prebisch-Single 论证由两个互补假设组成（Ocampo，1986；Ocampo and Parra，2010）。第一，对于制成品来说，初级商品需求的低收入弹性往往会降低初级产品的价格，或相对于工业化国家来说，限制了发展中国家的经济增长，因为大宗商品需求的低价格弹性扩大了这种效果。第二，发达国家与发展中国家劳动力市场的不对称意味着制成品的技术进步使得发达国家的生产者以较高的收入受益，而初级产品的技术进步由于价格较低也使得发达国家的消费者受益。近期的研究表明，针对多个以出口非石油商品的发展中国家而言（Erten and Ocampo，2012），对主要的初级商品贸易条件出现长期恶化的趋势（Harvey et al.，2010）。

参照熊彼特的创造性破坏理论假说，Singer（1998）扩展了最初的 Prebisch-Singer 假设，认为标准化产品与创新产品之间的贸易条件也存在恶化的趋势。尽管发展中国家能够工业化并生产成熟的制成品，但事实是，这些标准化的产品意味着不会创造新的经济租金。由于创新成果主要发生在发达国家，经济租金只会被发达国家的企业取得。修改后的 Prebisch-Singer 假设意味着，发展中国家在早期发展阶段生产的低技术含量的制成品相对于工业化国家的高技术含量的产品价格可能较低（Sarkar and Singer，1991）。

近期对宏观经济变量周期分析的文献中，尽管有的经济学家对是否存在经济周期持怀疑态度，如 Samuelson（1985）、Becker（1988）。但是自 1990 年末以来，越来越多的文献开始以“中期周期”的名义研究“长期周期”。Blanchard（1997）认为宏观经济学大致分为两个子领域：一个侧重于短期——研究商业周期；另一个侧重于长期——研究经济增长及其决定因素。该划分隐含的假设是“中期周期”主要是指从商业周期波动到经济增长的时期。这种简化虽然看起来简便，但却是误导。现代经济的特点是“中期周期”的演化与商业周期波动或稳态增长具有明显的不同。

在对宏观经济中期动态的研究上，Krugman（1998）、Sargent（1999）、Solow（2000）等做出了出色的贡献。Comin 和 Gertler（2006）、Braun 等（2008）、Boshoff（2010）利用 BP 滤波技术确定了各种经济变量的中期周期为 40~50 年。Comin 和 Gertler（2006）指出传统的商业周期滤波技术倾向于认为中期周期是长期趋势，阻止了将其应用于分析工业化国家在战后时期所经历的经济增长周期。将中期周期定义为高频（长达 8 年）与中频（跨度为 8~50 年）的数据变化之和并通过 BP 滤波技术提取，他们发现这些周期不仅比短期周期更持久，而且其周期性变化伴随着技术变化、研发支出和资源利用的变化。

在对大宗商品价格中期周期的研究上，Grilli 和 Yang（1988）、Cuddington（1992）、Pindyck 和 Rotemberg（1990）、Reinhart 和 Wickham（1994）及 Radetzki（2006）都在较早时期研究了商品价格长期趋势。Radetzki（2006）对商品价格的繁荣阶段进行了分析，认为 20 世纪 50 年代早期、70 年代早期到中期及 2003 年以后出现三种商品价格繁荣。Cuddington 和 Jerrett（2008）通过使用 Christiano-Fitzgerald BP 滤波技术报告了有关金属价格超级周期存在的证据。此外，Cuddington 和 Zellou（2012）研究了大宗商品价格超级周期，并将其与其他商品价格的超级周期进行了比较。Erten 和 Ocampo（2012）识别了包括石油在内的商品价格超级周期的持续时间和幅度，将商品价格的最后一个超级周期归因于金砖国家经济发展导致的强劲的全球增长。Jacks（2013）分析了商品价格的长期趋势和中期周期，认为自 20 世纪 50 年代以来，能源和非能源大宗商品价格一直在上涨。

在对大宗商品价格波动周期的研究上，很多学者注意到了近年来大宗商品价格变化出现的新特征。Timmer（2010）研究表明，高粮价造成的全球粮食危机不再是罕见事件，周期性波动可以解释这些危机。Brobakk 和 Almas（2011）提供的证据表明，无论是商品价格水平还是方差值，油价和食品价格之间存在高度的相关性，这种相关性是由共同趋势作用导致的。Gilbert（2010）指出，1972~1974 年和 2006~2008 年的粮食价格上涨无法用个别的异质性冲击来解释，因为许多价格上涨是由共同趋势引起的。Walsh（2011）认为，鉴于食品价格上涨过快，出于政策目的将食品价格排除在外来测度的通货膨胀往往是不正确的。

通过对上述文献的梳理和研究，需要指出的是，无论大宗商品价格在近期是呈现上升趋势还是下降趋势，都可以用相应的理论来支持，此问题在本质上是经验主义的，需要用实证数据进行检验。在对大宗商品价格长期变动趋势的研判上，一些学者认为是小幅上升趋势，也有学者认为是小幅下降趋势，如 Balagtas 和 Holt（2009）、Harvey 等（2010）。因此，与影响大宗商品价格趋势的其他因素相比，研究所采用的样本结束日期的不同选择对长期趋势的判断影响最大。例如，20 世纪 70 年代的研究发现，大宗商品价格具有上升趋势，而 20 世纪 80 年代的研究又发现大宗商品价格具有下降的趋势；又如，如果使用 2011 年以前的数据，一些学者的实证研究可能是大宗商品价格具有长期上升的趋势，因此，对长期趋势是否存在的研判与研究样本时期选择密切相关。

总结上述文献，无论是熊彼特创造性破坏理论还是 Prebisch-Singer 假设都为我们分析大宗商品价格周期提供了理论平台和分析视角。借助上述文献的研究成果，在借鉴现代关于经济“中期周期”演化理论和相关 BP 滤波等分析技术的基础上，本书在分析大宗商品价格周期时所做的边际贡献主要表现在以下几个方面。

首先，在分析思路上。多数文献在分析大宗商品价格周期时是按照大宗商品类型分析价格周期并提出相关的政策建议。本书的分析思路是以大宗商品中最具有代表性的石油商品价格周期为核心，不仅分析了国际油价自身周期特征，而且还分析了油价周期与经济周期之间的关系。在对经济周期的选择上，鉴于国际油价变动对美国经济影响的重要性及美国作为发达成熟的经济体在世界主要经济体中的重要地位，本书首先分析了国际油价周期与美国经济周期的关系；然后，探讨了国际油价周期与全球实际经济活动周期之间的关系。在上述两个方面实证分析的基础上，进一步探究了全球能源类、金属类和农产品类价格指数之间的协同关系，即探讨了国际油价周期与以金属铜价为代表的金属商品价格周期、与世界农产品原料价格指数周期之间的关系，上述分析能够充分展现大宗商品价格周期与经济周期之间的关系。

其次，在研究方法上。一是本书不仅采用 BP 滤波，而且还采用 HP 滤波等多种方法分析大宗商品不同种类的价格周期；二是在研究不同种类大宗商品价格周期协动关系时采用动态条件相关（Dynamic Conditional Correlation，DCC）系数分析三者之间的动态相关关系。

再次，在变量指标选择上。一是为了更准确地刻画全球经济活动对大宗商品的需求，参考 Kilian（2008）等相关文献，选择 Kilian 指数代表全球实际经济活动的指标来刻画全球经济活动与大宗商品价格波动之间的关系，而不是采用世界实际工业产值或者实际 GDP 的数据；二是考虑中国进口金属产品的实际情况，以金属铜的实际价格作为金属类价格的代表分析中国经济发展对金属类商品的需求更具有现实意义。

最后，在研究样本期限选择上，尽管不同大宗商品种类的样本期限开始日期不同，但是样本结束日期均选择了 2018 年 12 月，以突出本问题研究意义的时效性。

本章的主要内容安排如下：采用美国能源信息管理局和世界银行提供的能源价格指数数据，主要利用 BP 和 HP 滤波技术，以分析国际石油商品价格周期为中心，对国际油价的超级周期进行探究，并进一步分析油价周期与经济周期之间的关系，以验证前述的经济周期理论。同时，鉴于能源类、金属类和农产品类三大类大宗商品价格之间存在协动关系，本章还利用动态条件相关系数分析以金属铜为代表的金属类价格和农产品原料价格指数与国际油价之间的动态条件相关关系。实证结果表明三者之间的价格变动存在动态协动关系。

2.2 国际石油商品价格周期分析

在综述大宗商品价格周期文献的基础上，首先采用两种主流滤波技术重新对自 2000 年以来油价行为的长期周期现象进行描述与刻画。在对油价的超级周期进行识别之后，我们将讨论这些周期的峰值和谷点，并指出当前油价所处的周期阶段状态。此外，我们对油价周期与美国实际商业周期之间的关系进行了分析。最后，我们分析了油价周期与其他商品价格周期之间的关系。

2.2.1 国际油价走势描述与初步分析

图 2-1 给出了从 1987 年 5 月到 2018 年 12 月没有进行季节调整的月度美国西得克萨斯（WTI）现货油价与欧洲布兰特（Brent）现货油价走势图。这两种油价能够代表国际油价走势。从图 2-1 总体来看，2005 年之前，油价走势波动幅度较小，总体平稳，2005 年之后油价呈现快速上升的趋势。从 2007 年初到 2011 年 4 月国际油价在样本期间内处于最剧烈跌宕起伏阶段。

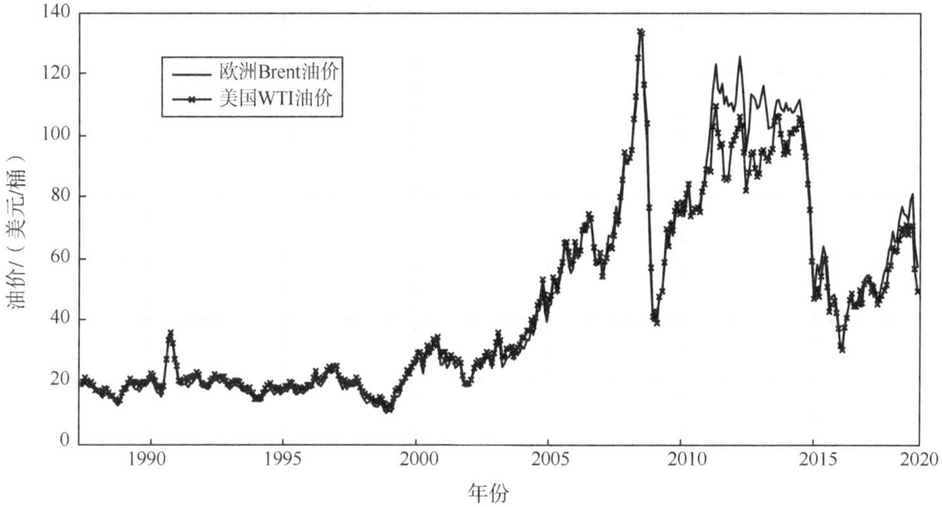

图 2-1　Brent 油价与 WTI 中质原油价格走势

资料来源：BP Statistical Review of World Energy Historical Data

从图 2-1 中我们看到两种油价均在 2008 年 7 月达到样本区间的最高点——136 美元/每桶，之后便开始急速大幅度地下跌，到 2008 年 12 月下挫到 40 美元/桶，跌幅达到 70%，与 2004 年 7 月的油价相同。但是自 2009 年 1 月初国际油价便开始快速反弹，至 2009 年 8 月达到 73 美元/每桶，与 2006 年 8 月的油价相同。到 2011 年 4 月 Brent 油价反弹到 123 美元/桶，与 2009 年 1 月最低价相比，上涨了 2 倍。从 2011 年 4 月到 2014 年 6 月，国际油价在 125 美元/桶到 110 美元/桶的价格区间反复震荡。

自 2014 年 7 月开始，国际油价又开始步入明显的下降通道，到 2016 年 2 月下降到 30 美元/每桶，比金融危机期间的 2008 年 12 月的最低价格低 10 美元。尽管从 2016 年 3 月油价开始步入反弹阶段，但是反弹乏力，在 2018 年 8 月油价摸高到 81 美元/桶之后便开始掉头快速下跌至 2018 年 12 月的 50 美元/桶。值得注意的是从 2011 年 4 月到 2014 年 7 月 Brent 油价与美国 WTI 中质油价尽管走势趋势一致，但是两者价格之间出现了偏差，Brent 油价较高于 WTI 油价。

从上述对图 2-1 的分析中，我们看到了一个典型的事实——金融危机对油价影响持续的时间并不长，虽然在短期内导致了油价大幅度下跌，但是油价很快进行了反弹。这表明自 2003 年初开始一直到 2014 年油价一直处于上涨阶段。

2.2.2　国际油价超级周期分析

对国际油价周期的分析，我们主要集中回答两个问题：一是国际油价存在超级周期吗？二是油价如果存在超级周期，是否能够识别出目前油价所处的周期阶段？

（1）数据来源与处理。依据 Krugman（1998）、Sargent（1999）等相关文献，设定大宗商品短周期期限为 2~8 年，中周期期限为 8~20 年，对超级周期而言，我们设定为 20~70 年。为了获得长期油价序列，我们查找 2017 年 BP 世界能源统计评论。油价数据从 1861 年开始到 2017 年结束，频率为年度。本样本系列长时间跨度数据是利用 1861~1944 年的美国平均原油价格，1945~1983 年的阿拉伯轻质价格和 1984 年以来的 Brent 原油价格构建的。利用 2017 年美国 CPI 对年度序列数据进行了平减。

（2）油价周期分析方法。我们采用两种不同的滤波技术用于识别油价的超级循环。首先，HP 滤波技术被广泛地应用于对经济周期的分析中。然而，这种技术存在两个缺点，即，研究结果对平滑参数选择的敏感性和端点偏差。为了克服 HP 滤波技术的这些缺点，得到更加稳健性的结果，我们采用 BP 滤波技术。根据 Christiano 和 Fitzgerald（2003）在 BP 滤波中所采用的方法——允许在指定窗口或各种频率内分解循环分量。因此，为了确定油价的超级周期，我们设定油价周期的下限为 20 年、上限为 70 年，用来识别超级周期的存在。BP 滤波技术是较为复杂的双侧移动平均技术，不同于标准移动平均技术方法——用于时间而不是频域上的滤波分析。为了防止 BP 滤波在时间序列中出现相位移动，在 BP 滤波类型选择上，本书选择固定长度对称滤波来分析国际油价时间序列走势。

（3）HP 滤波图形解读。图 2-2 采用 HP 滤波技术对实际油价序列形成的短期循环和长期趋势进行了描述。在图 2-2 中，我们看到自样本时间从 1861 年开始

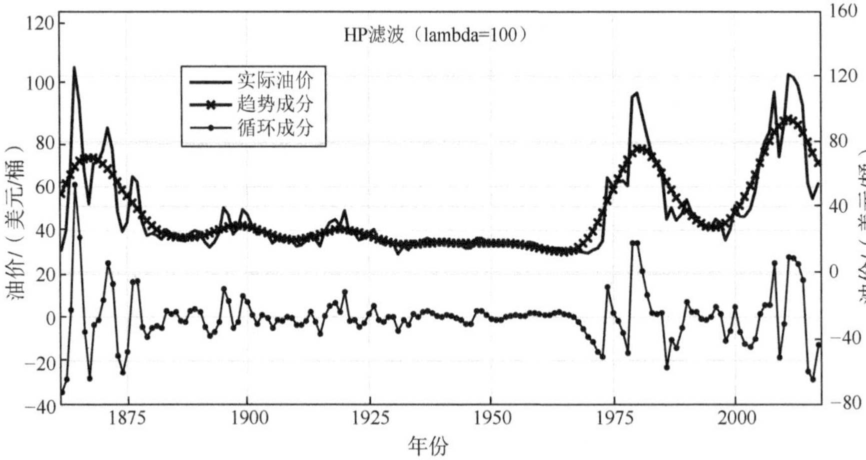

图 2-2　HP 滤波后的油价超级周期

资料来源：BP Statistical Review of World Energy Historical Data

到目前为止的长时间年度油价序列存在 3 个超级周期。第一个超级周期始于 1861 年，峰点为 1867 年，到 1882 年结束。第二个超级周期始于 1966 年，峰点为 1979 年，并于 1996 年左右结束。第三个国际油价超级周期始于 1997 年，在 2012 年出现周期峰点，当前时期正处于油价下降通道中。

（4）在采用 BP 滤波前，我们对实际油价序列进行了平稳性检验。令 oilp 表示水平值的实际油价，检验结果如表 2-1 所示。检验结果表明样本内实际油价在水平值上是平稳的，即为 I（0）时间序列。

表 2-1　实际油价时间序列单位根检验

变量名称	检验形式（*C*，*T*，*L*）	ADF 检验统计量	PP 检验统计量	结论
oilp	（*C*，0，13 ）	–3.182 4***	–3.454 3***	平稳

***表示在 1%的水平下显著拒绝原假设

注：单位根检验形式（*C*，*T*，*L*）中 *C* 表示截距项，*T* 表示趋势项，*L* 表示滞后性阶数。下文同

我们依据 Christiano 和 Fitzgerald（2003），利用 BP 滤波技术，采用固定长度对称滤波来进一步分析油价的超级周期。BP 滤波技术是一种线性滤波，它采用对数据的双侧加权移动平均值，通过指定其持续时间的范围来隔离时间序列的循环分量，其中“带”中的周期由指定的下限和上限给出，这些周期被“通过”，即提取出来，其余的周期被“过滤”掉。在采用 BP 滤波时，首先设定油价周期的上下界限。根据 HP 滤波给出的结果并参考 Erdem 和 Unalmis（2016），设定周期上下界限为 20~70 年以识别国际油价超级周期的存在。

在采用 BP 滤波技术时，为了使周期识别具有稳健性和防止识别中出现相位移动，在 BP 滤波类型选择中，本书采用固定长度对称滤波对周期进行分析。由于计算加权移动平均值时必须指定固定数量的超前和滞后项，参考 Christiano 和 Fitzgerald（2003）、Erdem 和 Unalmis（2016），我们确定超前和滞后期分别为 2 年和 3 年。

图 2-3 是指定超前和滞后期数为 2 年的固定长度 BP 对称滤波。图 2-3 中清楚地表明给定样本期内的油价走势呈现出 3 个循环周期成分。第一个油价超级周期始于 1863 年，峰点为 1865 年，到 1884 年结束；第二个超级周期始于 1968 年，峰点为 1981 年，并于 1995 年左右结束；第三个国际油价超级周期始于 1997 年，在 2012 年达到周期峰点，当前正处于油价下降阶段，尚未达到油价谷点。HP 与 BP 滤波分别对油价周期分析的结果表明，BP 与 HP 滤波给出的油价超级周期数相同，对应的三个周期的峰谷点基本相差 2 年，这与本书前述设定的 2 年超前滞后期数相对应。

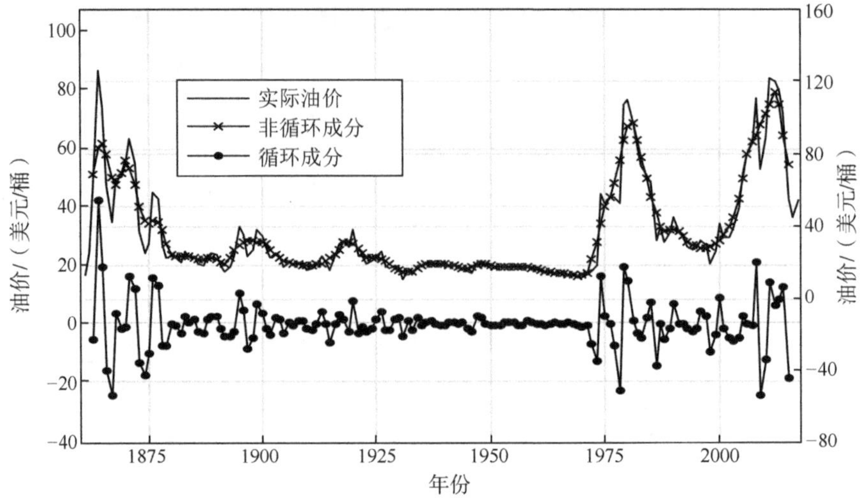

图 2-3　Christiano-Fitzgerald 超前/滞后 2 期固定长度对称滤波

图 2-4 是指定超前和滞后期数为 3 年的固定长度 BP 对称滤波。类似于图 2-3，图 2-4 表明油价走势呈现出 3 个循环周期成分。第一个超级周期始于 1864 年，峰点为 1867 年，结束于 1885 年；第二个周期始于 1970 年，峰点是 1982 年，并于 1996 年结束；第三个超级周期始于 1999 年，峰点是 2011 年，当前正处于油价下降阶段。图 2-4 与图 2-3 对比的结果表明，在油价超级周期数相同的基础上，对应的三个周期的峰谷点大致相差一年。

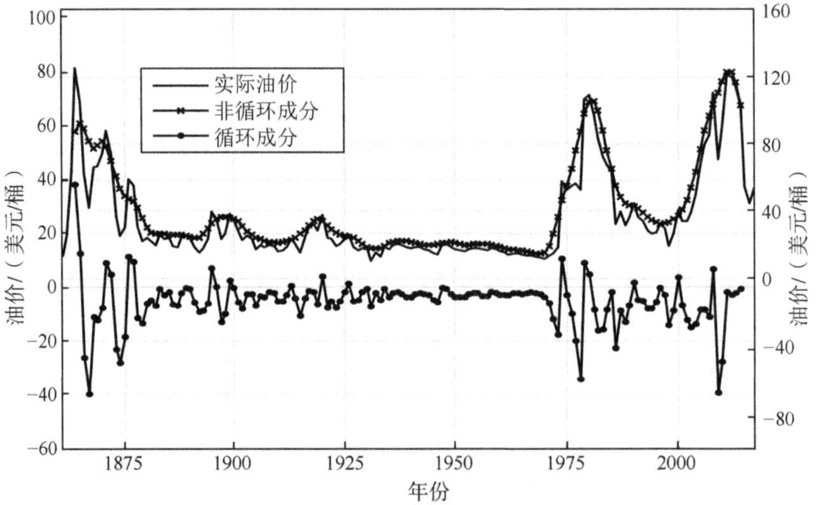

图 2-4　Christiano-Fitzgerald 超前/滞后 3 期固定长度对称滤波

（5）图 2-5 是图 2-3 与图 2-4 提取的非循环成分固定长度对称滤波合成图。

图中光滑曲线代表的是超前滞后长度为 2 期的周期非循环成分，带星号曲线代表的是超前滞后长度为 3 期的周期非循环成分。对比这两条曲线图形形状，看出这两条曲线所代表的非循环成分除了在图形纵向振幅上有差别外，在横向时间趋势上，图形走势完全相同。超前滞后为 2 期的非循环成分曲线先行于超前滞后为 3 期的曲线一年时间，这充分说明采用 BP 滤波技术对油价超级周期的分析，其结果是非常稳健的。

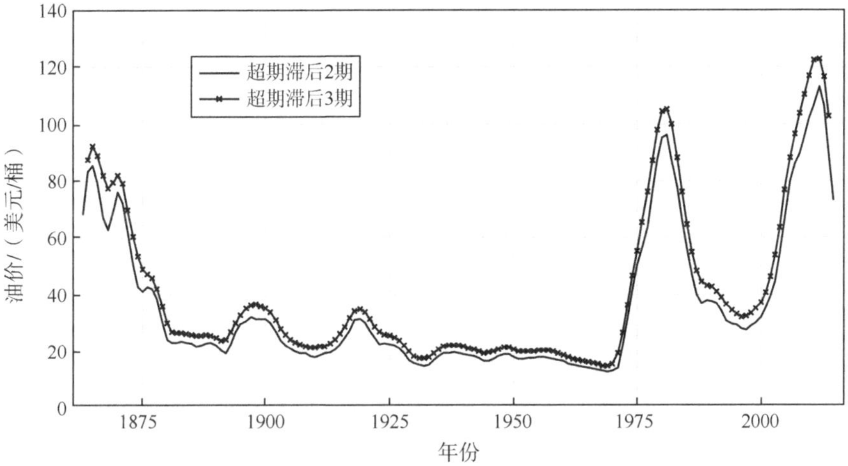

图 2-5　超前/滞后长度 2 期与 3 期 C-F 固定长度对称滤波合并图

（6）综合上述分析结果，结合采用 HP 滤波和 BP 滤波所得出的图形走势，利用相关的资料，我们对油价形成的超级周期解释如下。

第一个超级周期始于 1861 年，在 1867 年左右达到峰点 70 美元/桶，基本到 1882 年结束，此时油价为 24 美元/桶，周期历时 23 年。这个周期的开始是与 1860 年发现并大规模开采石油及石油的商业化时期相契合的，由于石油产业处于起步阶段，在石油市场初期，原油产量较低，市场处于自由竞争的阶段，原油价格波动较大。后续石油市场逐步演变成由西方跨国石油公司主导的寡头垄断市场，同时，美国和欧洲早期工业化进程塑造了此周期。然而，值得思考的是 1885~1965 年，历时 80 年，国际油价一直处于一个超长的平稳期。对这一段时期油价的走势很难进行解释。Cuddington 和 Zellou（2012）认为这一段时期油价超常平稳的主要原因是：①石油在经济上对欧洲和美国的工业化不太重要；②价格控制的原因。“石油七姐妹”通过自身强大的力量垄断了世界石油资源及市场，世界石油卡特尔初步形成。在这一体系下，“石油七姐妹”成为定价的主导者，使得油价长期处于低位。

第二个超级周期始于 1966 年，并于 1996 年左右结束。周期的开始与 OPEC 的建立重叠。1960 年 OPEC 成立，当初对油价影响作用小。1973 年第四次中东战争爆发，OPEC 宣布石油禁运，引发第一次石油危机，导致油价暴涨。1978 年伊朗爆发“伊斯兰革命”，第二大石油出口国伊朗全部停止石油出口，触发油价的再一次暴涨。1980 年两伊战争爆发，伊朗与伊拉克石油出口锐减，再度引发油价的飙升。图 2-2 清楚地表明了此次油价暴涨的程度。两伊战争结束后，由于清洁能源等替代能源的出现，以及 OPEC 对油价控制力的减弱，油价出现暴跌。1990 年海湾战争爆发，尽管油价出现暴涨，但是由于石油市场的预期作用和战争持续时间较短，油价很快回落。20 世纪 90 年代，原油期货市场建立，石油交易以期货市场的基准油价作为参照，期货市场成为主导的石油定价体系。期货市场出现，价格的功能日益显现，油价开始降低。第二次世界大战后欧洲和日本的重建及工业化进程需要大量石油，这使得经济发展本身所固有的周期促成了油价走势的循环。

第三个超级周期始于 1997 年，周期峰点在 2012 年，当前正处于油价下降阶段。1997 年亚洲金融危机爆发导致世界石油需求大幅下降，油价达到过去 20 年的新低，危机后不久世界经济复苏使油价出现较快反弹。2000 年之后以中国为代表的新兴经济体对石油需求的激增及石油供给的相对短缺使得油价一路攀高，2008 年 7 月达到油价百年历史的第二高峰。同时，2008 年全球金融危机爆发，世界经济萧条对石油需求锐减，油价短暂大幅下挫。之后中国等新兴经济体对石油需求的加大及 OPEC 的减产，使油价快速反弹至 100 美元/桶以上。然而到 2014 年由于石油开采技术的革命，美国页岩油产量的大幅度增加打破了世界石油市场的平衡，同时 OPEC 与美国争夺市场份额，导致石油供给过剩，加之全球经济复苏缓慢，同年油价下挫幅度超过 50%。2016 年由于 OPEC 成员国达成减产协议，石油供给减少，使得油价出现一定程度的反弹。但是从油价超级周期的视角看，2012 年是本轮周期油价的峰点，目前正处于油价的下降通道。

2.3 国际油价超级周期与经济周期关系分析

前述的实证研究表明国际实际油价序列存在超级周期。在前述研究的基础上，本节主要分析国际油价超级周期与经济周期之间的关系，即国际油价周期与经济增长周期之间是否存在协同运动。为了准确地回答此问题，本节从两个方面进行研究。一方面，鉴于美国在世界经济中所处的举足轻重的地位及在石油消费和进口中的大国角色，我们首先分析国际油价周期与美国经济周期之间的关系；另一方面，我们从全球经济活动视角分析国际油价周期与世界经济活动周期之间的关系。

2.3.1　国际油价超级周期与美国经济周期关系分析

（1）数据来源与处理。本章利用季度数据研究油价周期与美国经济周期之间的关系。我们采用美国俄克拉何马州库欣西得克萨斯中油现货油价，即 WTI 现货油价研究油价周期与美国经济周期之间的关系。由于美国能源信息管理局只提供了日、周、月和年度离岸 WTI 与 Brent 现货价格数据，没有提供季度油价数据，为此本节利用混频数据的方法把月度数据转换为季度数据。

WTI 油价数据具体的处理步骤：第一，对 WTI 现货油价的月度数据与 2019 年 1 月美国 CPI 进行平减；第二，对平减后的月度油价采用 Census-X12 进行季节调整；第三，把季节调整后的月度油价数据采用混频技术转换为季度数据；第四，对转换后的季度油价数据取自然对数。

美国季度实际 GDP 数据来源于美国商务部经济统计局官方网站，以 2012 年为基期进行平减，并对数据进行了季节调整，数据单位为 10 亿美元。采用美国国民经济研究局（National Bureau of Economic Research，NBER）的方法对 Burns 和 Mitchell（1946）及 Bry 和 Boschan（1971）定义的经典商业周期进行分析。通过使用 Harding 和 Pagan（2002）引入的 BBQ（Bry，Boschan，Quarterly）算法来计算实际序列的峰值和谷值。

BBQ 算法是对时间序列 y_t 寻找拐点（峰点与谷点），其中 y_t 指的是诸如 GDP、工业产出、股票价格指数等时间序列的对数值。设定原始时间序列数据 y_t，对其对数后的数值表示为 $y_t=\ln(y_t)$。我们定义时间序列在 t 时点发生峰谷点的条件为 $\{y_t>(<)y_{t\pm k}\}$，其中 k 表示周期的每个阶段——扩张期或者收缩期的持续期限。这个期限是以扩张或者收缩阶段持续的季度数来衡量的。参照 Bry 和 Boschan（1971），对于频率为季度的时间序列而言，最低阶段持续时间（k）取 2 个季度，并假设一个完整的周期持续时间至少为 5 个季度。

（2）油价周期的实证结果。结合前文图 2-2~图 2-5 所做的分析，在采用 1947~2018 年年度国际油价时间序列数据的基础上，利用 HP 和 BP 滤波技术对油价周期进行划分——我们划分出 4 个周期。在这 4 个周期的基础上，进一步分析从 1947 年第一季度到 2018 年第四季度的国际油价的季度数据，利用 BBQ 算法计算出以季度为单位的国际油价收缩期与扩张期的平均持续时间和振幅，计算结果如表 2-2 所示。

表 2-2　国际油价季度数据周期描述

年份	收缩期		扩张期	
	平均持续期(季度)	平均振幅	平均持续期(季度)	平均振幅
1947~1965	8	−0.055%	4.33	0.062%
1966~1996	7.2	−0.314%	4.4	0.34%
1997~2018	4.167	−0.483%	7.333	0.587%
1947~2018	7.905	−0.337%	5.3	0.369%

表 2-2 的计算结果表明国际油价在计算区间的三个基本特征：一是从 1947 年第一季度到 2018 年第四季度，油价的收缩期平均大于扩张期；二是对于期间内油价 3 个周期，油价收缩期平均振幅的绝对值小于扩张期振幅的绝对值，这是商品价格变动的典型特征，与证券股票价格波动特点相反；三是 1997~2018 年油价的第 3 个周期的扩张期的平均持续期长度和平均振幅都明显大于前两期，同时，尽管收缩期平均持续期长度明显小于前两期，但是平均振幅却要强于前两期。这佐证了 Kilian 和 Zhou（2018）的观点——2000 年后油价的上涨主要是新兴经济体的快速发展对石油的大量需求导致的。

（3）美国经济周期与油价周期的对比分析。依据 NBER 利用美国 GDP 月度和季度数据对商业周期扩张与收缩的研究。鉴于 NBER 公布的对美国商业周期的峰与谷收缩扩张周期研究的截止时间为 2009 年 7 月，我们在参考 NBER 公布的数据基础上，采用 1947~2018 年美国实际 GDP 季度数据，利用 BBQ 算法计算美国的商业周期如图 2-6 所示。

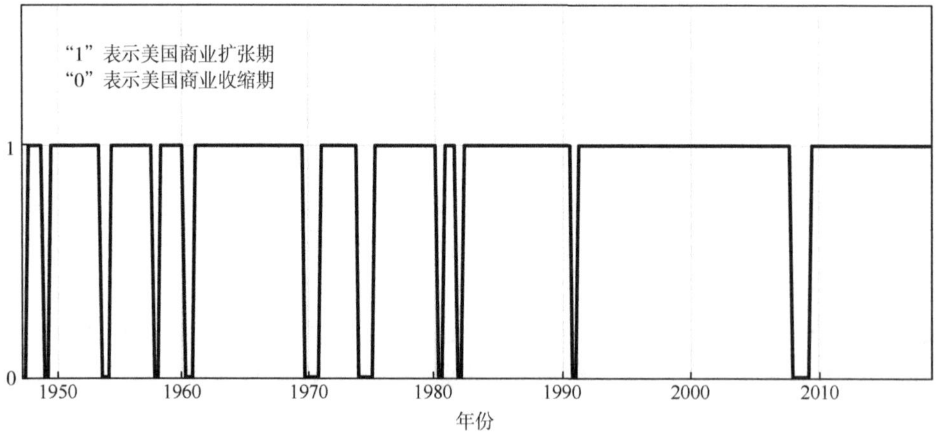

图 2-6　1947~2018 年美国商业周期

根据 2010 年 9 月美国经济周期测定委员会(Business Cycle Dating Committee，BCDC）的最新公告， 1947~2009 年共有 11 个周期，其中收缩期（从峰到谷）为 11.1 个，扩张期（从前期谷到本期峰）为 58.4 个。图 2-6 清楚地给出了美国商业周期的走势。

同理，利用 BBQ 算法，对 1947 年第一季度到 2018 年第四季度的国际油价周期进行描述与刻画，结果如图 2-7 所示。在表 2-2 中我们利用 HP 滤波对国际油价超级周期进行了描述，在图 2-7 中我们利用 BBQ 算法对国际油价周期进行刻画便于更直观地与美国商业周期进行比对。相比于图 2-6 的美国商业周期，图 2-7 的国际油价周期频率，也就是周期峰谷出现的频次明显高于图 2-6 的美国商业周期峰谷出现的频次，尤其是在 20 世纪 70 年代之后这种情况更加明显。这与前述油价超级周期的情况相符合，即 20 世纪 70 年代后，一方面影响石油供给的政治因素变化的复杂性、突发性和变化导致的对油价走势影响程度的加深，另一方面新兴经济体发展引致的对石油需求的规模性、可持续性及金融危机导致的发展中国家对石油需求的波动性、脆弱性，使得油价周期时间缩短，峰谷出现的频次加大。

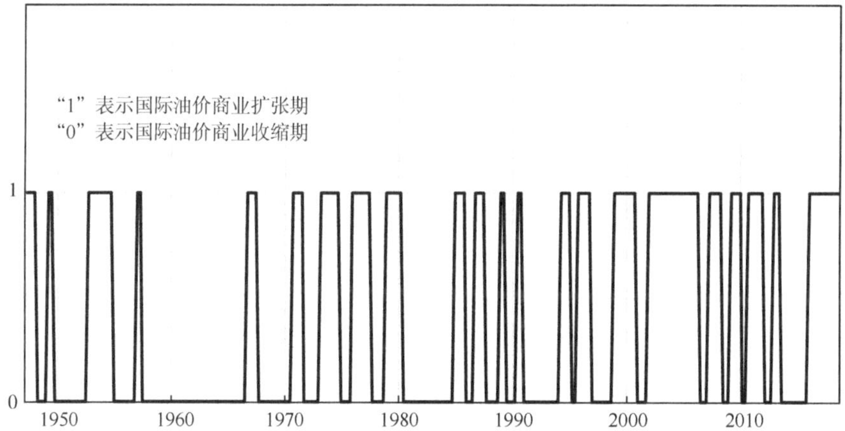

图 2-7　1947~2018 年国际油价商业周期

图 2-8 描述的是把美国经济周期与国际油价周期合在一起的周期走势图。图 2-8 清楚地表明国际油价周期峰谷出现的频次明显高于美国经济周期，即国际油价周期的持续时间显著小于美国经济周期。这说明驱动油价周期与经济周期的作用因素是不同的。

观察图 2-8，可以看出美国经济周期与国际油价周期的关系具有不同的时代特征。在 20 世纪 50 年代至 70 年代，国际油价周期与美国经济周期所处的峰谷点常常出现反向，即当国际油价处于周期谷点时，经济周期则处于峰点，且国际油价周期出现的次数较少；但是在 20 世纪 70 年代到 90 年代，国际油价周期出现的频次显著增加，同时对应的美国经济走势也反复震荡，国际油价周期与美国经济周期关系表现出彼此之间的交错复杂。这段时期国际油价周期出现的高频次与政治、地缘政治和战争紧密相关，而美国由于受石油禁运和经济自身的滞胀等因素影响使得每个经济周期持续时间缩短，频度提高。

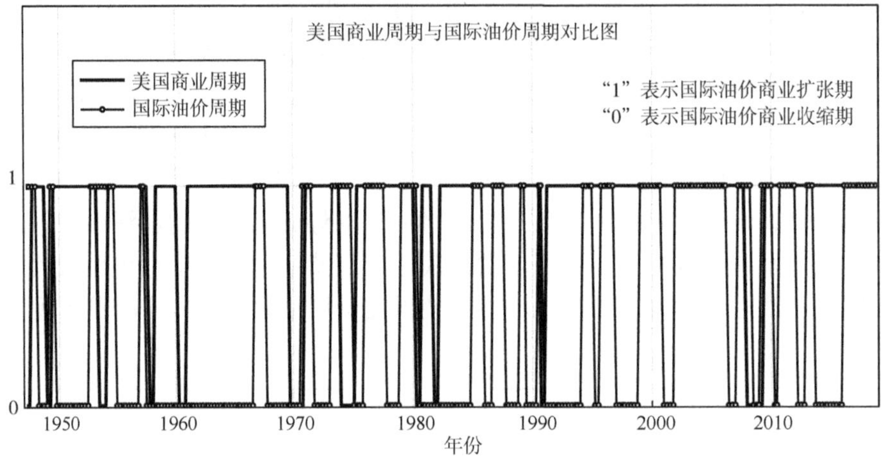

图 2-8　1947~2018 年美国经济周期与国际油价周期合并示意图

2000~2008 年金融危机这段时期，从图 2-8 中我们可以明显地观察到一个典型化事实——当美国经济处于扩张时期时，国际油价也在这段时期内处于国际油价周期走势的峰点，这与 20 世纪 60 年代国际油价周期与经济周期走势的关系形成了鲜明的对比。原因在于在此期间美国经济处于扩张期，对石油需求旺盛，同时也说明石油市场更加国际化，新兴经济体国家的发展导致了对石油需求的持续增加，致使国际油价处于相对高位。

图 2-8 的最后一段时间区间是 2010~2018 年。在金融危机刚发生后两年，由于美国经济处于衰退期，其他 OECD 成员国也先后步入衰退阶段，同时新兴经济体受到发达国家经济衰退的影响，导致国际油价处于低谷。但是由于新兴经济体在经济受到冲击后的快速反弹和对石油等能源需求的旺盛，国际油价在 2008 年下半年急速大幅度下挫后快速反弹，因此从图 2-8 中可以明显地看出国际油价周期的峰与谷在经济周期的峰谷之间出现反复震荡。值得关注的是从 2014 年第二季度开始至 2016 年第一季度，此时美国经济正处于扩张期，而国际油价却处于谷点，原因在于美国页岩油产量的大幅度增加导致石油市场上的石油供给大于需求，引致了油价的走低。一个明显的现象是在 2014 年下半年到 2016 年上半年，作为北

美地区原油基准价格的纽约商品交易所轻质低硫原油价格，即 WTI 油价一度低于 Brent 油价。对此现象，不少文献进行了研究，如 Baumeister 和 Kilian（2014）认为油价走低并不是市场供给大于需求的因素导致的，而是 2014 年下半年之前全球经济放缓导致对石油需求的减少引致的。

结合图 2-8，综合上述对美国经济周期与国际油价周期之间关系的分析，我们认为在 20 世纪 90 年代之前，决定国际油价波动的主要原因受到国际石油市场上原油供给波动的影响，美国经济的波动跟随国际油价的波动，国际油价周期在一定程度上可以作为美国经济周期的先行指标。正如 Hamilton（1983）所认为的，第二次世界大战之后美国经济的衰退主要是国际油价上涨导致的。国际油价波动通过成本和总需求渠道直接影响美国的 CPI，进而对美国的经济周期产生影响。但是在 20 世纪 90 年代之后，影响国际油价波动的因素发生改变——由原来的石油供给因素占主导转变为需求因素波动决定油价的波动。主要原因是快速增长的新兴市场经济体和发达国家资产价格的暴涨刺激了对石油的需求。因而油价的波动主要是新兴经济体（如中国、印度等国家）经济的发展对石油的大量需求导致的。

2.3.2 国际油价超级周期与全球商业周期之间的关系分析

大宗商品价格变动长期受到全球商品市场需求和供给两种作用的交互影响，但是在商品市场上需求方往往具有竞争力。2003~2008 年，全球大宗商品价格出现普遍上涨之后，人们普遍认为，石油等大宗商品价格暴涨和萧条主要是全球需求变化导致的，而需求的变动是全球实际经济活动出现意外变化导致的。也就是说，当全球处于商业周期繁荣时，趋向于提升所有大宗商品的实际价格，而当处于商业周期放缓时往往会降低商品价格。自 20 世纪 70 年代早期以来，有的文献采用基于月度和季度数据的分析支持了这一观点（Kilian，2009；Kilian and Hicks，2013）；也有的文献采用 1970 年以来的年度数据证实了此观点的重要性（Stürmer，2018；Jacks and Stürmer，2020）。既然全球实际经济活动直接影响大宗商品的需求进而导致大宗商品价格的变化，那么如何衡量全球实际经济活动的周期性变化对全球商品市场建模至关重要。

尽管上述问题在实际研究中非常重要，但是如何测度全球实际经济活动的周期性变化并没有达成普遍的一致意见。一些经济学家倾向于使用全球实际 GDP 来代表全球实际经济活动；也有一些经济学家采用全球工业产出来替代它（Manescu and van Robays，2014；Herrera and Rangaraju，2020）；而 Ravazzolo 和 Vespignani（2015）则用全球钢铁生产活动作为经济活动的替代指标。目前一种通行的做法是利用海洋干散货运费构建全球实际活动指数，参见 Kilian（2009），该指数的构建建立在广泛的文献研究基础上。从 20 世纪 30 年代开始，这些文献广泛使用海洋运输率指数，如波罗的海干散货指数（baltic dry index，BDI）作为实际经济活动波动的代理指标。那么，具备什么条件的指数可以作为全球经济活动的代理指标？

1. 代表全球实际经济活动指数应具备的标准

Kilian 和 Zhou（2018）的研究认为，用于模拟全球工业商品价格的全球实际经济活动指数应该具备如下 6 个标准。

（1）指标必须具有全球性。不仅应包含发达经济体，而且应包括亚洲等主要新兴经济体，因为这些国家自 2000 年以来对大宗商品的需求激增导致了 2003~2008 年出现石油等商品价格的大幅增长。

（2）指数要具有包容性。它必须说明这样一个典型化事实——在许多国家，随着时间的推移，服务业在实际 GDP 中的比重大大增加，而工业部门的比重在减少。由于工业部门在原材料使用方面比服务部门更加密集，传统的全球实际 GDP 指标与大宗商品实际价格之间的相关性往往会随着时间的推移而不稳定。同样，在工业部门新技术的引入会破坏全球工业产出与大宗商品实际价格之间关系的稳定性。

（3）工业生产需要原材料作为在生产过程中的投入要素。原材料是工业商品，必须在生产过程开始之前订购和运输，因为运输需要时间。因此，在对大宗商品价格进行建模时，我们需要一种能够测度实际经济活动的指标作为全球工业生产的领先指标，而不是一致指标。这一领先指标的波动幅度可能远大于工业产出波动幅度，因为商品出口时对商品的需求反映了企业对未来生产的预期。

（4）该指数必须跨越足够长的时间段以便于估计结构模型。这不仅是模型估计精确度的问题，也是研究大宗商品市场在不同期间帮助识别每个需求和供应冲击的不同影响。如果数据中没有足够的变化，那么在处理短样本时就不可能可靠地估计这些影响。例如，在对全球原油市场进行建模时，通常需要数据回溯到 1973 年。

（5）月度指数优于季度或年度指数。因为使用月度数据有助于确定识别大宗商品市场结构模型中的假设。

（6）如果该指数是用来预测全球实际经济活动，它必须能够实时提供数据。

现有文献提出许多衡量实际经济活动的替代经验指标，其中，Kilian（2009）提出的全球实际经济活动指数是基于具有代表性单程远洋运输运费的百分比变化表示的全球实际经济周期性变化的指标，包括谷物、油籽、煤炭、铁矿石、化肥和废金属等各种散装干货，可根据船舶的大小和运输路线进一步区分。这些增长率按美国 CPI 通胀和航运成本的长期趋势进行平均和调整。

2. Kilian 指数的特征与走势

根据 Kilian 和 Zhou（2018）的研究，与全球实际 GDP 和全球工业产出相比，Kilian 指数（全球实际经济活动指数）具有如下优点：①该指数的建立可追溯到 1968 年 1 月，有足够长的时间序列用来估计模型参数；②该指数给予新兴经济体适当的权重；③它不需要进行汇率或者购买力平价加权；④对于给定的实际产出单位，它会自动合并变化的相关国家权重、实际产出构成的变化及进口工业商品倾向的变化，它还避免了使用来自新兴经济体的不充分数据；⑤Kilian 指数是对全球商品市场海运量变化的一致指标，并能对工业商品总需求变化做出及时响应，这有助于对全球总需求变化的识别，这表明 Kilian 指数是响应全球实际产出的领先指标，而不是一致指标；⑥Kilian 指数所包含的关于商品市场的运输量波动幅度可能远高于全球实际 GDP 或工业生产波动的幅度，原因是不同于对实际产出的测度，商品运输量可能会对未来工业产出水平的变化做出反应。最后，应该指出的是与全球工业生产或全球实际产出的衡量标准不同，Kilian 指数是可以实时构建的（Baumeister and Kilian，2014）。因此，该指数满足所有全球实际活动指数应满足的标准。图 2-9 给出了 1968~2020 年从散装干货运费中得出的全球实际经济活动指数，即 Kilian 指数走势图。

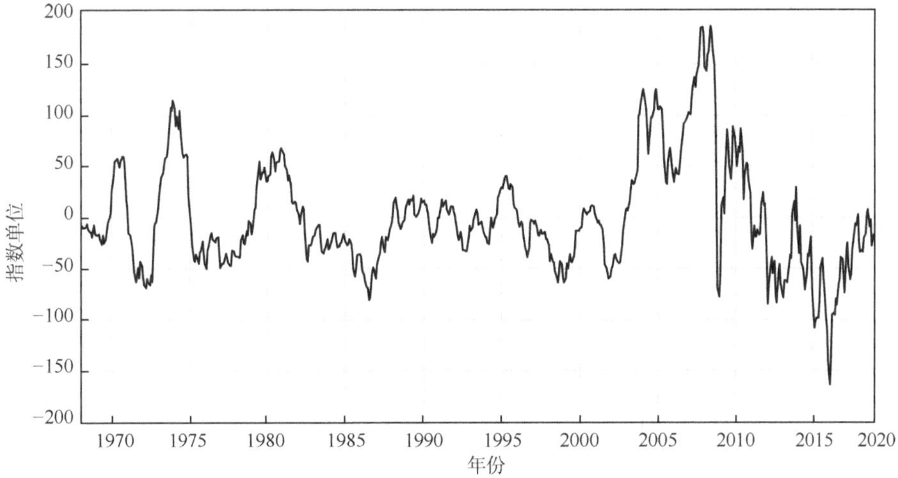

图 2-9　1968~2020 年 Kilian 指数走势图

资料来源：http://www-personal.umich.edu/~lkilian

从图 2-9 中可以看出，1972~1975 年 Kilian 指数波动幅度较大，而在 1980~2002 年 Kilian 指数走势平缓，但是在 2003~2008 年，该指数出现了大幅度上升，尤其是在 2008 年 6 月该指数达到了指数区间的最大值 188，之后走势垂直掉头向下，大幅度下跌，至 2008 年 12 月，在半年的时间里下降了 265 点。之后出现了快速反弹，到 2009 年 6 月反弹到 89 点，但是反弹的状态持续时间不长，至 2010 年 6 月该指数出现了趋势性的明显下降，尽管出现了短暂的回调，但是向下走势趋势未变，到 2016 年 2 月指数深幅下调到负值 163，之后指数出现了小“V”形走势，但是截至 2018 年 12 月，指数还是在零值以下。

图 2-10 给出了以 2019 年 1 月美国 CPI 进行平减并进行季节调整后的 WTI 取对数后，国际油价与 Kilian 指数在 1968~2020 年的月度走势图。

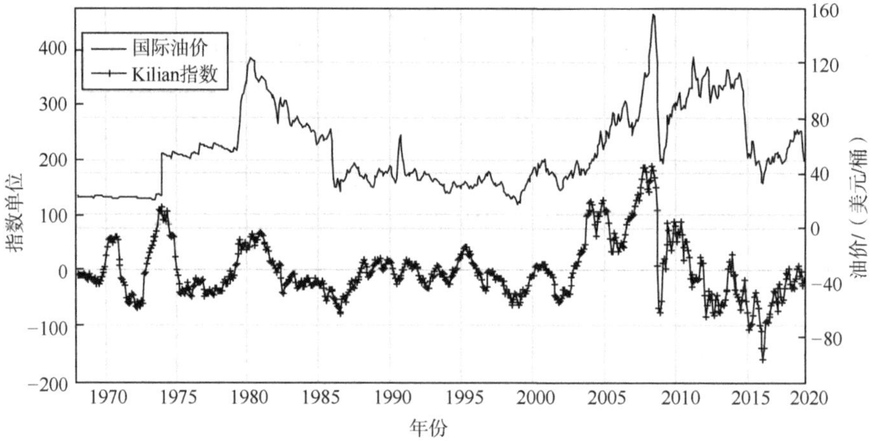

图 2-10　1968~2020 年 Kilian 指数与取对数后的国际油价走势对比图

资料来源：https://www.dallasfed.org/research/economists/kilian.aspx#tab2；https://www.dallasfed.org/research/igrea；https://www.eia.gov/

图 2-10 中左侧坐标表示的是 Kilian 指数的取值，右侧坐标代表的是以 WTI 为代表的国际石油价格取值。从图 2-10 中可以看出 Kilian 指数走势与 WTI 国际油价走势相似度较高，尤其是在 2000 年之后两者的走势图形非常接近。

3. 国际油价与 Kilian 指数之间的格兰杰因果关系分析

（1）国际油价与 Kilian 指数的单位根检验。为进一步定量理解 Kilian 指数与国际油价之间的关系，我们首先对两者的时间序列数据进行平稳性检验，然后采用格兰杰因果关系检验分析两时间序列在滞后不同期数上的格兰杰因果关系。用 k_index 代表 Kilian 指数，l_oilp 表示取对数后的 WTI 国际油价，分别采用 ADF 和 PP 两种单位根检验方法对两变量进行检验，检验结果如表 2-3 所示。

表 2-3　两变量的标准单位根检验结果

变量名称	检验形式（*C*，*T*，*L*）	ADF 检验统计量	PP 检验统计量	结论
k_index	（*C*，0，18）	–4.384***	–3.842***	平稳
l_oilp	（*C*，0，18）	–2.948**	–2.691*	平稳

***，**，*分别代表 1%，5%，10%显著性水平拒绝原假设

表 2-3 的检验结果表明变量 k_index 在 1%的显著性水平上采用两种标准检验方法均拒绝有单位根的原假设，表明该变量是水平值平稳；变量 l_oilp 在 5%显著性水平下采用 ADF 检验为平稳序列，但是 PP 检验结果只在 10%的显著性水平下平稳，综合两种检验结果，认为变量 l_oilp 为平稳序列。

由于变量 l_oilp 和 k_index 均含有季节性因素，在上述两种检验方法的基础上，为了进一步确定两变量平稳性检验的可靠性，对变量采用季节单位根检验的方法。利用 Eviews 11 软件，采用传统的 HEGY（Hylleberg，Engle，Granger and Yoo）方法对两个变量进行季节单位根检验。检验的原假设是在特定的频率上存在单位根，期限选择是 12 期，采用 AIC 准则（Akaike information criterion）判断最大滞后阶数为 12 期，两变量的样本容量均为 600，检验结果见表 2-4。

表 2-4　两变量季节单位根检验结果

变量名称	检验方法	零频率	所有季节频率	结论
k_index	HEGY	–4.171***	822.909***	不存在
l_oilp	HEGY	–0.889	996.006***	不存在

***代表 1%显著性水平拒绝原假设

表 2-4 的检验结果表明，变量 k_index 与变量 l_oilp 在 1%的显著性水平上对所有的季节频率均不存在单位根，是季节平稳时间序列。

（2）国际油价与 Kilian 指数的格兰杰因果关系检验。为了准确描述两个变量之间统计上的因果关系，我们在标准 VAR 模型框架下对国际油价与 Kilian 指数之间的格兰杰因果关系进行检验，检验结果如表 2-5 所示。

表 2-5　两变量的格兰杰因果关系检验结果

原假设	*K*=1		*K*=2		*K*=3	
	Chi-sq 统计量	概率	Chi-sq 统计量	概率	Chi-sq 统计量	概率
k_index 非格兰杰影响 l_oilp	8.472	0.015***	4.214	8.174***	10.905	0.028***
l_oilp 非格兰杰影响 k_index	14.819	0.000 6***	22.271	0.000 1***	25.044	0.000***

***代表 1%显著性水平拒绝原假设

注：*K* 表示滞后期数，下文同

表 2-5 的检验结果表明，在分别滞后 1 阶、2 阶和 3 阶的情况下，变量 k_index 与变量 l_oilp 在 1%的显著性水平存在双向格兰杰因果关系。也就是说，代表全球实际经济活动的 Kilian 指数影响国际油价变动，而国际油价变动反过来也影响 Kilian 指数的走势。这种双向格兰杰因果关系可以做如下解释：首先，Kilian 指数代表全球实际经济活动，该指数的变动表明全球对石油等大宗商品需求发生改变，这种需求的变化会短期内引致国际油价的波动；其次，Kilian 指数建立在利用海洋干散货运费构建的全球实际活动指数之上，油价的波动会对海洋干散货运费产生即时影响，因而油价的波动也是 Kilian 指数的格兰杰因。那么全球实际经济活动的周期，即全球商业周期与国际油价超级周期的关系呈现出怎样的特征呢？

4. 国际油价周期与全球商业周期关系特征分析

（1）Kilian 指数的 HP 滤波分析。用 Kilian 指数代表全球实际经济活动，分别用 HP 滤波技术与 BP 滤波技术来识别全球商业周期。对 Kilian 指数的 HP 滤波结果如图 2-11 所示。

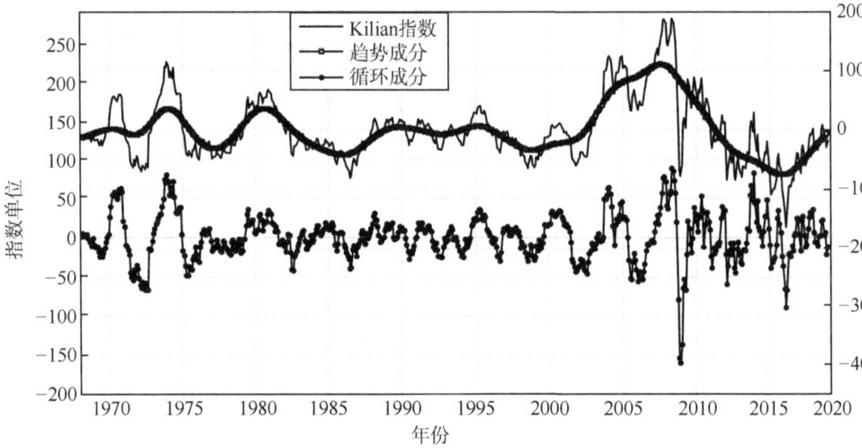

图 2-11　1968~2018 年 Kilian 指数的 HP 滤波结果

图 2-11 的 HP 滤波结果表明，指示全球实际经济活动的 Kilian 指数从其趋势成分看，自 2002 年初开始至 2007 年末曲线处于上升趋势，尤其是在 2002 年初到 2005 年初的三年，趋势成分曲线走势向上陡峭明显，是整个样本区间趋势曲线向上陡峭程度最大时段。同时，图 2-11 中 Kilian 指数的循环成分自 2002 年初到 2005 年初也出现了明显的向上循环。这表明在此期间世界经济增长强劲，实际经济活动导致的对全球工业大宗商品需求旺盛。世界银行提供的全球 GDP 实际增长率的

数据也佐证了这点[①]。

但是自 2008 年初到 2015 年末，Kilian 指数走势的趋势出现明显的向下倾斜，尤其是从 2007 年 7 月开始到 2008 年 12 月，Kilian 指数趋势曲线向下倾斜程度明显，而同期该指数的循环成分走势出现向下深幅度断崖式的下跌，同时比较世界银行提供的以 2010 年为基期的全球 GDP 实际增长率，从 2007 年的 4.182%下降到2008年的1.802%,并于2009年进一步下降到–1.741%,三年累计降幅为5.923%。

2015 年 8 月到 2016 年 2 月，图 2-11 的 HP 滤波的循环成分幅度仅次于金融危机期间的第二次跳水，之后出现了一定程度的反弹，至样本区间末（2018 年 12 月）在零值附近反复震荡，而 Kilian 指数的趋势成分自 2016 年 3 月呈现出 45°倾斜的向上走势。

（2）国际油价样本区间的 HP 滤波分析。图 2-12 给出了经过季节调整和平减之后的月度国际油价在 1968~2018 年的 HP 滤波分析。对比图 2-11 Kilian 指数 HP 滤波的结果，我们发现油价的趋势成分走势形态更为突出，如从 1972 年 1 月至 1988 年 1 月的 16 年间国际油价经历了一个完整的峰谷周期，而在此期间 Kilian 指数却经历了三个形状各异的峰谷周期。两变量在样本其余时间段的趋势成分走势也呈现出既有相同又有不同的情境。

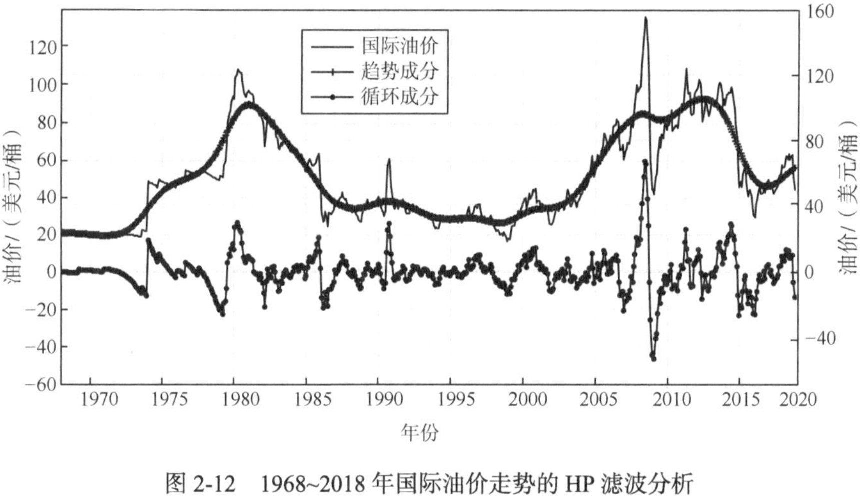

图 2-12　1968~2018 年国际油价走势的 HP 滤波分析

从 2003 年初开始至 2007 年 12 月，图 2-12 展示出国际油价的趋势成分走势一直处于斜率陡峭的拉升阶段，同期的 Kilian 指数也表现出了相似的走势。但是从 2008 年 1 月开始直到 2015 年 12 月，Kilian 指数的趋势成分走出了一波明显向

① 全球实际 GDP 增长率数据来源为 https://data.worldbank.org/indicator/NY.GDP.MKTP.KD.ZG?end=2017&start=1961&view=chart。

下的态势，如图 2-11 所示，而同期的国际油价趋势成分则表现出了相对差异的形态——从 2008 年 1 月到 2009 年 8 月，国际油价趋势成分走势出现小幅度向下倾斜，之后于 2009 年 9 月走势又开始向上直到 2012 年 10 月达到 30 年来国际油价趋势成分走势的峰点。之后国际油价趋势成分的走势步入较陡峭的下降通道，直到 2016 年 12 月才开始止跌回稳，进入平缓的上升通道。

对比图 2-11 与图 2-12 中的两变量的循环成分，可以看出在总体上两变量的循环成分走势相近，但是从观察两变量循环成分在金融危机期间的超前滞后性角度看，Kilian 指数的循环成分在 2008 年 5 月达到峰点，比国际油价循环成分峰点提前一个月，而达到谷点的时间两者循环成分相差两个月——Kilian 指数在 2008 年 12 月到达谷点，国际油价则是在 2009 年 2 月。这表明在一定程度和时间段内，Kilian 指数对油价走势的研判起到先行指标器的作用。两变量在 VAR 模型框架下的格兰杰因果关系检验结果也说明了这一点。

2.4 国际油价周期与其他大宗商品价格周期联动关系分析

大量的文献认为大宗商品价格之间存在联动，并且这种联动是大宗商品价格的核心特征，如 2012 年 7 月的《经济学人》和《金融时报》的文章都对此进行了讨论。学术研究上则是借用“超级周期”来表征真实的大宗商品价格的变动特征，如 Cuddington 和 Jerrett（2008）采用 BP 滤波技术从时间序列数据中提取特定的周期成分来研究金属价格超级周期存在的证据，研究表明在过去 150 年左右，金属价格存在三个超级周期的假设是正确的，目前金属价格正处于第四个超级周期的早期阶段，即金属价格处于上升时期，这主要归因于中国的城市化与工业化。

Erten 和 Ocampo（2012）采用 BP 滤波技术对实际大宗商品价格进行了分解，为 1865~2009 年出现的四个超级周期提供了证据——每个周期的时间范围在 30~40 年，波动幅度比长期趋势高出或低于 20%~40%。扣除油价的大宗商品价格超级周期变动追随世界 GDP 的走势，表明周期基本上由需求决定。反过来，非石油商品的每个超级周期的平均值通常低于前一超级周期的平均值，这表明 Prebisch-Singer 假设是基本成立的。热带农业粮食作物的价格在 20 世纪经历了最强劲和陡峭的长期下降趋势，其次是非热带农业农作物和金属产品价格。然而，与非石油商品价格走势相反的是，实际油价经历了长期上升趋势，这种趋势在 20 世纪 40 年代才暂时出现中断。

West 和 Wong（2014）利用因子模型分析了能源、金属和农产品价格平减之后的两个月度面板数据，认为三种大宗商品价格一致地显示出向因子回复的趋势，尽管回归的趋势是缓慢的。通过使用样本内与样本外指标，将因子模型与“不变”的模型，以及将大宗商品价格变化与全球工业生产或美元百分比变化联系起来的两个简单的模型进行比较，将商品价格的变化与全球工业生产的百分比变化或美元变化联系起来。认为因子模型使用效果从跨期 12 个月的长期角度看相对较好。依据大宗商品的不同种类，因子模型对于能源价格而言，预测性能最佳，对于金属而言最差，农产品价格介于两者之间。

准确识别大宗商品价格之间的联动关系对于大宗商品生产商、出口商、金融市场参与者和政府相关部门的决策者都是十分重要的。前述我们实证分析了国际油价超级周期与美国经济周期和世界实际经济周期之间在一定程度上存在关联性，那么国际油价周期与其他大宗商品，如金属商品或者农产品价格周期之间是否存在联动关系？如果存在联动关系，其联动关系是如何表现的？这是本部分要回答的问题。

鉴于石油等大宗商品对中国经济发展的重要性及中国石油、铜等资源禀赋相对稀缺的状况，中国对原油、天然气和铜等大宗商品进口常常呈现出量价齐升的现象。2017 年末中国石油对外依存度达到 67.4%[①]，成为全球第一大原油进口国。不仅如此，中国也成为重要的金属和粮食进口大国。例如，2018 年，我国进口原油 4.62 亿吨，同比增加 10.1%；天然气 9 039 万吨，同比增加 31.9%；铜 530 万吨，同比增加 12.9%；大豆 8 803 万吨，同比减少 7.9%[②]。根据海关总署的初步测算，2018 年我国进口价格总体上涨 6.1%。其中，原油上涨 30%，成品油上涨 20%，天然气上涨 22.9%，铜上涨 3.2%。

考虑到我国对大宗商品进口状况及不同种类大宗商品对我国经济发展的重要性，本部分选取大宗商品中能源类的石油、金属类中的铜和农产品分析大宗商品价格之间经济周期的联动关系。

2.4.1　国际油价超级周期与铜价格周期关系分析

1. 数据来源与处理

本部分利用月度数据研究国际油价周期与铜价周期之间的关系。采用国际货币基金组织（International Monetary Fund，IMF）提供的数据进行分析。其中，原油价格指数为月度价格指数，样本期限为 1980 年 1 月到 2019 年 4 月，价格是以 2016 年为基期，并设为 100，其价格指数是 Brent、WTI 中质石油和迪拜法塔赫

① 资料来源：http://www.ccin.com.cn。
② 资料来源：http://www.cnmn.com.cn/ShowNews1.aspx?id=404140。

三种现货油价的简单算数平均值。

月度铜价数据也来源于 IMF。国际金属铜价是以 A 级阴极铜、CIF 欧洲港口的 LME 现货价格为基准，单位是美元/公吨。尽管中国从国际金属市场进口大量的贱金属，包括铝、钴、铜、铁矿石、铅、钼、镍、锡、铀和锌等，但是考虑到金属铜在中国工业生产中的特殊重要作用及中国对金属铜的需求对外依存度高等原因，本部分以金属铜价格代表贱金属的价格进行具体分析。数据样本期限为 1980 年 1 月到 2019 年 4 月。

2. 国际油价与铜价走势整体样本区间描述分析

图 2-13 给出了国际月度油价与国际月度铜价的价格走势对比图。从图 2-13 中看出 1980~1985 年，油价与铜价走势相对平稳，但 1986~1996 年，铜价比对于油价出现较大幅度的波动态势，源于原油与金属铜是由不同的供给需求状况决定的。

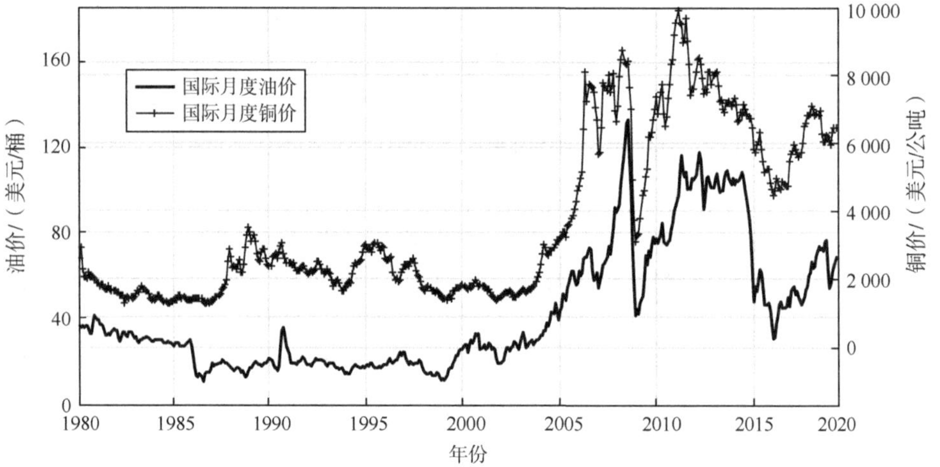

图 2-13　1980~2020 年国际月度油价与铜价走势对比图

图 2-13 中显示出从 2009 年 1 月，铜价与油价走势均出现强劲快速反弹：国际铜价在 2011 年 2 月达到样本期间最高值——9 881 美元/公吨，是 2008 年 12 月局部阶段最低点价格的 3.18 倍；国际油价在 2011 年 4 月反弹到 116 美元/桶，是最低点价格的 2.83 倍。不同于铜价的反弹态势，尽管油价反弹力度强劲，但是其反弹的高点低于金融危机前的最高点，而铜价则在反弹过程中创出了整个样本期间的最高点。这值得进一步分析其达到最高点背后的供给与需求因素的作用。在价格反弹结束后，两者走势又双双出现了较快速的下跌态势——油价从 2014 年 7 月出现快速下跌，至 2016 年 1 月达到 30 美元/桶，创出了金融危机爆发后的阶段

最低价，与 2014 年 6 月 108 美元/桶的价格相比，跌幅达 72.2%；铜价从 2011 年 7 月就开始出现下跌，至 2016 年 1 月跌至 4 472 美元/公吨，与下跌起点相比，跌幅达 53.7%，尽管为近几年局部最低点，但是高于金融危机后的最低点。从 2016 年 2 月开始，铜价与油价两者又呈现出了反弹走势，但反弹力度与持续时间均明显低于金融危机爆发后的强度，并且两者在 2019 年 1 月开始出现了翘尾特征走势。

3. 油价与铜价之间的相关系数分析

为了较准确地研究油价走势与铜价之间的关系，依据图 2-13 的两者关系走势对比图并参考 Erdem 和 Ünalmis（2016）的研究，我们以 1997 年 1 月作为整个样本期间的分段点，把整个样本数据分为两个子样本：样本 1，时间期限为 1980 年 1 月至 1996 年 12 月，样本观察值个数为 204 个；样本 2，期限为 1997 年 1 月至 2019 年 4 月，样本容量为 268 个。

（1）计算不同样本区间油价与铜价相关系数。表 2-6 分别给出了子样本 1 和子样本 2 国际油价与铜价之间的相关系数和相关程度的显著性检验。

在表 2-6 中分析了油价与铜价在不同样本区间的相关系数、t 检验统计量的值和对应的伴随概率 p 值。从表 2-6 中我们注意到油价与铜价在不同样本区间相关程度及相关方向虽然不同，但是两变量之间的相关系数在统计上均显著，说明在全球大宗商品市场上原油与金属铜相依性较强。

表 2-6　油价与铜价在不同子样本相关程度的检验

		样本 1		样本 2	
相关系数		油价	铜价	油价	铜价
	油价	1.000 0	—	1.000 0	—
	铜价	–0.371 4	1.000 0	0.923	1.000 0
t_统计量值		–5.684 6***	—	39.121 4***	—
伴随概率 p 值		0.000 0	—	0.000 0	—

***代表 1%显著性水平

在表 2-6 所展示的样本 1 中，样本期限为 1980 年 1 月至 1996 年 12 月，油价与铜价之间走势呈现负向相关，虽然相关程度显著，但是相关系数值等于–0.371 4，数值较小；对于样本 2，期限为 1997 年 1 月到 2019 年 4 月，油价与铜价两者之间不仅正向相关而且相关程度非常强，相关系数值为 0.923，两者之间的价格走势近似达到亦步亦趋的态势，表明在样本 2 期限内国际石油市场与金属铜市场相互之间的时变影响效应明显。

（2）计算油价与铜价收益率之间的动态条件相关系数。我们采用动态条件相关，计算国际油价与铜价收益率之间动态条件相依程度，以检验国际原油与金属铜两个市场之间的收益率相互联系的紧密程度。为此，我们对数据进行了如下处理：首先，对油价与铜价指数取自然对数并进行 1 阶差分——代表油价与铜价的月度收益率；其次，检验两个时间序列月度收益率的平稳性，检验结果表明两个变量收益率序列均为平稳序列，单位根检验结果限于篇幅省略。图 2-14 给出了油价与铜价两变量收益率序列动态条件相关系数的走势图。

图 2-14 油价与铜价收益率动态条件相关系数走势图

图 2-14 表明国际原油市场与金属铜市场收益率总体上呈现正向动态相关关系，除了在 1980 年 12 月至 1990 年 8 月处于动态负向相关外。两者的动态相关系数从 1997 年开始到 2011 年初总体上处于稳步的上升阶段，至 2011 年 3 月两者之间的动态相关系数达到样本峰值 0.6，但是从 2016 年 4 月开始到样本期末的 2019 年 4 月，两者之间的动态相关系数值出现明显的快速下跌趋势，至 2019 年 4 月动态相关系数值为 0.2，表明两个市场之间的相互影响与溢出效应在减弱。

4. 国际油价周期与铜价周期关联性分析

图 2-15 与图 2-16 分别给出了采用 Census-X12 季节调整和平减之后的月度国际油价与金属铜价在 1980 年 1 月至 2019 年 4 月 HP 滤波后的图示。同时，图 2-17 给出了铜价与油价在 HP 滤波后提取两者趋势项的对比走势图。

比对图 2-15 和图 2-16 可以看出，在 2002 年之前 HP 滤波后的油价与铜价趋势成分走势相似程度较低，但是在此后两者趋势成分走势呈现出较高的相似度。在图形对比中，我们还注意到油价循环成分的波动性总体上高于国际铜价相同成分的波动性，但在金融危机爆发前后，油价的循环成分向上振幅明显强于铜价，而铜价在此时间段其循环成分向下波动的幅度强于油价，说明国际金属铜市场在金融危机期间对全球宏观需求波动的影响的敏感度更高。

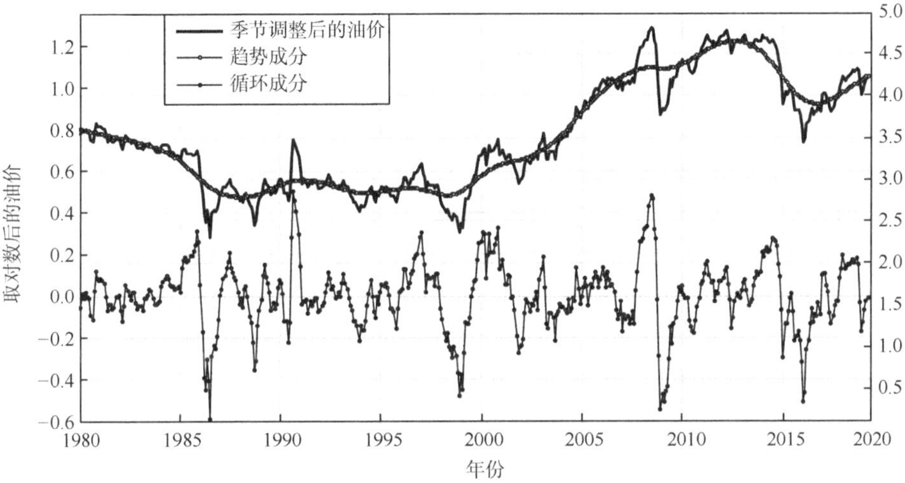

图 2-15　HP 滤波后的国际油价图示

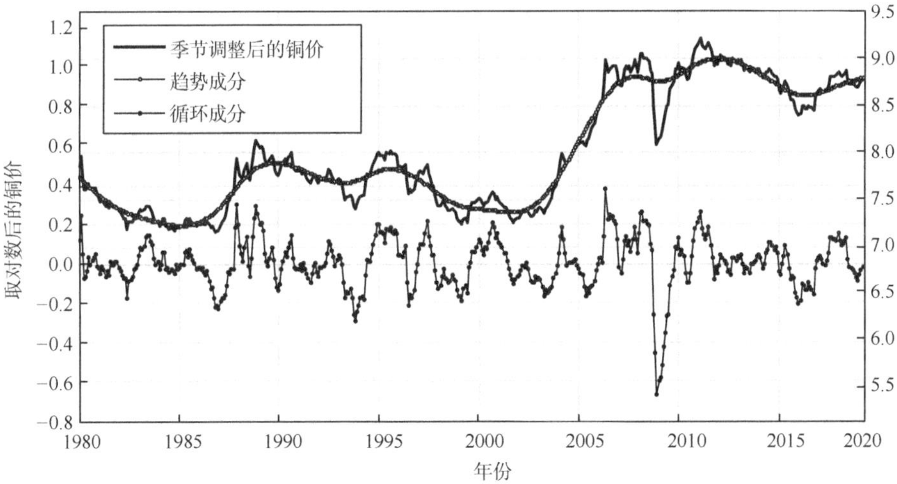

图 2-16　HP 滤波后的国际铜价图示

图 2-17 呈现的是经 HP 滤波后提取的国际油价与金属铜价趋势项成分走势的比对。从图中可以清楚地观察到两者走势的相似度在 2002 年之前很低，但是在此后直到样本期末的 2009 年 4 月，两者的趋势走势相似度极高，几乎达到亦步亦趋的程度，说明有共同的因素影响国际石油市场和金属铜市场，这不仅涉及全球实

际经济活动导致的需求强弱问题，而且还需要考虑全球资金流动性问题，到底是哪些原因导致两者价格趋势项走势有如此高的相似性，这需要进一步探究。

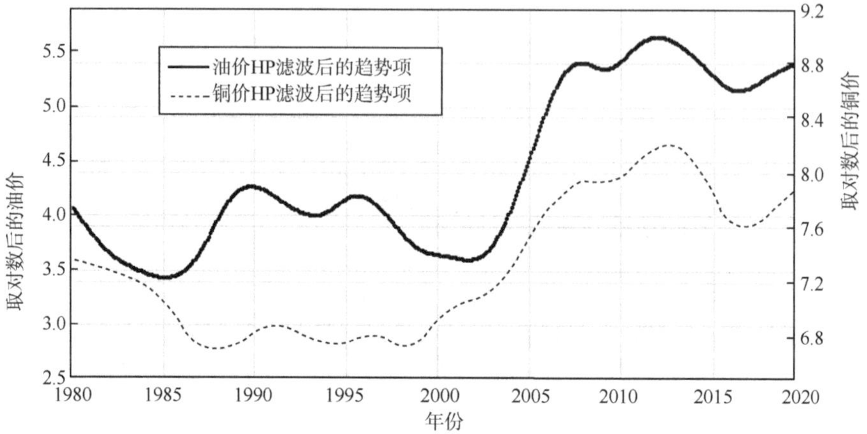

图 2-17　HP 滤波后铜价与油价趋势项的对比

2.4.2　国际油价周期与农产品原料价格指数的关系分析

1. 数据来源与处理

采取与前文相同的数据来源与处理方式，利用 IMF 提供的原油月度价格指数，样本期限为 1980 年 1 月到 2019 年 4 月，价格指数以 2016 年为基期，并等于 100，这是三种油价现货价格的简单平均值（Brent、WTI 中质石油和迪拜法塔赫）。鉴于 IMF 提供的农业价格指数（包括食品和饮料及农业原材料价格指数）数据样本开始日期为 1992 年 1 月，为了得到较大的样本容量，本章采用农业原料指数（包括木材、棉花、羊毛、橡胶和生皮价格指数），其样本起止日期与油价相同，并以 2016 年为基期，等于 100。我们对比了农业价格指数与农业原料指数的走势图，发现两者整体趋势走势非常相似，但是农业原料指数波动性强于农业价格指数，这为我们采用农业原料指数提供了依据。

2. 农业原料指数趋势与循环成分分析

图 2-18 给出了农业原料指数 HP 滤波后的趋势成分和循环成分走势图。首先，从趋势成分看，基本呈现出在周期上表现明显，但是在波动水平表现明显不同的两波走势。第一个农业原料指数价格周期始于 1992 年初，高点出现在 1995 年下半年，结束于 2001 年末，周期持续时间段为 9 年；第二个周期始于 2002 年初，高点出现在 2011 年第三季度，从 2016 年初到样本结束期的 2019 年 4 月，价格指

数趋势走势处于平稳期，是不是本轮周期结束需要进一步探讨。对比两个周期走势，我们发现一个显而易见的事实是——第二轮农产品价格周期价格水平显著高于第一个周期，且第二个周期从始点到峰点的上升期无论从持续时间还是从价格上涨力度看都显著高于第一个周期，这样的周期常常被学者称为大宗商品价格的超级周期（Erdem and Unalmis，2016）。

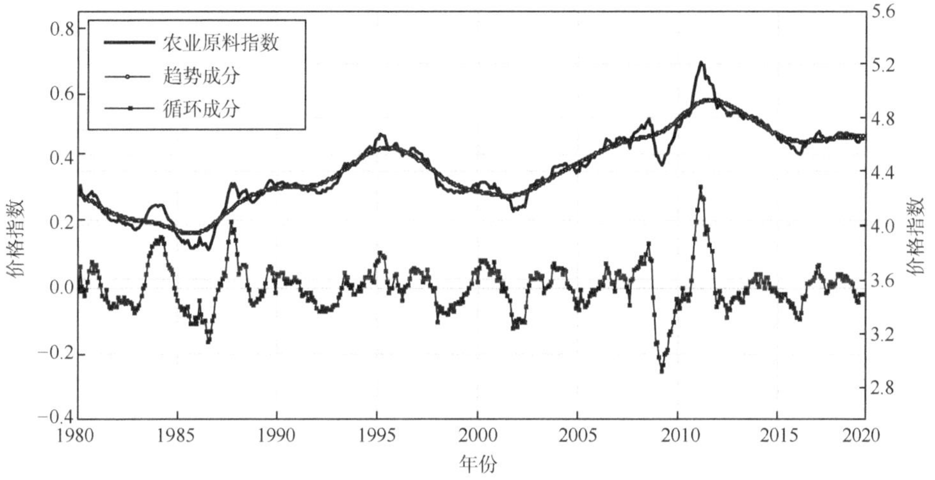

图 2-18　HP 滤波后的农业原料指数图示

其次，从循环成分看，图 2-18 显示出农产品原料价格指数从 2008 年初到 2012 年初波动剧烈，既有向下深度跳水又有向上大幅度上扬的特征，向下深度调整时间与金融危机发生油价大跌时期相耦合，而循环成分从 2010 年 9 月至 2011 年 11 月出现大幅度上冲走势，这与金融危机发生后两年油价快速且持续的反弹相吻合。为什么农产品原料价格与国际油价近十年来走势出现相似的变动趋势？这种相似的变动趋势又意味着什么？

3. 国际油价指数与农业原料指数趋势走势对比分析

图 2-19 给出了 HP 滤波后国际农业原料指数与国际原油价格指数趋势走势对比图形。

图 2-19 呈现出的一个值得关注的明显特征是，自 2000 年以来油价与农业原料指数趋势走势趋同，而 2000 年之前两者价格趋势走势表现差异显著。

4. 油价与农业原料指数收益率动态条件相关系数分析

采用动态条件相关，计算油价与农业原料指数收益率之间的动态条件相关系数，以识别油价与农业原料收益率之间动态条件相依程度，进而检验原油市场与农产品市场之间相互关联的紧密程度。数据处理过程如前文所述：首先，对两个价格指数取自然对数后 1 阶差分，求出月度收益率；其次，检验月度收益率的平稳性——两者收益率序列均为平稳序列，检验结果限于篇幅省略。图 2-20 给出了油价与农业原料指数收益率序列动态条件相关系数的走势图。

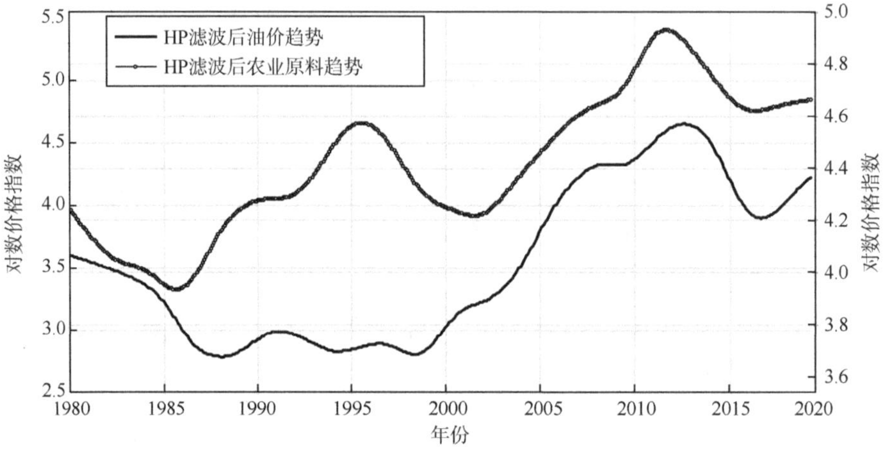

图 2-19　HP 滤波后农业原料指数与油价趋势走势对比图

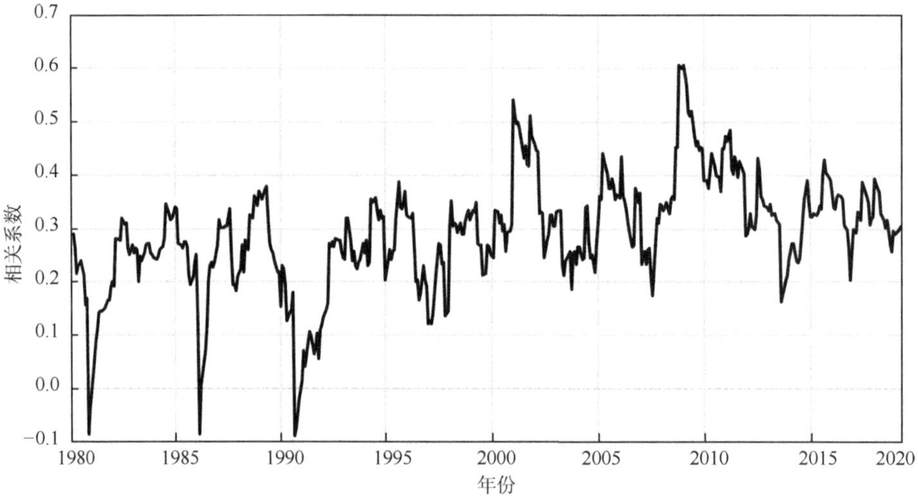

图 2-20　油价与农业原料收益率动态条件相关系数走势图

从图 2-20 呈现的油价与农业原料收益率走势图看出，在 1993 年之前，两个市场收益率之间相关程度呈现出非稳定状态，两者之间动态相关系数不仅绝对值较小，甚至出现负向相关，这表明两个市场之间同步表现程度低；与之形成对照的是，自 2000 年以来，两市场收益率之间的动态相关系数不仅表现出正向相关，而且相关程度明显提高，尤其是在金融危机爆发期间的 2008 年 8 月至 2010 年 6 月，动态相关系数一度高达 0.6 以上。近几年来，虽然两个市场收益率之间的相关程度有所下降，但是其动态相关系数值还是明显高于 1993 年之前，而且相关系数值为正值的趋势明显，这不仅说明自 2000 年后国际原油市场与农产品原料市场价格之间的联系更加紧密，而且两者价格之间呈现出同步变动趋势。

2.5　本章结论与政策启示

本章主要以国际石油商品价格超级周期分析作为切入点，在对国际油价超级周期分析的基础上，分析了油价周期与经济周期之间的关系，并进一步探究了油价周期与金属铜价周期及与农产品原料价格指数之间的动态相关关系。本章的结论与政策启示如下。

2.5.1　主要结论

（1）对于国际油价超级周期的实证结果表明：油价第一个超级周期始于 1861 年，在 1867 年左右达到峰点，到 1882 年左右结束；第二个超级周期开始于 1966 年，并在 1996 年左右结束；第三个超级周期始于 1997 年，周期峰点在 2012 年，目前第三个超级周期并没有结束，但是周期峰值已过，正处于油价下降阶段。

（2）通过实证分析国际油价超级周期与经济周期之间的关系发现：第一，在 20 世纪 90 年代以前，在一定程度上可以把国际油价周期走势作为美国经济周期走势的先行指标，而在 90 年代之后，油价周期不再起到美国经济周期先行指标器的作用；第二，国际油价周期与以 Kilian 指数为代表的全球经济活动的商业周期中的循环成分在不同时间段上呈现出程度不同的特征。金融危机后，Kilian 指数能够对国际油价走势的研判起到先行指标器的作用。

（3）国际油价周期与其他大宗商品价格周期联动关系的实证结果表明：首先，油价周期与金属铜价在 1997 年后不仅水平值之间高度相关，而且两者价格收益率的动态相关系数显著且正相关；在金融危机后，两者周期走势中的趋势成分表现出较高的相似度，而油价的波动成分变动幅度明显强于铜价。其次，对比油价与农产品原料价格指数的趋势与循环成分的实证分析表明两者的价格指数在 2000 年后不仅趋势成分表现出相同走势，而且两个市场收益率之间的动态相关程度正向且高度相关。

2.5.2　相关政策启示

在上述关于油价周期与经济活动周期、其他种类大宗商品价格周期关系的实证结果分析基础上，依据本章的主要结论，我们提出的主要政策启示如下所示。

首先，鉴于国际油价总体上正处于历史上第三个超级周期峰点已过的下降通道中，当前对国际油价的关注不仅要从趋势上进行分析，更为重要的是要关注引起国际油价剧烈波动的局部和短期的外部冲击因素，如中东等产油国和地区的突发的局部政治冲突、非预期气候突变等对引发全球石油供给或需求出现剧烈变动的外部冲击，这些不可控因素会迅速传导到国际石油市场，导致国际油价的剧烈震动，这显然不利于对外依存度高的中国等经济大国的经济平稳运行。因此，对国际油价进行实时监测，及时分析和准确识别造成短期国际油价大幅波动的驱动因素及这些因素的作用机制，对于规避石油贸易风险、控制国内通货膨胀具有重要的现实意义。

其次，对油价的中长期走势的分析和判断，不仅要从全球石油的供给侧角度进行考察，更应该从对石油的需求侧角度进行研判。相比于全球实际 GDP 或者全球实际工业产出等指标，Kilian 指数从总需求的角度较好地解释和预测了以油价为代表的国际大宗商品价格的变动，这为我们科学认识和准确研判国际油价等大宗商品价格的走势提供了一个良好的参考工具。但是鉴于 Kilian 指数发布的滞后性，在对油价进行研判时要综合考虑影响油价的各方面的主要因素，如主要经济体的汇率、利率及主要石油产出国的产出等变动趋势，对石油等大宗商品价格趋势的中长期预测要建立在影响油价因素短期波动的基础上。

最后，密切关注大宗商品市场上的金融化趋势。2000 年之后国际油价、金属铜价及农产品原料指数之间的趋势走势和市场收益率呈现出协同变动的紧密关系，这表明大宗商品作为金融市场投资中一种特殊的资产类别，其金融化程度增长不断加深。尽管大宗商品市场的金融化有利于风险分担和对冲，有利于改善商品价格、发现和稳定商品价格，但是金融化程度的加深可能导致大宗商品价格短期变动与基本面脱节，会导致短期市场价格剧烈变动及对长期市场利益的损害。

第 3 章　影响国际油价长期趋势与短期波动因素分析

自 1859 年在美国泰斯特维尔发现石油以来的近 160 年里，以油价为代表的大宗商品价格经历了多次繁荣和萧条。大宗商品价格的长期波动对大宗商品出口国、进口国的经济运行均会产生重要影响。因此，准确地理解大宗商品价格繁荣和萧条的驱动因素对于全球经济态势的研判至关重要（Bernanke，2006；IMF，2012；Stuermer，2017）。

为了准确理解驱动大宗商品价格的因素，必须考虑不同种类的大宗商品的定价体系。从国际大宗商品定价体系演变过程进行分析，其大致呈现三个一般性规律：一是从大宗商品价格形成机制上看，经历了由垄断厂商定价，转变到基于供需关系决定的市场化定价，最后形成公开、公正、可信度高的期货价格定价模式。二是从各类大宗商品定价机制转变的时间点差异上看，由于各类大宗商品的现货市场发育程度的差异性不同，步入期货定价模式的时间点不一致。例如，大豆、铜、原油分别在 20 世纪 60 年代、80 年代和 90 年代形成了期货定价模式，而铁矿石目前还采用现货指数定价模式。三是从大宗商品市场金融化发展程度看，市场参与者由最初交易商扩展到金融机构、对冲基金，发展到国家政府机构也参与进来（李辉，2019）。因此，对国际大宗商品价格长期趋势与短期波动的驱动因素的识别与研判要从期货市场上形成的大宗商品价格入手，依据不同种类大宗商品期货价格形成时间和市场金融化发展的完善程度进行分析。

大宗商品基本分为三类——能源类、金属类和农产品类。考虑中国进口能源类大宗商品的需求特点，本章主要分析影响国际原油价格长期趋势与短期波动的因素。

许多研究人员认为供需因素是影响国际油价波动的主要因素，尤其是全球对石油需求的变动是导致油价近 20 年来变动的主要因素，如 Barsky 和 Kilian（2004）、Kilian（2008）、Segal（2011）、Kilian 和 Hicks（2013）、Kilian 和 Zhou（2018）等。然而，随着原油期货市场的发展和完善，近年来的油价波动呈现出新的特征——石油期货价格对现货价格影响越发明显，原油的金融价值属性更加凸显。由于影响油价的因素比较复杂，基于传统的供求因素视角不能对近年来油价走势与波动提供足够的解释。在大多数情况下，引发油价波动的不仅仅是供求不平衡因素，而且还受到各种市场因素和非市场因素的影响（Ames et al.，2020）。美国借助页岩气技术的革命于 2018 年末成为世界第一大原油和天然气生产国[①]， OPEC 主导原油价格的能力减弱，非 OPEC 国家产油能力的增加、各国气候政策的变迁和技术的进步引致的对石油消费模式的改变，以及中东地区地缘政治冲突等使得当前国际油价的市场决定机制更加复杂。鉴于目前影响油价的因素呈现出系统性、复杂性与动态性特征，仅仅从供求因素方面不能有效地对油价的剧烈波动做出充分的解释，因此，需要全面地分析和阐释原油价格研究中这些最新主题，并讨论在变化的情况下以前研究成果是否适用的情况（Lu et al.，2020）。

在研究各种变量对原油价格影响的理论与实践中，常用的方法是把原油价格作为隐含的外生变量，即在回归模型估计中"假定其他条件不变"来研究宏观经济变量对原油价格的影响。然而这种方法存在明显的内生性偏误问题，主要表现在两个方面：一是变量间存在双向因果关系，即宏观经济变量与油价变动之间互为影响，这意味着宏观经济变量与油价之间的因果关系难以清楚地界定（Barsky and Kilian，2004）；二是原油等大宗商品价格受到全球供给与需求因素的驱动，这些因素不仅对油价产生影响，还会直接影响其他宏观经济变量，进而间接地作用到原油价格上（Kilian，2009）。基于上述原因，在实证回归模型中利用"假定其他条件不变"的假设分析经济变量对原油价格变动的计量影响是失效的。

如果我们采用内生性结构模型，如 SVAR 或者 TVP-SVAR 分析经济变量对原油价格的作用，尽管理论上能够识别油价对不同经济变量作用的响应程度与路径，但是鉴于模型中影响油价变量的复杂性，在模型中变量之间长期影响和短期约束难以界定清楚。因此，鉴于上述两个原因，本章分析原油价格变动的基本思路是利用美国能源信息管理局提供的数据，借鉴其提供的相关分析模型对原油价格的影响因素进行描述分析和相关性统计检验。

本章的边际贡献主要体现在——在原油市场金融化的背景下，结合现有文献研究的基础，阐述原油价格研究的最新趋势，将当前有关驱动原油变化的市场与金融因素进行系统描述并对主要因素间的关系进行定量刻画，提供了原油价格变动的动力学概述。

本章主要结构如下：首先，我们全面描述和分析了驱动原油价格变动的因素，包括需求和供给、库存、金融市场、OPEC 组织与非 OPEC 组织在石油市场的作

① 数据来源：https://www.eia.gov/todayinenergy/detail.php?id=37053。

用。其次，重点分析了金融化对原油期货市场的影响。

3.1　驱动国际原油价格变动因素的基本框架

一个明显的事实是国际原油市场价格的形成受多种因素的影响。其长期均衡价格主要由国际原油市场上供求关系决定，而短期现货价格除了供求冲击外，还取决于石油库存和金融市场（Kilian 和 Zhou，2018）。参考美国能源信息管理局提供的对原油价格主要驱动因素的分析模型，我们利用联邦储备银行经济数据库（Federal Reserve Economic Data，FRED）等相关网站提供的数据对影响原油价格的因素进行数量描述和定量刻画。

在参考美国能源信息管理局提供的关于驱动原油变动因素分析框架基础上，图 3-1 给出了决定原油价格的长期和短期因素的结构示意图。

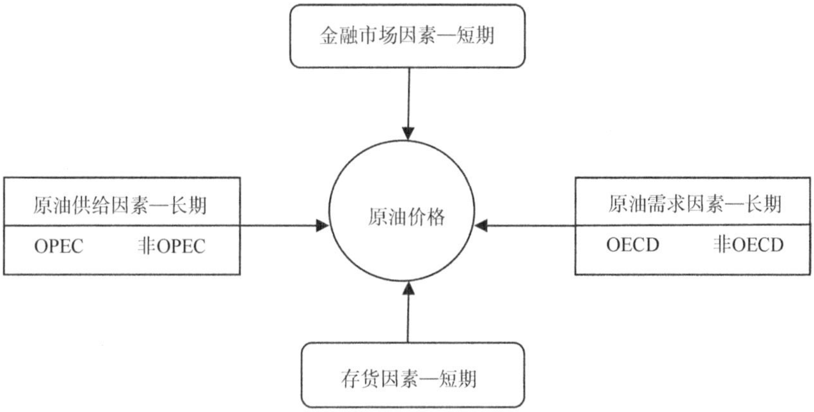

图 3-1　决定原油价格的长期和短期因素的结构示意图

在图 3-1 中，决定原油长期均衡价格的因素是原油的供给与需求的相互作用。其中，原油供给主要由 OPEC 产油国组织和非 OPEC 国家决定，对原油的需求主要取决于经济发达的 OECD 国家和经济欠发达的非 OECD 国家。原油的短期现货价格主要由金融市场因素和存货因素决定。下面对这些影响因素进行具体说明。

3.2　影响国际原油均衡价格的长期因素分析

影响原油均衡价格的长期因素主要是国际原油市场的供给与需求因素，具体分析如下。

3.2.1 全球原油供给因素分析

1. OPEC 原油供给与闲置产能分析

全球原油的供给主要分成两部分：OPEC 石油输出国组织与非 OPEC 国家。OPEC 成立于 1960 年，五个创始成员（伊朗、伊拉克、科威特、沙特阿拉伯和委内瑞拉）共同决定该组织的石油生产政策——通过设定原油生产目标来管理其成员国的石油生产。OPEC 成员国生产约 40%的世界原油，同样重要的是，OPEC 的石油出口约占国际石油贸易总量的 60%，从历史上看，OPEC 降低原油产量目标时，原油价格会上涨。因而，OPEC 的原油产量是影响世界石油价格的重要因素。

（1）OPEC 原油产量变化与油价关系。图 3-2 绘制了 OPEC 最大生产国沙特阿拉伯的原油产量变化影响国际油价变化的轨迹示意图，样本区间自 2000 年第一季度到 2019 年第四季度。在图 3-2 中，条形图代表沙特阿拉伯季度同比原油产量变化百分比，原油产量单位为百万桶/日；线形图代表 WTI 中质实际原油价格的变动百分比，实际油价以 2010 年为基期进行了 GDP 平减处理，以实际美元表示。图 3-2 中对两变量的变化百分比均进行了标准化处理。

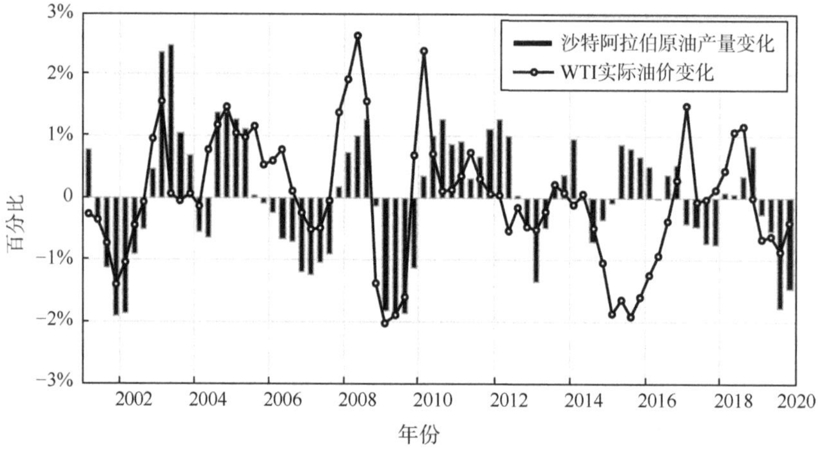

图 3-2 沙特阿拉伯原油产量变化与 WTI 油价变化示意图

图 3-2 显示了沙特阿拉伯原油产量变化如何导致 WTI 原油价格变化。观察图 3-2 中样本区间内的两变量走势——总体上呈现正相关关系，也就是当沙特阿拉伯原油产量正向变动时，WTI 实际油价变动也是正向变化，表明国际原油市场会对未来原油供需变化的预期做出反应。样本区间内两变量的相关系数是 0.458 1，表明两变量存在中等程度的相关。为进一步分析以沙特阿拉伯为首的 OPEC 组织原油产量变化与 WTI 油价变化之间的相互关系，我们对两变量进行格兰杰因果关系

检验。

表 3-1 给出了两个变量 OPEC 原油产量变化(opec_c)与 WTI 油价变化(wti_c)的 ADF 与 PP 单位根检验结果，检验结果表明两变量均在 1%显著水平下为平稳时间序列。

表 3-1　两变量的标准单位根检验结果

变量名称	检验形式（*C*，*T*，*L*）	ADF 检验统计量	PP 检验统计量	结论
opec_c	（0，0，11）	−7.666***	−7.745***	平稳
wti_c	（*C*，0，18）	−7.524***	−7.464***	平稳

***代表 1%显著性水平拒绝原假设

表 3-2 展示了分别取滞后期数为 1 期、2 期、3 期的情况下，变量 opec_c 与变量 wti_c 之间的格兰杰因果关系检验结果。

表 3-2　两变量的格兰杰因果关系检验结果

原假设	*K*=1		*K*=2		*K*=3	
	F 统计量	概率	*F* 统计量	概率	*F* 统计量	概率
opec_c 非格兰杰影响 wti_c	1.109	0.296	0.711	0.498	0.550	0.650
wti_c 非格兰杰影响 opec_c	5.840	0.018**	2.526	0.087*	1.617	0.194

**，*分别代表 5%，10%显著性水平拒绝原假设

表 3-2 的检验结果表明，在滞后 1 期的条件下，在 5%的显著水平下，wti_c 是 opec_c 的格兰杰因；在滞后 2 期的情况下，在 10%的显著水平下，wti_c 是 opec_c 的格兰杰因；但是在滞后 3 期的情况下，两者之间并不存在格兰杰因果关系。上述实证分析的重要含义在于，尽管 OPEC 组织在全球原油产量中处于举足轻重的地位，能够对国际油价的走势产生重要影响，但是其原油产量的数量是由国际油价的走势来决定的。

（2）OPEC 石油闲置产能变化与油价关系。OPEC 成员国利用其可用石油闲置生产能力的程度通常被作为全球石油市场紧缩的一个观察指标，也作为 OPEC 对油价施加影响程度的潜在指标。美国能源信息管理局将闲置产能定义为可以在 30 天之内实现并持续至少 90 天的生产量。当 OPEC 的闲置产能达到较低水平时，原油价格往往具有上升的风险溢价。尽管 OPEC 总的闲置产能每天保持在 200 万桶左右，不足全球原油供应量的 3%，但在对原油需求迅速增长的情况下几乎无法缓解供应波动，但是考虑到 OPEC 在原油市场的重要性，OPEC 地缘政治事件或者成员内部摩擦的影响引发的实际或未来潜在石油供应不足会对国际油价产生强烈的反应。

鉴于沙特阿拉伯是 OPEC 组织内最大的石油生产国，也是目前世界上最大的石油出口国之一，拥有最大的石油闲置产能，通常每天会保留 150 万~200 万桶的剩余容量，用于调节国际原油市场。本书以沙特阿拉伯国家闲置产能作为代表，图 3-3 绘制了沙特阿拉伯国家闲置产能与 WTI 实际油价之间的关系。样本区间为 2000 年第一季度到 2019 年第四季度。在图 3-3 中，条形图代表沙特阿拉伯国家季度原油闲置产能，单位是百万桶/日；线形图代表 WTI 中质原油的实际油价，单位为实际美元/桶，实际美元是以 2010 年为基期进行平减处理后的结果。

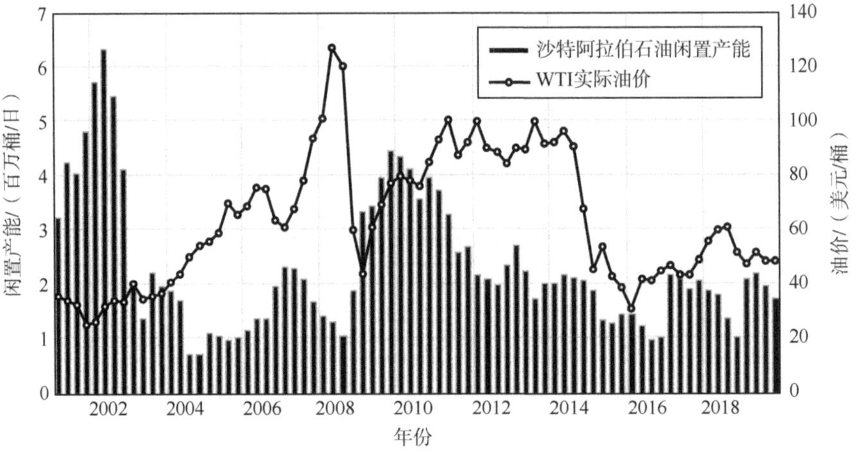

图 3-3　沙特阿拉伯石油闲置产能与 WTI 实际油价示意图

图 3-3 显示了以沙特阿拉伯国家为代表的 OPEC 闲置产能与 WTI 实际油价之间的关系。从图 3-3 可知，在金融危机发生前的 2003~2008 年，WTI 油价大幅度攀升，原因一方面是与 2003 年之前相比，OPEC 闲置产能降低明显，另一方面是以我国为代表的新兴经济体经济发展对石油的需求急剧增加，石油供给短缺和需求大幅度增加的叠加效应导致了油价的持续上升。2008 年下半年金融危机冲击导致油价大幅回落，尽管危机之后的两年 OPEC 闲置产能明显增加，但新兴经济体石油需求的强劲使得油价一直处于高位盘整。由于非 OPEC 国家的石油产量增加，尤其是美国页岩油产量的大幅度上涨，2014 年下半年油价出现明显回落，但同时 OPEC 闲置产能保有量也处于低位，说明此段时间油价的下降与 OPEC 的增产也是相关的。两个变量样本区间的相关系数为–0.162，尽管相关程度较弱，但是负向相关系数说明两者之间存在此消彼长的关系，闲置产能低预示着油价有上涨的风险溢价，这对石油市场参与者对油价的预期具有明显的指示作用。

2. 非 OPEC 原油供给分析

目前，非 OPEC 国家的石油产量约占世界石油产量的 60%。产油的主要中心包括北美、前苏联地区和北海。其中，美国占比原油产量的 15%，俄罗斯占比 13%，中国和加拿大均占全球产量的 4.9%。

不同于 OPEC 组织成员国的石油生产受 OPEC 统一调配，非 OPEC 石油生产国能对石油生产做出独立的决定。此外，OPEC 组织的绝大多数石油生产主要掌握在国家石油公司手中，而非 OPEC 国家的石油产出主要由国际石油公司或者股份公司决定。这些公司主要基于经济因素以寻求增加股东价值进行决策。因而非 OPEC 石油产出国的石油供应能力往往更易于对国际石油市场条件的变化做出反应。

图 3-4 绘制了非 OPEC 石油产出变动与 WTI 实际油价之间的关系。样本选取区间是从 2000 年第一季度到 2019 年第四季度。在图 3-4 中，条形图代表非 OPEC 国家季度同比石油产出变动，单位为百万桶/日；线形图代表 WTI 中质原油的实际油价，单位为实际美元/桶，实际美元是以 2010 年为基期进行平减处理。

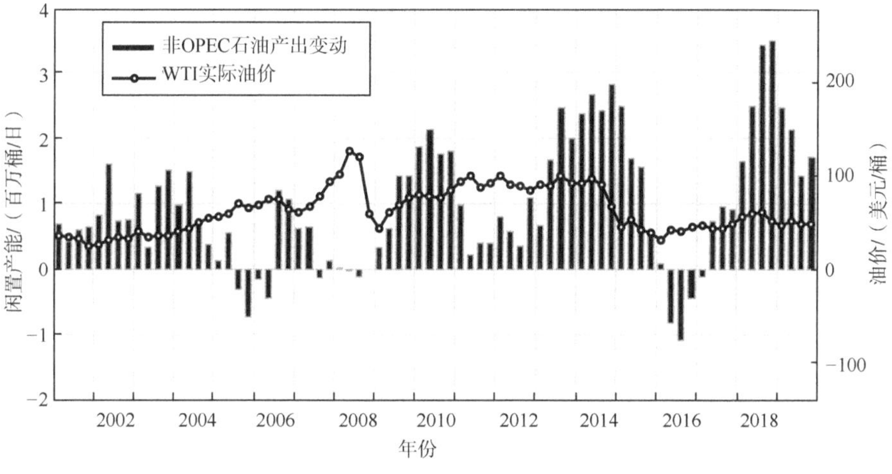

图 3-4　非 OPEC 石油产出变动与 WTI 实际油价示意图

从图 3-4 可知，2005~2008 年，非 OPEC 国家石油产出量处于低位，由于非 OPEC 国家石油公司不具有垄断地位，常被视为价格接受者，并不能通过控制产出量来影响市场价格，在面对油价上升时，这些石油公司往往以满负荷或接近满负荷生产，因此剩余产能很少。2016~2018 年，尽管非 OPEC 剩余产能低，但是油价也很低，原因在于全球对石油需求疲软，石油供给方 OPEC 与非 OPEC 相互竞争，供求双方的相互作用导致了油价持续在低位徘徊。

3. 全球液体燃料产能变化与油价关系

全球原油供应产能主要取决于生产成本和石油开采技术。大多数常规石油资源集中在 OPEC 成员国中,非 OPEC 的石油生产主要在生产成本相对较高的地区,如深海近海，或者开采非常规来源石油，如油砂等。因此，与 OPEC 生产相比，非 OPEC 生产通常具有成本劣势。但是，非 OPEC 生产商经常持续研发新的生产技术，尽管初期开发成本较高，但随着技术的进步，生产成本下降会对油价造成下行压力。除了 OPEC 的原油生产外，全球天然气生产还提供了额外的液体燃料供应，尤其是近年来天然气产量的大量增加，加大了全球液体燃料的供应总量，一定程度上缓解了石油价格的上涨。

图 3-5 给出了全球液体燃料产能变化与 WTI 实际油价示意图。从图 3-5 看出，在 2004~2008 年，全球液体燃料供给量低，WTI 原油价格一直处于上升时期。同时观察到，在 2014~2016 年，全球液体燃料供应充足，原油价格走势出现持续下降。

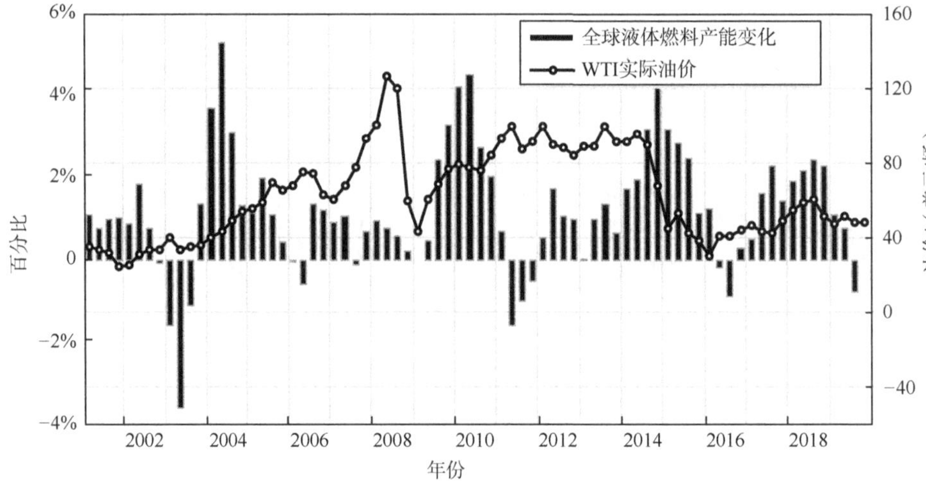

图 3-5 全球液体燃料产能变化与 WTI 实际油价示意图

3.2.2 全球原油需求因素分析

遵循一般石油消费统计分析，如 BP 石油消费统计报表等，把全球石油需求按照经济发达程度分成两部分——OECD 与非 OECD。OECD 国家主要由美国、欧洲大部分地区和其他发达国家组成。非 OECD 是其他不属于发达国家的发展中国家。在非 OECD 国家中，中国、印度、沙特阿拉伯是近年来石油消费增幅最大的国家。

1. OECD 国家石油需求

作为大型经济体的 OECD，在 2013 年之前，石油消费量占世界石油消费量的 50%以上，比非 OECD 国家消费量多，但消费增长速度却低得多。在 1970 ~2000 年，石油需求主要由 OECD 等工业化国家驱动，但是近年来这种模式发生了改变。在 2000~2010 年的 10 年间，OECD 国家的石油消费实际上处于下降的态势，而同期非 OECD 国家的石油消费却增长了 40%，2015 年 OECD 国家石油消费仅占全球消费的 47.5%。

图 3-6 给出了 OECD 国家年度石油消费变化百分比与 WTI 实际油价示意图。从图中看出在 2005~2009 年，与非 OECD 国家相比，伴随着石油价格的持续上涨，OECD 国家的石油消费在持续下降，尤其是在 2008~2010 年，金融危机引发的经济下滑导致了 OECD 国家石油消费大幅度下降，不同的是，在 2015~2018 年，WTI 油价处于低位，OECD 国家石油消费总量处于不断增长状态。

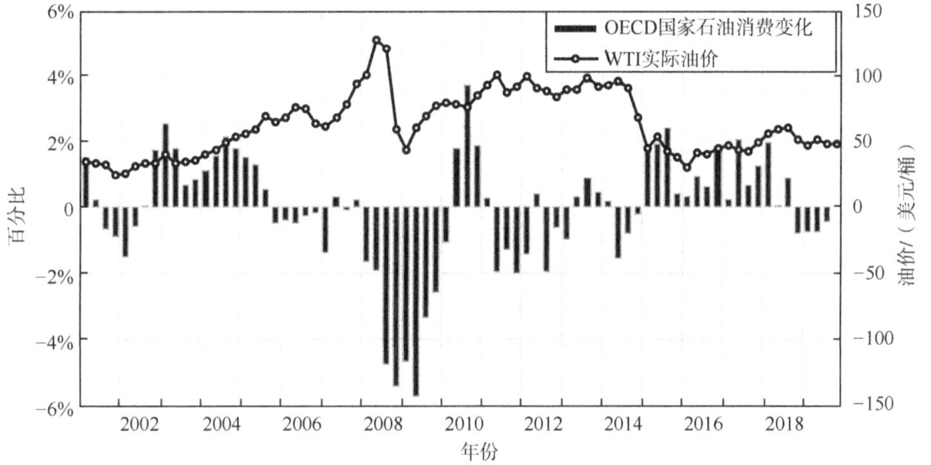

图 3-6　OECD 国家年度石油消费变化百分比与 WTI 实际油价示意图

对图 3-6 中所描述的 OECD 石油消费时间走势解释如下：鉴于不同国家经济结构与经济条件影响油价、经济增长和石油消费之间的关系。与非 OECD 国家相比，首先，OECD 国家服务业比重更大，经济增长不会像非 OECD 国家那样倚重石油消费的增长。其次，OECD 国家交通运输业更加成熟，人均汽车拥有量高，运输部门的石油使用通常占总石油消费的份额更大。许多 OECD 国家有更高的燃油税和相关政策，以改善汽车的燃油经济性并增加对生物燃料的使用，因此，即使经济强劲增长，也会减慢石油消耗的增长。再次，OECD 国家往往对最终用途价格的补贴较少，市场油价的变化通常会很快反映在消费者所面对的价格中。消费者会根据预期未来石油价格的变化调整其运输方式和车辆购买的决定。如果预计油价会上涨或者保持高位，那么更多的消费者可能会购买节油的车辆或使用公共交通工具。这些消费行为的变化从长期看有助于减少未来的石油需求，并减缓预期的价格上涨。

2. 非 OECD 国家石油需求

近年来，非 OECD 成员国石油消费急剧增加。2000~2012 年，在非 OECD 国家中，以中国、印度为代表的石油消费增幅最大。图 3-7 显示了非 OECD 国家的 GDP 实际增长率与液体燃料消费量增长之间的关系。从图 3-7 中可以看出，非 OECD 国家液体燃料消费与经济增长关系十分密切，两者样本期间的相关系数为 0.62。2001~2007 年，非 OECD 国家经济一直处于不断增长状态，除个别年份外，液体燃料消费也处于持续不断的增长态势。2008 年发生的金融危机使得非 OECD 国家经济增长大幅度下降，石油和天然气消费量也出现了持续两个季度的巨幅下降，之后伴随着经济增长的强劲反弹，液体燃料消费也出现了明显的上升。从 2014 年开始，非 OECD 国家经济增长处于缓慢、平稳的下降状态，同时其液体燃料消费增长幅度也随之降低。

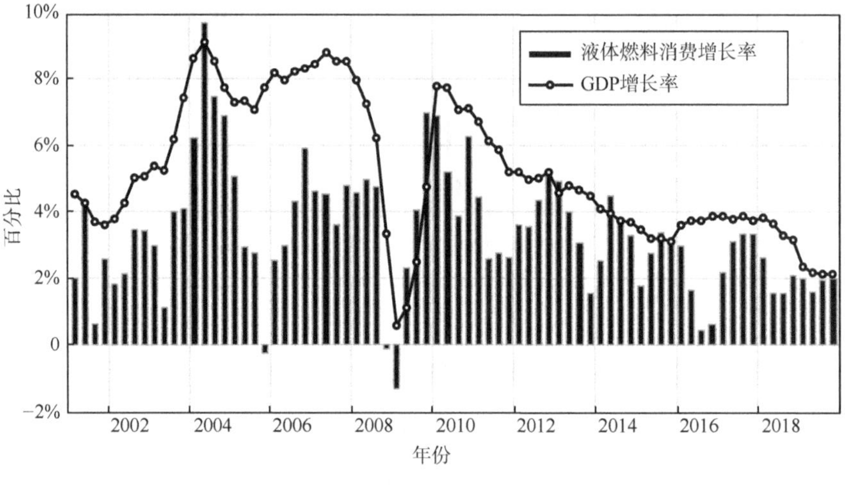

图 3-7 非 OECD 国家液体燃料消费变化与 GDP 增长率变化示意图

对图 3-7 图形走势具体解释如下：首先，相比较于 OECD 国家的经济结构和条件，非 OECD 国家不断增长的石油消费量反映了其经济的快速增长。这些国家当前和预期的经济增长水平、增长速度相当程度上影响全球石油需求和石油价格。鉴于非 OECD 国家所处的经济发展阶段，制造业在国家发展中处于重要的地位，而制造过程需要消耗大量的石油作为燃料，同时，石油仍然是大部分国家发电的重要燃料。其次，商业和个人的运输活动，需要消耗大量的石油，并直接与经济状况联系在一起。最后，许多非 OECD 国家也正在经历人口的快速增长，这是支持石油消费强劲增长的另一个因素。因而，当经济活动导致石油需求强劲增长时，石油价格往往会上涨。

3. 全球总的原油需求与国际油价关系

全球总的石油需求与 OECD 国家和非 OECD 国家经济发展特点和经济结构性条件密切相关。如前文所述，对比 OECD 国家，非 OECD 国家经济结构中制造业的比例高，而制造业比服务业的能源密集度更高，这进一步影响了油价与经济增长之间的关系。另外，与 OECD 国家相比，尽管在非 OECD 国家中，运输行业消费的石油在总石油消费中所占的比例较小，但随着人均收入的增长，人均汽车拥有量还有很大的增长空间，运输业石油消费会迅速增加。

图 3-8 展示了 2002 年第一季度到 2019 年第四季度全球液体燃料消费变动率、全球 GDP 增长率与 WTI 油价之间的关系。其中 WTI 油价是以 2010 年为基期进行 GDP 平减后的实际季度油价。

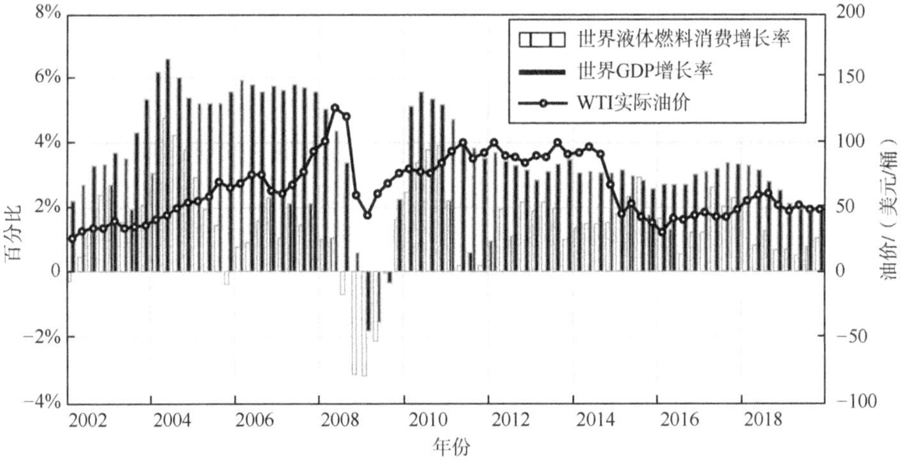

图 3-8　全球液体燃料消费变动率、全球 GDP 增长率与 WTI 油价的关系

从图 3-8 中可以观察到，世界 GDP 增长率变动与世界石油消费变动之间存在高度正向相关，计算样本期间内两者之间的相关系数为 0.66。世界 GDP 增长变动与 WTI 实际油价之间也存在较为密切的关系。表 3-3 给出了两个变量——世界 GDP 增长率（gdp_r）与世界石油消费变动率（consum_r）的 ADF 与 PP 单位根检验结果，检验结果表明两变量均为平稳时间序列。

表 3-3 两变量的标准单位根检验结果

变量名称	检验形式（C，T，L）	ADF 检验统计量	PP 检验统计量	结论
consum_r	（C，0，2）	-4.976^{***}	-3.547^{***}	平稳
gdp_r	（C，0，18）	-3.004^{**}	-3.178^{*}	平稳

***，**，*分别代表 1%，5%，10%显著性水平拒绝原假设

表 3-4 展示了分别取滞后期数为 1 期、2 期、3 期的情况下，变量 gdp_r 与变量 consum_r 之间格兰杰因果关系检验结果。在滞后 1 期的条件下，consum_r 是 gdp_r 的格兰杰因，在分别滞后 2 期或 3 期的情况下，gdp_r 是 consum_r 的格兰杰因。结合经济意义分析，世界 GDP 增长导致了石油消费的增长进而影响了油价变动。

表 3-4 两变量的格兰杰因果关系检验结果

原假设	K=1		K=2		K=3	
	F 统计量	概率	F 统计量	概率	F 统计量	概率
gdp_r 非格兰杰影响 consum_r	0.343	0.6	6.142	0.004^{***}	2.309	0.085^{*}
consum_r 非格兰杰影响 gdp_r	4.543	0.036^{**}	0.603	0.55	0.436	0.728

***，**，*分别代表 1%，5%，10%显著性水平拒绝原假设

此外，不同的能源政策也极大地影响了石油消费与经济活动之间的关系。在多数非 OECD 国家，政府对最终用途石油消费产品价格的控制与补贴钝化了消费者对石油市场价格变化的需求反应，进一步促进了对石油需求的增加。另外，未来经济状况前景的变化也会对石油价格产生直接影响，经济前景的改善会倾向于引发未来石油价格上涨。因而，经济增长的预期变化将反映在石油期货价格中。近年来，非 OECD 国家经济的发展，尤其是中国强劲的经济增长是全球石油消费增长的主要推动力。美国能源信息管理局预测，未来 25 年的石油消费净增加量几乎全部来自非 OECD 国家。

3.3 原油短期现货价格的影响因素分析

在分析了影响原油价格的长期因素之后，我们进一步分析短期的影响因素。国际原油的长期均衡价格由供求关系决定，而短期现货价格还取决于库存和金融市场。首先我们分析原油库存对油价的影响，然后分析金融市场对油价的作用。

3.3.1　原油库存因素分析

原油库存对于现货市场上原油供需之间的短期波动具有缓冲功能，且在短期价格发现过程中扮演着重要的角色，即原油库存是国际原油市场供需之间的平衡点。当全球原油产量超过原油消费量时，市场参与者通过存储原油和石油产品以备将来使用。相反，当原油消费超过原油当前产量时，市场参与者可利用库存补充原油供给不足以缓冲油价冲击。鉴于原油供需的不确定性，原油库存经常作为市场参与者规避风险的一种预防措施。

OECD 国家通常会定期发布库存统计信息，而发展中国家，包括石油消耗量快速增长的国家和主要石油生产国，其石油库存数据经常公布不太及时或者数据难以获得。图 3-9 仅展示了 OECD 国家季度液体燃料库存与 WTI 油价期货价差之间的关系，样本期限为 2006 年第一季度到 2019 年第四季度。其中石油期货价差变动曲线是未来 12 个月石油期货合约减去下个月（即期）石油期货合约的变动之差随时间变化绘制形成的。图 3-9 中的条形图代表 OECD 国家液体燃料实际库存变化率。

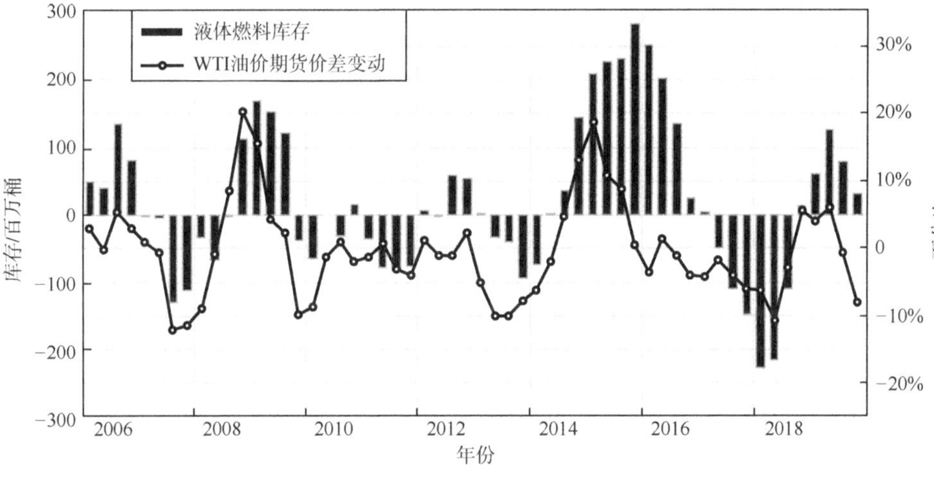

图 3-9　OECD 国家液体燃料库存与 WTI 油价期货价差示意图

从图 3-9 中看出，长期合约和短期合约之间的价差为正值，且值越大时，建立库存的动机就越明显。此外，相对于未来价格而言，库存下降往往与近期价格的上涨并存。图中的两变量样本之间的相关系数是 0.663，表明两者之间变动存在正向较强程度的相关。表 3-5 与表 3-6 分别给出了 OECD 国家液体燃料库存变化（inventory_change）与 WTI 油价期货价差变化（spread_change）两变量的单位根检验与格兰杰因果关系检验结果。

表 3-5　两变量的标准单位根检验结果

变量名称	检验形式（C，T，L）	ADF 检验统计量	PP 检验统计量	结论
inventory_change	（0，0，1）	-3.149^{***}	-2.673^{***}	平稳
spread_change	（0，0，1）	-4.418^{***}	-2.921^{***}	平稳

***代表 1%显著性水平拒绝原假设

表 3-5 的 ADF 检验与 PP 根检验结果均表明变量 inventory_change 与变量 spread_change 在样本期限内均为平稳时间序列。

表 3-6　两变量的格兰杰因果关系检验结果

原假设	K=1		K=2		K=3	
	F 统计量	概率	F 统计量	概率	F 统计量	概率
spread_change 非格兰杰影响 inventory_change	7.421	0.009^{***}	0.922	0.405	0.234	0.872
inventory_change 非格兰杰影响 spread_change	2.174	0.146	1.462	0.242	1.073	0.37

***代表 1%显著性水平拒绝原假设

表 3-6 给出的是取滞后期数为 1 期、2 期、3 期的情况下，变量 inventory_change 与变量 spread_change 之间格兰杰因果关系检验结果。在滞后 1 期的情况下，spread_change 在 1%的显著水平下是 inventory_change 的格兰杰因，而在滞后 2 期或 3 期的情况下，不存在这种关系。说明库存水平变动对当前石油价格与未来价格预期之间的关系很敏感。一方面，如果市场预期未来对石油需求相对强劲或未来石油供应减少，则石油市场期货合约价格将趋于上涨，石油期货合约价差变大，这会导致库存增加，从而缓解日趋紧缩的未来需求。另一方面，如果当前石油产量急剧减少或当前石油消费的意外增加趋于推高石油现货价格相对于期货价格的水平，则期货价差将会变为负值，这会导致库存减少以满足当前石油需求。尽管期货价差与石油库存之间表现出较强的统计关系，但是由于美国能源信息管理局公布的库存数据仅是 OECD 国家的数据，没有包含发展中国家的库存数据，以及石油库存通常存储在海上的船舶上，缺乏完整的库存信息给石油市场带来了不确定性，这会增加对石油价格预测的难度。

3.3.2　金融市场因素分析

油价的短期影响因素除了库存因素外，参考美国能源信息管理局价格模型，我们进一步分析金融市场对短期石油价格及其波动的影响。金融市场的主要功能是为市场的买卖双方提供工具，发现价格、降低价格风险（Coppola，2008）。目前石油金融市场中的市场参与者范围广泛、动机各异。商业投资者——对实物石油交易感兴趣的投资者，如石油生产商和航空公司，油价或石油基燃料价格变动对其有重大的商业风险，会通过买卖能源衍生品来对冲风险；非商业投资者——对实物石油交易不感兴趣而对交易合同感兴趣的投资者，如银行、对冲基金等主要是从能源衍生商品价格波动中获利，同时把能源商品纳入投资组合中，以对冲通货膨胀风险（Arouri and Nguyen，2010）。非商业投资者的参与增加了能源期货和衍生品市场的流动性，但也放大了油价的波动性。鉴于价格发现是期货市场的主要功能，期货市场在影响石油价格方面发挥着重要作用。

1. *石油期货市场未平仓合约数量*

期货市场活跃程度指标的一种度量是商品交易所的未平仓合约数量——表示交易时段中尚未结算或关闭的合约数量。图 3-10 给出了纽约商品交易所交易日结束时未偿还的石油期货合约数量的季度平均值，样本期限为 2000 年第一季度到 2019 年第四季度。图中单位为未平仓合约千单数量季度平均值，柱线代表未平仓合约数量。

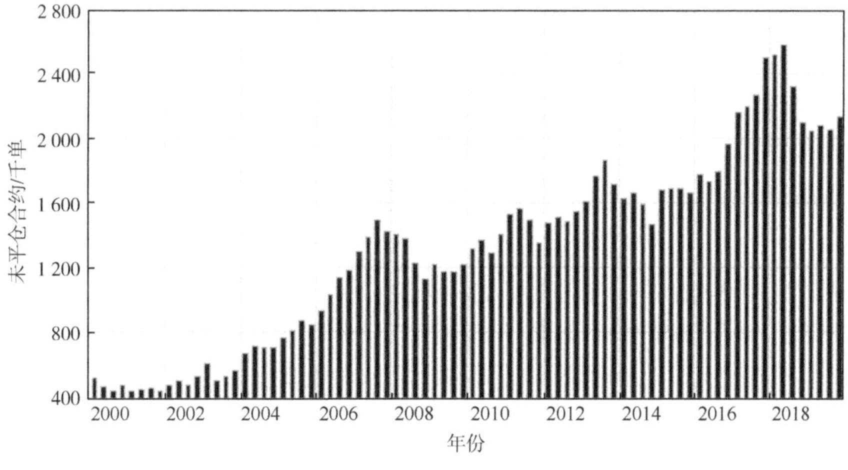

图 3-10　纽约商品交易所未平仓石油期货合约数量季度平均值示意图

图 3-10 显示，从金融危机前的 2007 年开始，交易所买卖的原油期货合约的未平仓合约大幅增加，金融危机后这种增加势头并没有减弱。这说明金融危机后有更多的投资者进入能源期货市场。但是需要说明的是图 3-10 只显示了在交易所场内交易的情况，而大多数头寸是通过场外交易（over-the-counter，OTC）的。除期货合约外，市场参与者投资原油的另一种方式是通过买卖期权合约。期权允

许损失风险有限的投资敞口，并提供类似保险的工具来防止不利的商品价格变动。鉴于数据的可得性，本章没有对期权合约进行分析。

2. 石油期货市场与其他大宗商品市场的关系

图 3-11 展示了石油期货市场每日单价变动与大豆和玉米期货市场价格变动之间的动态相关示意图。样本期限为 2003 年第一季度到 2019 年第四季度。从图 3-11 看出，在金融危机发生前后的 1 年，石油期货市场价格变动与大豆和玉米期货市场价格变动之间的相关程度明显提升，这与金融危机前后世界经济放缓导致大宗商品市场价格之间相关性急剧增加有明显的关系。但是从 2019 年开始石油与大豆之间的相关程度明显下降。

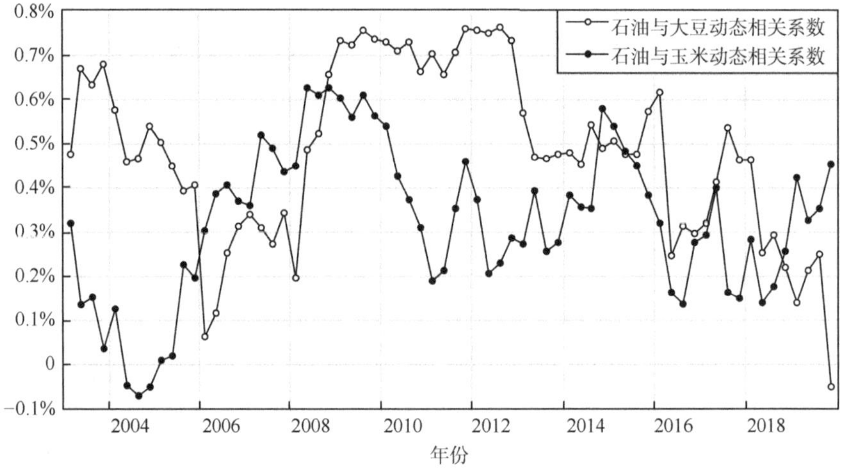

图 3-11　石油期货价格变动与大豆、玉米期货价格动态相关系数示意图

这里需要说明的是，变量之间的相关性与因果关系是不同的。鉴于原油与其他大宗商品市场之间的关系复杂，即使我们观察到大宗商品期货市场彼此之间相关水平在不断变化，也不清楚原油价格变化与其他大宗商品资产类别价格变化之间的具体因果关系。鉴于这些关系及其强度会随时间变化，因此需要更好地了解这些市场之间的联系。

3. 石油期货市场与其他金融市场的关系

其他金融市场主要指股票市场、债券市场与货币市场。石油期货市场与这些金融市场之间的关系在不同的时间段呈现出不同的特征。为了准确地说明上述金融市场之间的关系，对石油期货市场，我们采用原油市场隐含波动率指数（OVX）来测度石油期货市场的波动。芝加哥期权交易所在 2003 年根据股票波动率指数 VIX 推出了 OVX，OVX 不仅包含了历史的波动率信息，还包含了投资者对于未来油价市场波动率的预期，是具有前瞻性的数据，被广泛认为是原油市场不确定的一种度量（Poon and Granger，2003）。下面我们具体分析 OVX、标准普尔 500 指数（S&P）、美债收益率（TREASURY）、美元指数（DXY）之间的关系。

（1）原油市场隐含波动率（OVX）与标准普尔 500 指数（S&P）之间的关系。理论上分析 OVX 与 S&P 应该相互影响且呈现负相关关系（Chandra and Thenmozhi，2015；Chen and Liao，2017）。图 3-12 展示的是 OVX 与 S&P 两变量在 2003 年第一季度到 2019 年第四季度的走势图。从图中看出 OVX 与 S&P 之间呈现负相关关系，计算样本期限内相关系数为–0.76，且负相关程度显著。

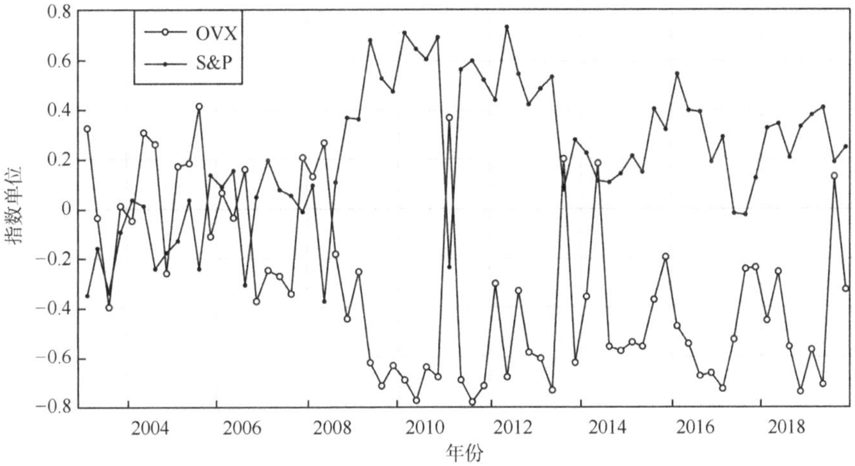

图 3-12　OVX 与 S&P 在样本期限内的走势图

为进一步分析变量 OVX 与 S&P 之间的相互作用关系，采用 VAR 模型下的脉冲响应函数分析两者之间的关系。表 3-7 给出了两变量的 ADF 与 PP 单位根检验结果，检验结果表明两变量均为平稳时间序列。

表 3-7　两变量的标准单位根检验结果

变量名称	检验形式（*C*，*T*，*L*）	ADF 检验统计量	PP 检验统计量	结论
OVX	（*C*，0，0）	–5.339***	–5.497***	平稳
S&P	（*C*，0，0）	–4.2***	–4.062***	平稳

***代表 1%显著性水平

在表 3-7 证明两变量均为平稳变量的基础上，构建两变量的标准 VAR 模型，并设定变量的滞后阶数为 2 阶。图 3-13 与图 3-14 分别描绘了在样本期限内变量 OVX（S&P）对变量 S&P（OVX）变动 1 单位冲击的脉冲响应函数路径。两图给出的冲击路径及标准差是采用 Monte Carlo 方法，模拟 1 000 次后的结果。

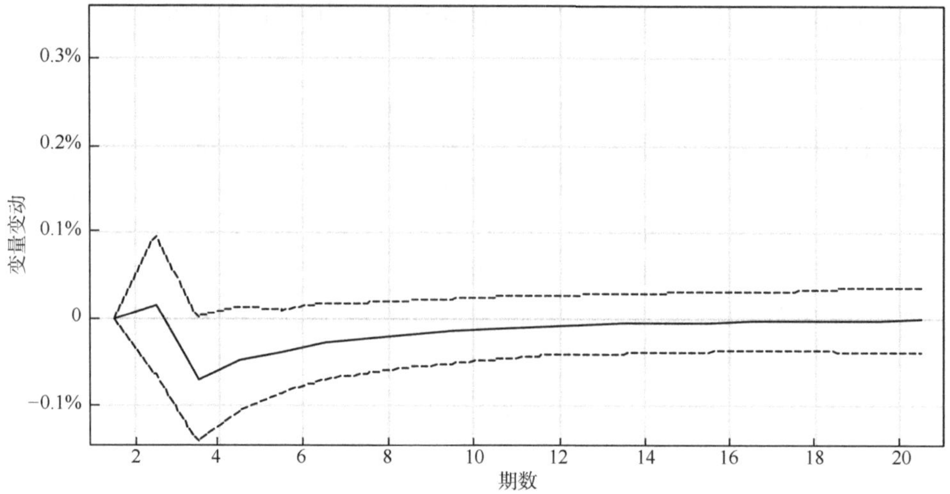

图 3-13　OVX 对 S&P 的脉冲响应路径

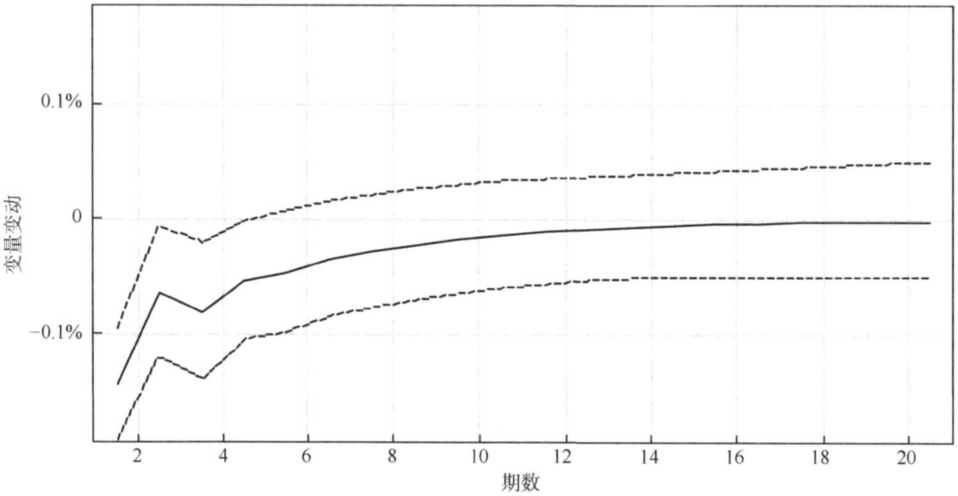

图 3-14　S&P 对 OVX 的脉冲响应路径

图 3-13 展示的是 OVX 对 S&P 的 1 单位新息冲击的脉冲响应路径，从图中显示出 OVX 的冲击响应路径在前两个季度出现轻微上扬，然后开始出现大幅度下降，在滞后第 12 期附近收敛。

图 3-14 报告的是 S&P 对 OVX 的 1 单位新息冲击的脉冲响应路径，从图中显示出 OVX 的响应路径先在前两个季度出现轻微上扬，然后出现大幅度下降，在滞后第 12 期附近收敛。对比两图可以看出，OVX 对 S&P 冲击效果的负向影响明显大于 S&P 对 OVX 冲击的负向影响。也就是，尽管两者走势呈现显著的负相关关

系，但是两变量之间的反向影响程度并不对称，S&P 对 OVX 的变动反应更加敏感。

（2）原油市场隐含波动率（OVX）与美元指数（DXY）之间的关系。一些研究假设倾向支持相对于其他货币的美元与原油价格之间的反向关系，如 Austvik（1987）从需求的视角解释了美元与原油价格的负相关系；Breitenfellner 和 Cuareasma（2008）分析了油价与美元和欧元之间的负向关系。美元与油价之间存在反向关系的主要原因在于传统上油价基准是用美元定价的，美元贬值会降低美国以外的石油的有效价格，从而导致对石油的需求增加，引发油价的上升。图 3-15 展示了 OVX 与 DXY 走势之间的关系，样本期限为 2003 年第一季度到 2019 年第四季度。

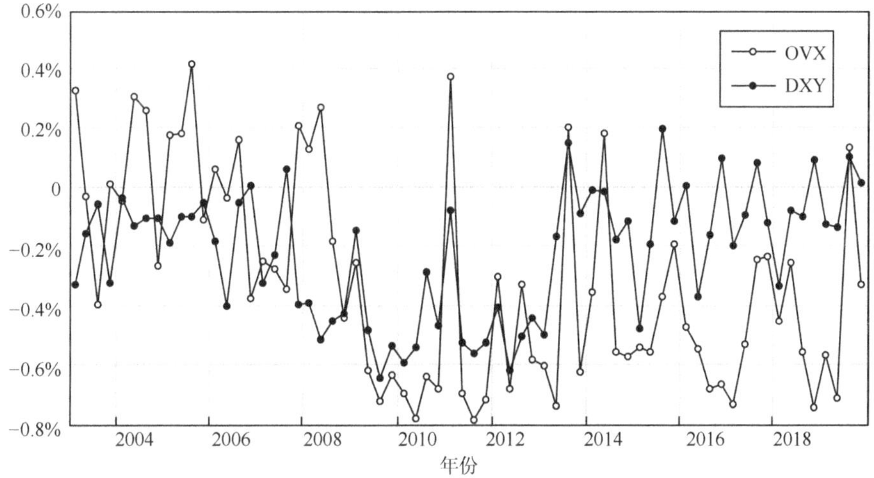

图 3-15　OVX 与 DXY 在样本期限内的走势图

观察图 3-15 看出，在金融危机发生前，即 2003 年第一季度到 2008 年第二季度，OVX 与 DXY 走势呈现的是反向关系，计算在此区间的相关系数是负向的（–0.361），且在 10%的水平上显著，这与前述的研究假设相符。但是在金融危机发生后，即样本期间 2008 年第三季度到 2019 年第四季度，OVX 与 DXY 走势表现出正向关系，在此样本区间段的相关系数为正向（0.475），且在 1%的水平上显著，这不符合前述的研究假设。对 OVX 与 DXY 之间关系呈现的结构性变化的解释，有的学者认为是美国的经济波动导致的——在低失业率阶段，两者呈现正相关关系；在高失业率阶段两者是反向关系（吴丽丽，2015）。

（3）原油市场隐含波动率（OVX）与美债收益率（TREASURY）之间的关系。图 3-16 给出了在 2003 年第一季度到 2019 年第四季度的 OVX 与 TREASURY 两变量时间序列走势图。观察图 3-16 看出，除个别季度（如 2009 年第三季度、

2012 年第四季度、2017 年第一季度等），两者之间走势出现反向变动外，其余时间点均呈现正相关关系，在 1%的显著水平上样本期间内的相关系数为 0.499。说明 OVX 与 TREASURY 是正相关关系。

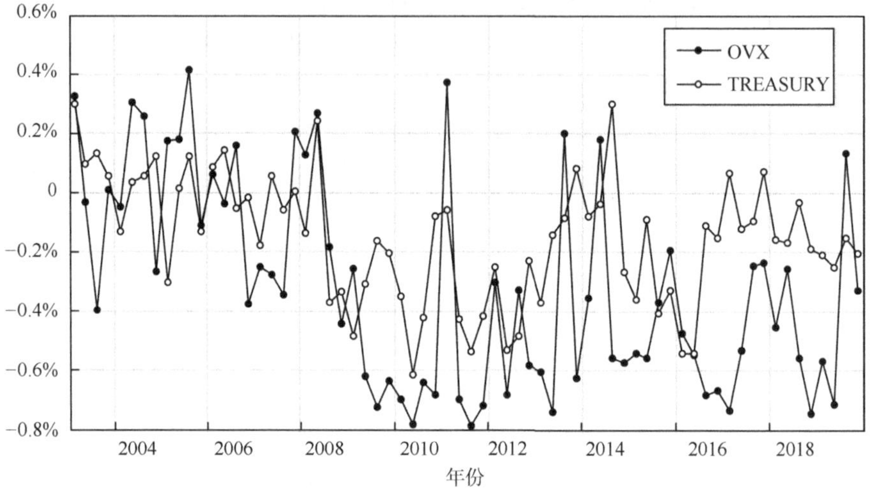

图 3-16 OVX 与 TREASURY 在样本期限内的走势图

对上述两变量正向关系的解释是：随着经济状况的不断改善，政府债券的利率将趋于上升；经济的好转促使原油消费需求增加，导致原油价格不断提升，因而 OVX 与 TREASURY 变动方向相同，反之亦然。由于债券价格和利率向相反方向移动，美国国债价格和原油价格也往往朝相反方向移动。此外，债券，尤其是美国国债，通常被认为是无风险的投资，由于投资者担心股票或大宗商品等高风险资产的未来回报，当股票价格或者大宗商品价格较高时，投资者倾向于增加投资组合中债券的分配，因而原油价格与国债价格呈现反方向变动。

采用 VAR 模型下的脉冲响应函数进一步分析 OVX 与 TREASURY 之间的相互作用关系，表 3-8 报告的是这两变量的 ADF 与 PP 单位根检验结果，检验结果表明 OVX 与 TREASURY 均为平稳时间序列。

表 3-8 两变量的标准单位根检验结果

变量名称	检验形式（*C*，*T*，*L*）	ADF 检验统计量	PP 检验统计量	结论
OVX	（*C*，0，0）	−5.339***	−5.497***	平稳
TREASURY	（*C*，0，0）	−5.018***	−4.933***	平稳

***代表 1%显著性水平

由于 OVX 与 TREASURY 均为平稳时间序列，构建两变量的标准 VAR 模型，并设定滞后阶数为 2 阶。图 3-17 与图 3-18 分别描绘了在样本期限内变量 OVX（TREASURY）对变量 TREASURY（OVX）变动 1 单位冲击的脉冲响应函数路径。

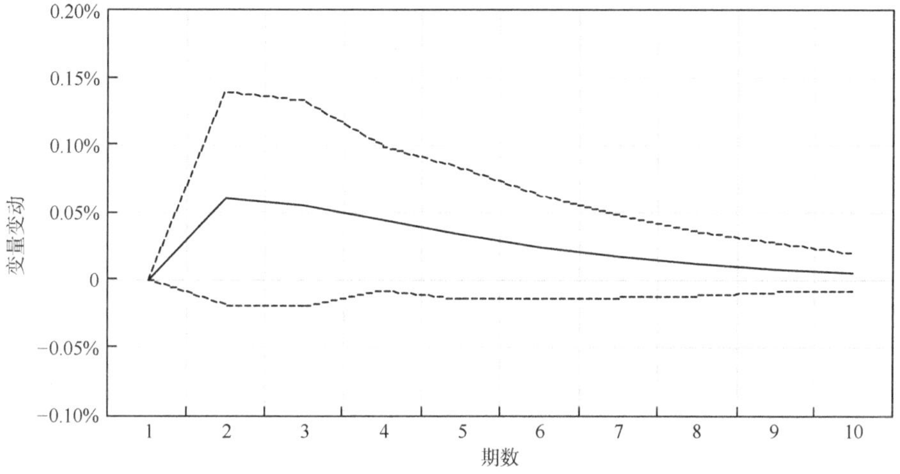

图 3-17　OVX 对 TREASURY 的脉冲响应路径

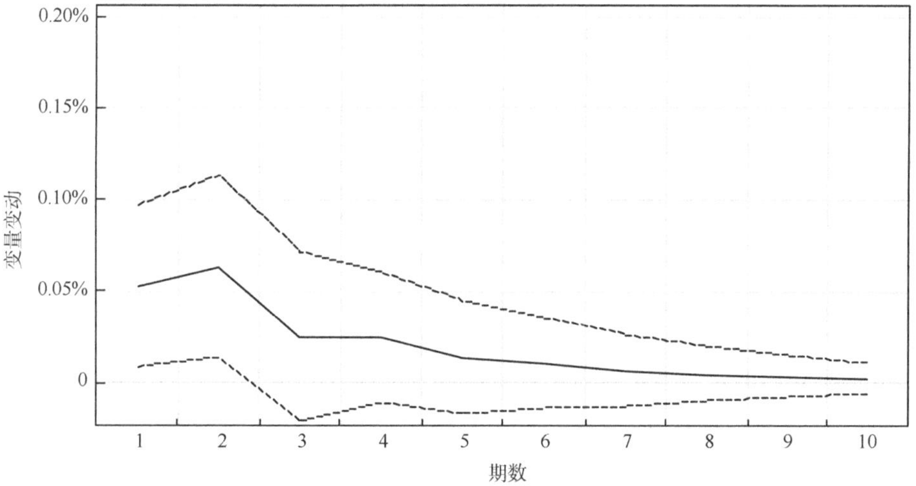

图 3-18　TREASURY 对 OVX 的脉冲响应路径

图 3-17 展示的是 OVX 对 TREASURY 的 1 单位新息冲击的脉冲响应路径，图中显示出 OVX 的响应路径在前两个季度出现快速上扬走势，在第三季度出现缓慢下降，在滞后第 10 期附近缓慢收敛到水平值零附近。

图 3-18 展示的是 TREASURY 对 OVX 的 1 单位新息冲击的脉冲响应路径，在初期就表现为程度较高的正向冲击，出现小幅上扬后便出现缓慢的下降趋势，

其响应路径在滞后第 8 期左右缓慢收敛到水平线的位置。对比两图发现尽管两变量在冲击响应程度上接近，但是 OVX 对 TREASURY 的冲击作用在初期就明显地展现出来，之后其作用呈现下降趋势；而 TREASURY 1 单位变动对 OVX 的冲击作用在初期不敏感，滞后 1 期后其作用程度达到峰值，之后出现缓慢下降趋势，最后收敛到水平值零附近。

3.4 主要结论与政策启示

本章通过构建驱动原油价格变动因素的基本分析框架，根据对样本数据的实证分析，从长期均衡价格和短期现货价格两个维度分析了影响原油价格走势的主要因素，得出以下结论。

第一，影响原油均衡价格的长期因素，从原油市场供给侧来看，主要是 OPEC 组织原油产量及其库存的变化，作为原油市场上的价格接受者的非 OPEC 国家并不能通过控制产量来影响市场，OPEC 与非 OPEC 的相互竞争经常导致油价处于低位，天然气等液体燃料的大量供应会在一定程度上缓解油价的上涨；从原油市场需求侧来看，2000 年之前，石油消费主要由 OECD 国家经济发展驱动，2000 年后，主要由非 OECD 国家经济发展来决定。从世界经济总体上看，全球 GDP 的增长导致了对原油需求的增长，未来的石油消费净增加量主要取决于非 OECD 国家的经济发展。

第二，决定原油短期现货价格的因素主要是原油库存，其在短期价格波动中扮演重要角色，跟石油库存与石油期货合约价差大小成正比；另外，石油期货市场的未平仓合约数量及石油期货市场与其他大宗商品市场之间的关系在短期内都影响油价的走势。

鉴于上述给出的主要结论，本章提出的政策建议如下。

首先，对国际油价走势长期趋势的判断应主要从石油需求侧的角度进行分析，依据世界经济的发展，重点关注非 OECD 国家的发展来对未来油价走势做出判断；对于石油供给侧，要关注 OPEC 组织左右石油市场的能力。

其次，要充分重视石油市场短期的价格波动，短期剧烈的油价波动往往会对油价的长期走势产生影响，实时跟踪和准确研判原油库存的变动及石油期货市场的波动对于及时发现石油市场价格变动，规避石油市场风险具有重要的现实意义。

第4章　国际大宗商品价格波动对中国通货膨胀的影响分析

本章主要从两个方面探究国际大宗商品价格波动对我国通货膨胀的影响。本章的第一部分主要分析国际油价冲击对我国 CPI 及分类 CPI 的影响，主要利用无约束 VAR 模型、协整与格兰杰因果关系检验，实证分析外在油价冲击对我国分类 CPI 的影响效果。主要实证研究发现：对我国能源密集型 CPI，国际油价冲击具有显著的正向影响作用。这表明在面对油价冲击时，总体 CPI 变动实质上是由与能源密切相关的商品价格变动引起的。如果能源类商品价格对需求变动弹性很小，国际油价的非预期正向变化会引致对非能源商品需求预算支出的减少，进而对整个社会消费支出结构产生一定影响，本章在此分析的基础上提出了相应的政策建议。

本章的第二部分主要分析国际大宗商品价格波动对我国宏观经济的影响及作用机制。本章选取国家发展和改革委员会（简称国家发改委）公布的国际商品价格中的农产品类与生产资料类的现货价格指数，利用非线性 ST-SVAR 模型和广义脉冲响应函数分析国际大宗商品价格变动与我国 PPI 与 CPI 的相互关系。实证结果表明：①三个变量之间存在明显的非线性特征；②国际大宗商品价格变动对我国 PPI 与 CPI 产生较为显著的正向影响；③我国 PPI 对 CPI 不仅存在成本推动型影响而且还存在从 CPI 到 PPI 的反向倒逼机制作用。

4.1　国际油价冲击对中国 CPI 及分类 CPI 的影响分析

自 2008 年国际金融危机以来，全球经济结构处于深度调整过程中。世界经济复苏缓慢曲折、国际市场需求疲软、美元汇率升值等因素，导致国际原油等大宗商品价格呈持续下行趋势，同时国际贸易与投资波动加强，这些外在因素对我国经济运行和物价的稳定带来了较大冲击。

大量的文献研究表明，国际油价的剧烈波动对石油净进口国经济的平稳运行会产生不利的影响。根据我国工业和信息化部公布的数据，到 2014 年底，我国石油对外依存度已达到 60%。在石油进口大部分采用现货交易的情况下，油价的大幅度波动势必会对我国的 CPI 等宏观经济变量产生较强的影响。近年来，我国 CPI 结构性变化趋势明显。由于构成 CPI 的不同分类物价指数所代表的商品价格弹性及商品能源密集型程度不同，在面对外在油价冲击时其价格指数变动会有不同的反应。

那么国际油价变动能否显著地影响我国 CPI，它又会对构成我国 CPI 的各分类价格指数产生怎样的影响？对这些问题的研究与解答，其重要意义体现在两个方面：一是在面对外在油价冲击时，消费者在消费能源密集型和非能源密集型商品与服务时，由于其商品价格弹性不同会产生异质性的消费反应，这种异质性反应对调控物价变动的经济政策制定具有借鉴意义。二是目前国内很少有学者利用 CPI 的分类数据研究油价冲击对消费物价变动的影响。本章尝试利用分类 CPI 来检验外在油价冲击对我国 CPI 组成部分的影响，其学术意义是对有关外在油价冲击对我国物价水平影响的研究文献的边际意义上的补充。

4.1.1 中国 CPI 及分类 CPI 与国际油价变化的趋势分析

自 2011 年 2 月 Brent 原油价格达到每桶 103 美元之后，油价一直在每桶 100~120 美元做窄幅波动。但是从 2014 年 10 月开始，油价出现大幅度下跌，至 2015 年 1 月初 Brent 油价下跌到每桶 50 美元，跌幅达 50%以上。与国际油价走低相呼应的是我国 CPI 也步入下降通道，如图 4-1 所示。

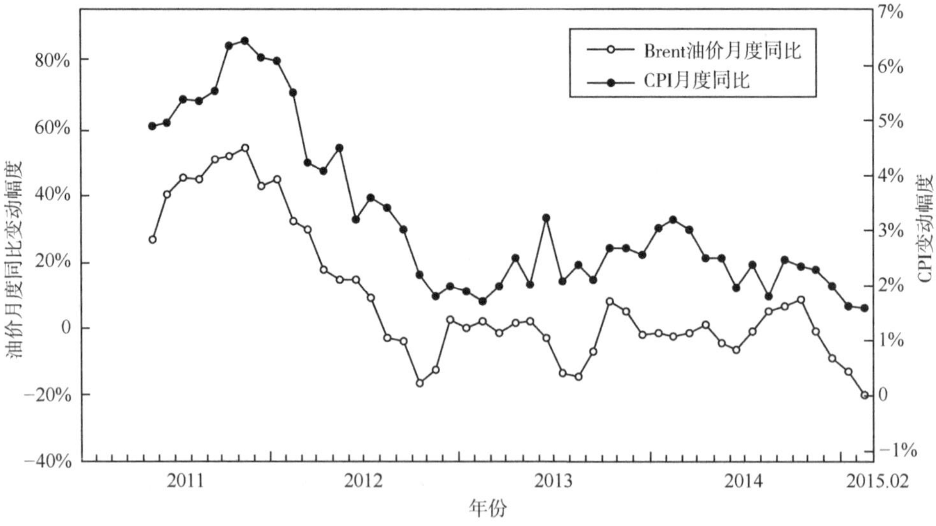

图 4-1 国际油价变动与我国 CPI 变动走势图

图 4-1 给出了 2011 年 1 月至 2015 年 2 月 Brent 国际油价与我国 CPI 月度同比变动走势图，图中左侧坐标代表油价的月度同比变动幅度，右侧坐标代表 CPI 的变动幅度。从图 4-1 中我们可以清楚地看到，自 2011 年 1 月到 2011 年 11 月，两者月度同比变动都呈现上升的走势，到达顶点后出现较大幅度快速下跌，在 2012 年 10 月达到谷底后出现小幅度反弹，之后基本窄幅震荡直到 2014 年 9 月后两者又同时出现向下的拐点。从图 4-1 可以看出我国 CPI 变化趋势与国际油价变动率走势有相似之处。

图 4-2 给出了我国 CPI 与食品、交通通信及服务两种分类 CPI 之间的走势图，图 4-2 中左侧坐标代表 CPI 和交通通信及服务价格指数的月度同比变动幅度，右侧坐标代表食品价格指数的变动幅度。从图 4-2 中可以看出三者的走势趋势基本一致，食品价格指数变动路径与 CPI 指数走势相似度更高。这说明国际油价的走势不仅影响我国的 CPI，而且还可能对构成 CPI 中食品价格指数和交通通信及服务价格指数等分类 CPI 产生影响。

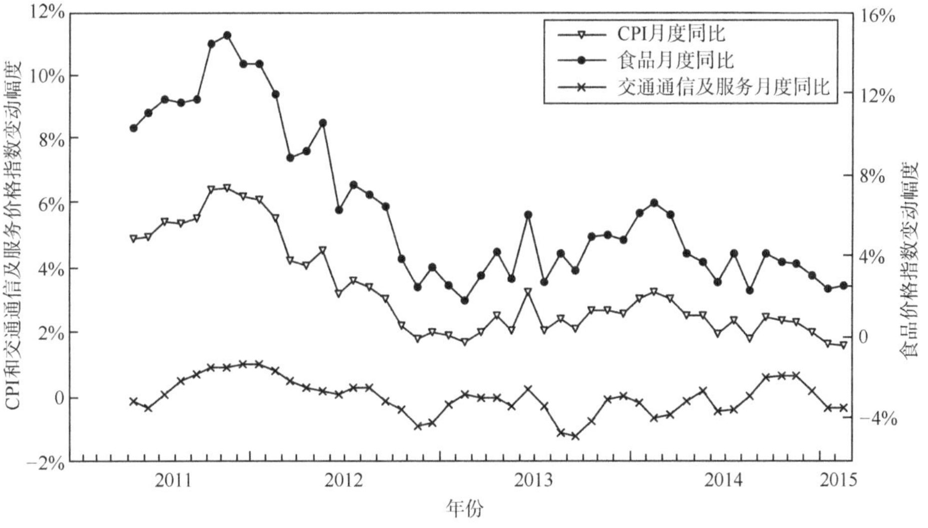

图 4-2　CPI 变动与食品、交通通信及服务价格指数变动走势图

4.1.2　国际油价冲击对中国 CPI 及分类 CPI 影响的实证分析

1. 样本数据来源与处理

本章选取 Brent 石油月度现货价格作为国际油价的代表，数据来源于美国能源信息管理局。为了较全面、具体地反映我国居民消费商品的价格受到国际油价冲击的影响程度，我们选取我国 CPI 及构成 CPI 的 8 个分类 CPI（食品、居住、

衣着、医疗保健、交通和通信、烟酒、娱乐教育、家庭设备用品）具体反映居民所购买的消费商品和服务价格水平的变动。CPI 及分类 CPI 数据来源于 Wind 数据库。上述价格指数和增长率数据均为月度同比数据，全部变量均以百分数为单位。

由于我国经济社会发展和城乡居民消费结构发生变化，为保障 CPI 计算的科学性和准确性，国家统计局对 CPI 调查方案进行了例行调整，从 2011 年 1 月起，我国 CPI 计算是以 2010 年为对比基期的价格指数序列。因此，本章的时间跨度为 2011 年 1 月至 2015 年 2 月。

2. 平稳性检验

为了测度油价冲击对 CPI 各项成分指数的动态影响，我们运用结构冲击响应函数进行分析。采用一个递归的、可识别的二元向量自回归模型来分析实际油价的变化和第 j 个 CPI 成分指数的变化。VAR 模型要求变量必须是平稳序列，因此必须先对变量作平稳性检验。为了得到稳健的检验结果，采用 ADF 与 PP 检验法对上述变量水平值进行单位根检验。检验结果表明衣着价格指数水平值是平稳序列，其余变量水平值均是非平稳序列。对这些变量 1 阶差分后再进行单位根检验，检验结果如表 4-1 所示。

表 4-1　国际油价与我国 CPI 各分类指数月度同比增长率 1 阶差分后的平稳性检验

变量	ADF	PP	5%临界值	结果
油价	–5.369 3**	–5.532 6**	–1.978	平稳
CPI	–8.854 6**	–8.648 6**	–1.947 8	平稳
食品	–9.465 4**	–9.277 7**	–1.947 8	平稳
交通和通信	–5.766 0**	–4.631 9**	–1.947 8	平稳
居住	–4.289 3**	–4.401 2**	–1.947 8	平稳
医疗保健	–5.318 2**	–5.419 9**	–1.947 8	平稳
娱乐教育	–8.775 3**	–8.777 1**	–1.948 6	平稳
家庭设备用品	–5.699 5**	–5.004 9**	–1.947 8	平稳
烟酒	–3.152 5**	–2.954 6**	–1.947 8	平稳

**代表 5%显著性水平拒绝原假设

表 4-1 表明，所有 1 阶差分后的变量无论采用 ADF 检验或是 PP 检验，其实际检验值都小于 5%显著水平的临界值，即变量均为 $I(1)$ 序列。

3. 油价与 CPI 及各分类 CPI 的协整关系检验

接下来我们对国际油价与 CPI 及各分类 CPI 之间分别做协整关系检验。由于

CPI 中衣着价格指数序列不是 $I(1)$ 序列，故不采纳。由于其他变量均是 $I(1)$ 序列，采用 Johansen 协整检验方法来检验各个变量之间的协整关系。检验结果如表 4-2 所示。

表 4-2　国际油价变动与 CPI 及各分类 CPI 的协整关系检验

检验变量	原假设	特征值	迹统计量	5%临界值	最大特征值统计量	5%临界值
油价与 CPI	没有协整关系	0.144 1	8.640 8	15.494 7	7.469 5	14.264 6
	最多一个协整关系	0.024 1	1.171 2	3.841 5	1.171 2	3.841 5
油价与食品价格	没有协整关系	0.138 7	8.342 3	15.494 7	7.166 4	14.264 6
	最多一个协整关系	0.024 2	1.175 8	3.841 5	1.175 8	3.841 5
油价与交通和通信价格	没有协整关系	0.311 6	18.251 0**	15.494 7	17.923 1**	14.264 6
	最多一个协整关系	0.006 8	0.327 9	3.841 5	0.327 9	3.841 5
油价与医疗保健价格	没有协整关系	0.056 5	4.271 8	15.494 7	2.789 4	14.264 6
	最多一个协整关系	0.030 4	1.482 4	3.841 5	1.482 4	3.841 5
油价与娱乐教育价格	没有协整关系	0.109 3	6.721 8	15.494 7	5.555 3	15.494 7
	最多一个协整关系	0.024 0	1.166 5	3.841 5	1.166 5	3.841 5
油价与家庭设备用品价格	没有协整关系	0.274 9	16.740 4**	15.494 7	15.433 3**	14.264 6
	最多一个协整关系	0.026 9	1.307 1	3.841 5	1.307 1	3.841 5
油价与烟酒价格	没有协整关系	0.287 1	16.359 6**	15.494 7	16.242 7**	14.264 6
	最多一个协整关系	0.002 4	0.116 9	3.841 5	0.116 9	3.841 5
油价与居住价格	没有协整关系	0.143 3	11.951 0	15.494 7	7.426 2	14.264 6
	最多一个协整关系	0.089 9	4.524 7	3.841 5	4.524 7	3.841 5

**代表 5%显著性水平拒绝原假设

表 4-2 检验结果表明，在 5%显著水平下，油价变动与交通和通信、家庭设备用品和烟酒价格指数存在协整关系，这表明油价变动与上述变量在长期趋势上有稳定的均衡关系。油价变动与 CPI、食品、医疗保健、居住、娱乐教育不存在协整关系，说明油价在长期趋势上与这些变量不存在稳定的均衡关系。

4. 油价与 CPI 及各分类 CPI 的因果关系检验

在检验了油价与我国 CPI 及分类 CPI 之间的协整关系后，我们采用格兰杰因果关系检验来进一步判断油价与存在协整关系的变量之间的统计上的因果关系。检验结果如表 4-3 所示。

表 4-3 格兰杰因果关系检验

原假设	F统计量	概率
油价非格兰杰影响交通和通信价格	23.207 8	$1\times10^{7***}$
交通和通信价格非格兰杰影响油价	4.079 3	$0.023\ 9^{**}$
油价非格兰杰影响家庭设备用品价格	5.388 4	$0.008\ 2^{***}$
家庭设备用品价格非格兰杰影响油价	0.362 2	0.394 8
油价非格兰杰影响烟酒价格	8.380 3	$0.000\ 8^{***}$
烟酒价格非格兰杰影响油价	0.096 37	0.908 3

***，**分别代表 1%，5%显著性水平拒绝原假设

表 4-3 的检验结果表明，在 5%的显著水平下，在滞后 2 期的情况下，国际油价波动对我国交通和通信、家庭设备用品及烟酒价格指数均存在显著的格兰杰因果关系，同时国际油价与我国交通和通信价格指数在 5%的显著性水平上存在显著的双向格兰杰因果关系。

5. 油价冲击对 CPI 及各分类 CPI 的影响

为了进一步描述油价与 CPI 及各分类 CPI 之间对不同冲击的动态响应路径，我们通过建立简化的 VAR 模型来分别研究油价对各分类 CPI 冲击的响应情况。由于只有平稳序列才能采用 VAR 模型，因此，本章采用一阶差分后的序列构建 VAR 模型。冲击响应函数描述了结构式冲击的单位变化对内生变量的动态影响过程，或者内生变量对结构式冲击 1 个标准差变化所产生的当期或者滞后反应。在估计经济冲击反应函数时，我们假设冲击发生的顺序是油价对各分类 CPI，如此冲击发生顺序表明了国际油价波动对国内 CPI 及其分类的基本响应过程。

根据 Sims 的修正似然比检验，本章选择了滞后 2 阶的 VAR 设定。在图 4-3 的冲击响应函数图形中，横轴表示冲击发生的时间间隔，选取的冲击响应函数的滞后期数为 10 个月；纵轴表示变量变动的百分点，虚线表示 1 倍标准差的置信范围。图 4-3 与图 4-4 分别给出与油价存在协整关系的交通和通信、家庭设备用品 CPI 对国际油价变动冲击响应结果。图 4-5 与图 4-6 给出了与油价不存在协整关系的 CPI 和食品 CPI 对国际油价变动冲击响应结果。

在图 4-3 中，当出现 1 个百分点的国际正向油价变动冲击后，交通和通信 CPI 在滞后前 2 个月出现了明显的正向扩张反应，其扩张作用在第 2 个月时达到最大峰度，导致该价格指数提高 0.23 个百分点，之后出现快速下降，在滞后第 6 个月之后其扩张作用基本收敛于水平位置。这意味着国际油价的冲击对交通和通信这种能源密集型价格指数变动具有较强的即时影响。

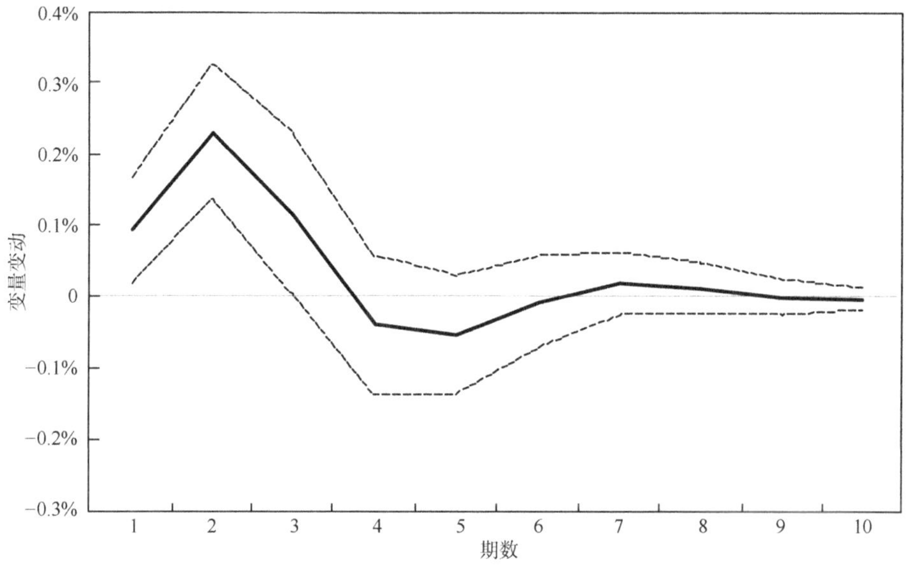

图 4-3　油价冲击对交通和通信 CPI 的响应路径

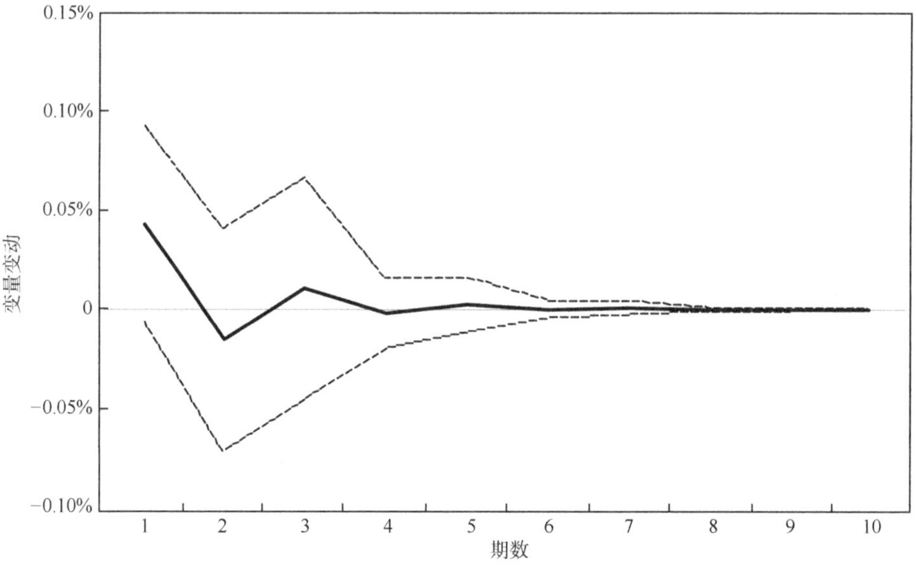

图 4-4　油价冲击对家庭设备用品 CPI 的响应路径

在图 4-4 中，当出现 1 个百分点的国际油价变动冲击后，家庭设备用品指数在滞后的第 1 个月内出现正向扩张作用并在一开始就达到最大程度，使其指数提高 0.043 个百分点，之后便快速向下。到第 3 个月末扩张作用收敛到水平位置。

由于家庭设备用品是非能源密集型且价格弹性低的商品，尽管从样本数据看国际油价与该价格指数存在长期协整关系，但是油价冲击对其影响微弱。与之相类似的是，油价冲击对我国烟酒价格指数的影响也是效微力乏，限于篇幅，这里不再赘述。

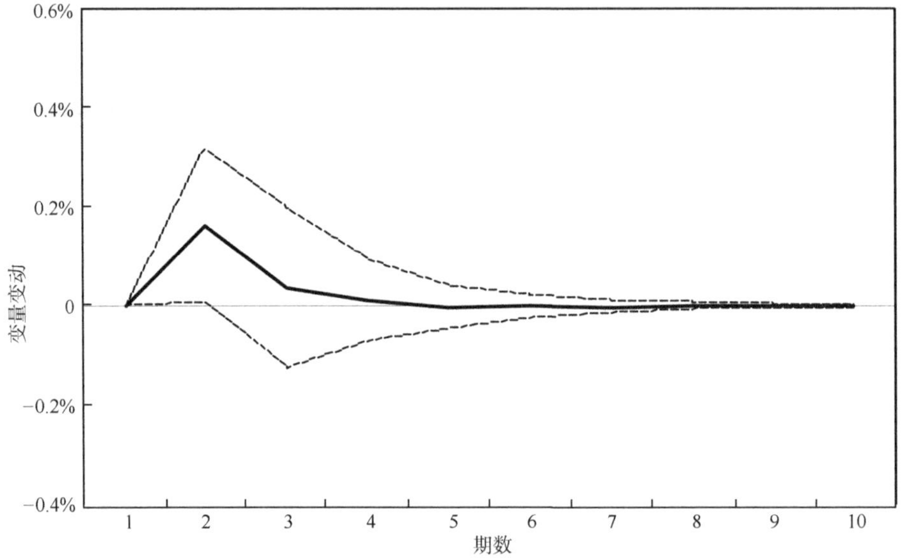

图 4-5　油价冲击对我国 CPI 影响的响应路径

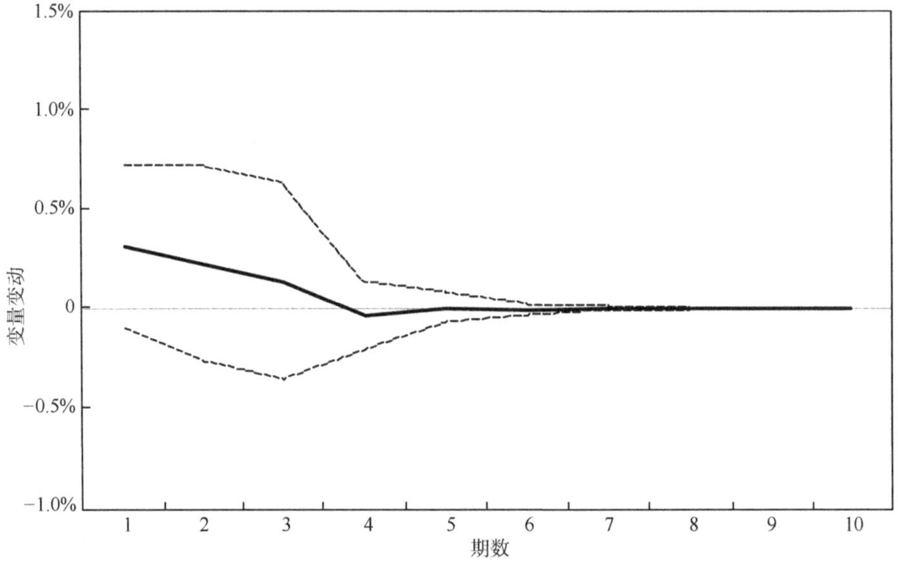

图 4-6　油价对我国食品 CPI 的响应路径

图 4-5 刻画了当出现 1 个百分点的国际油价变动冲击后，我国 CPI 指数在滞后的前 2 个月出现了较为明显的扩张反应，其扩张作用在第 2 个月时就达到最大程度，导致 CPI 变动率提高 0.16 个百分点。到第 4 个月末扩张作用收敛到水平位置。这说明虽然我国 CPI 变动与国际油价之间不存在协整关系，但是外部油价冲击对我国物价水平还是具有较强影响作用的。

图 4-6 的脉冲响应路径刻画的是外在油价冲击对我国食品 CPI 的影响。与对我国 CPI 影响不同的是，油价冲击作用对食品 CPI 的影响是即时且呈现单调递减的。当出现 1 个百分点的油价冲击后，食品 CPI 在滞后第 1 个月就出现明显扩张反应且达到最高点，这使其变动率提高 0.32 个百分点。之后，冲击引起的扩张作用逐渐消失。这表明油价冲击对我国食品类价格短期的影响不容忽视。

4.1.3　基本结论与政策启示

通过国际油价波动与我国 CPI 及分类 CPI 之间的关系的实证分析，得出的基本结论和政策建议如下。

1. 基本结论

第一，油价变动与交通和通信、家庭设备用品及烟酒 CPI 存在显著的协整关系，而与总体 CPI、食品、医疗保健、娱乐教育 CPI 不存在协整关系。

第二，油价冲击对家庭设备用品和烟酒 CPI 有显著的格兰杰单向影响关系，同时与交通和通信 CPI 存在显著的双向因果关系。

第三，价格弹性、与能源密切程度不同的商品，在面对油价冲击时，脉冲响应函数具有不同的反应路径。与能源密切程度高且价格弹性低的交通和通信类商品价格对油价冲击反应剧烈，而与能源密切程度较低且价格弹性高的家庭设备用品及烟酒等对油价冲击的反应较前者温和得多。

2. 政策启示

首先，在面对油价显著冲击时，政府应关注和适度调控与能源密切相关商品的价格指数的变化。外在油价变动尽管与我国总体 CPI 的走势不存在协整关系，但实证结果表明，油价冲击对其影响不容忽视。其影响主要来源于与能源消费相关程度高的交通和通信类 CPI 的变动及食品 CPI 对油价冲击的即时响应。例如，当面对国际油价大幅度上升的正向冲击时，政府应通过减税等政策抑制汽油、柴油等价格的过快上涨；当面对油价较大的负向冲击时，政府可以采用适当加税的措施避免汽油、柴油价格的过快降低对经济造成的不利影响。当前我国经济下行运行压力较大，以油价为首的大宗商品价格的急剧下降易引发对通货紧缩预期的担忧。

其次，积极分析研究国际油价变动的特征与规律，加强对油价的观察与预测。鉴于我国石油消费较高的对外依存度，以及在国际石油定价中发言权的缺失，在面对油价波动时，我们应通过对油价走势的趋势和波动规律认识，合理地做出预测，采取多种措施降低油价的大幅波动对 CPI 造成的冲击。例如，当油价较低时，增加对石油的进口幅度，完善石油战略储备制度，尽快壮大和完善我国的石油期货市场，通过远期合约规避油价波动的风险，更好地改善我国在石油定价方面的发言权。

最后，加强对国际油价波动传导路径与传导机制的研究。在我国经济发展面临结构优化升级的新常态下，尽管单位国民生产总值能耗不断下降，第二产业实际产出对油价的冲击反应减弱，但是从成本传导的角度看，油价波动会对公共运输、机械、施工车辆等用油成本产生直接影响，进而影响工业与制造业行业生产成本。同时由于油气联动的作用，油价波动会影响到天然气行业，继而对石油行业下游企业产生影响。较长时期油价持续的上升与下跌会改变投资者对油价的预期，进而会对相关领域的投资产生较大的影响。因此，加强对油价波动传导机制与传导路径的研究有利于对油价冲击引发的 CPI 变动的预期，进而采取政策来稳定消费需求，使其有利于国民经济的平稳运行。

4.2　国际大宗商品价格波动对中国物价水平非线性影响研究

在过去十年里，伴随着经济高速增长，以高投资率为特征的工业化和城镇化进程使得我国对国际大宗商品需求增长迅猛，多年来我国一直是国际大宗商品市场最重要的买家。我国消费了全球 50%的金属、22%的主要农作物和近 20%的不可再生能源[①]，国际大宗商品价格波动势必对我国实体经济运行产生重要影响。当前我国正处于经济发展模式转换期和经济增速换挡期，经济下行压力较大。我国经济“新常态”的出现和延续使得我国对大宗商品需求模式发生改变，最有可能受到影响的是钢、铁矿石和煤炭，以及与建筑和基础设施相关联的原材料，这些被称为“周期早期”的大宗商品价格出现了下行趋势。

但是 2016 年以来，由于我国主动适应经济发展新常态，在适度扩大总需求的同时，着力推进供给侧结构性改革，一季度 GDP 增速等主要经济指标符合预期目标。2016 年 4 月，我国工业增加值同比增长 6.3%，全国制造业 PMI（purchasing managers’ index，采购经理指数）回落至 50.1，尽管需求、生产、库存均出现回落，

① 参见国家统计局网站与海关总署网站。

但是 PMI 购进价格指数创出近 5 年的新高，达到 57.6。4 月主要大宗商品，煤、钢、油等价格均出现大幅上涨，进而进一步推升我国 CPI 同比增长 2.4%。

从全球经济范围看，尽管目前美国经济复苏势头良好，但总体上世界经济增长乏力，经济失衡加剧，处于深度结构调整中，复杂因素的叠加导致了世界对大宗商品需求的降低。我国虽然是大宗商品的进口大国，但在国际市场上缺乏定价权，国内大宗商品的价格走势只能被动地承接国际大宗商品价格变动的影响，跌宕起伏的大宗商品价格势必对我国物价水平产生影响。当前我国经济增长正从单一因素的强力拉动转变为多种因素的协同拉动，通过去产能、去库存、去杠杆进行经济结构调整。因此，研究国际大宗商品价格波动对我国 PPI 与 CPI 的影响十分重要。

4.2.1　国际大宗商品价格波动对中国物价影响及其传导路径分析

第一，国际大宗商品期货或现货价格的变动直接传导到国内大宗商品的期货或现货市场进而直接影响到 CPI。广义上的大宗商品包括三个类别，即能源产品、基础原材料和大宗农产品。由于大宗商品在商品特性上的差异性，其对我国 PPI、CPI 传导渠道也不同。部分农产品和能源类大宗商品具有最终消费品的特性，其价格的变动会直接带动国内消费品价格的波动。由于食品在我国 CPI 指数构成中占有的比例较大，农产品中食品类大宗商品价格的波动会直接对我国 CPI 产生较大的影响。

第二，国际大宗商品价格波动传导路径先影响到我国 PPI 再溢出到 CPI。大部分能源、金属类大宗商品作为工业原材料处于产业链的上游。这些商品在我国对外贸易结构中对外依存度高，国际大宗商品价格的波动会沿着生产链这条路径进行传导。如果传导过程顺利，会导致我国上游原材料价格的波动，进而影响到国内工业制成品价格 PPI 的波动，最终影响到 CPI。

第三，传导路径是间接途径，即国际大宗商品价格波动间接地对国内商品价格产生影响。这条途径主要在三个方面得到体现：一是价格预期作用，当国际大宗商品价格出现持续上涨或者下跌后，人们预期这种价格趋势会持续下去，在短期内出现拐点的概率很低，预期一旦形成，企业的套期保值行为会不断地强化这种价格趋势的持续期限；二是价格联动机制作用，国际大宗商品市场价格的波动会通过均值溢出效应和波动溢出效应直接影响国内大宗商品市场的价格波动；三是价格的扩散机制，大宗商品价格的波动会扩散到其他部门，引起社会相关部门产品价格的变动，从而间接地影响我国的 PPI 与 CPI 的变动。

上述三条传导途径，都在不同程度上说明国际大宗商品价格波动对国内物价影响机制的复杂性和非线性。基于以上传导路径，国内学者开始注重研究大宗商品价格波动与通货膨胀之间的关系。研究主要集中在两个方向：一是大宗商品价格波动是否对通货膨胀产生影响；二是大宗商品价格能否作为通货膨胀的先行指标。卢锋等（2009）、陈玉财（2011）、曹国华等（2015）认为国际大宗商品价格的上涨导致成本上升进而引起国内通货膨胀；张天顶（2013）认为国际大宗商品价格对我国 PPI、CPI 具有显著的统计影响关系；肖争艳等（2009）认为大宗商品价格可作为 PPI、CPI 的领先指标；吴崇宇和周建涛（2014）对大宗商品价格传导的路径特征和结构特点进行了分析。

上述文献加深了对国际大宗商品价格波动与我国物价之间关系的认识，但仍有些方面需要完善。多数文献在线性框架下，结合传统的线性 VAR 模型分析大宗商品价格波动对我国物价水平的影响，较少考虑大宗商品波动对我国 PPI、CPI 作用关系的非线性特征。由于国际大宗商品价格波动对我国物价指数的动态冲击必然会引起国内相应宏观政策的反应，国际因素与国内因素相互交织作用在一起，加之国际大宗商品价格波动对国内物价影响传导路径的复杂性，使得传统的线性模型不能较好地反映大宗商品价格波动对国内物价的影响。鉴于此，本章尝试研究以下三个问题：①在一定时间区间内国际大宗商品价格与我国 PPI、CPI 之间是否存在非线性影响及影响程度如何？②大宗商品价格与我国 PPI、CPI 三者之间的非线性影响是否存在显著的非对称性变化；③随着市场供需条件的变化，大宗商品价格、PPI 与 CPI 传导机制在不同时期如何动态演变。本章将在 Weise（1999）提出的平滑迁移向量自回归模型的基础上，构造 ST-SVAR 识别非线性动态关系。从非线性的研究视角对三者之间的作用关系展开深入研究，由此得出具有启发意义的结论。

4.2.2 变量选取与非线性 ST-SVAR 模型的构建

1. 大宗商品价格指数的引入与变量选取

目前研究采用较多的大宗商品价格指数有 CRB 指数、高盛商品指数、罗杰斯国际商品指数等。考虑到我国大宗商品进口贸易大国的地位及进口贸易的现实状况，且采用现货价格指数在准确性上要好于期货价格指数。基于上述原因，本章选取国家发改委价格监测中心编制的国际市场商品价格指数的现货价格指数——中价国际 A 指数。

CPI 和 PPI 的数据均为月频同比数据，数据来源于 Wind 数据库，并对其进行了调整。选取 2005 年 1 月至 2015 年 1 月的月度数据作为样本区间。国家发改委公布的中价国际 A 指数是以 2002 年为基期的定基月度指数，本章对相应数据利用 X-12 方法进行季节调整并换算成月度同比数据后进行了相应处理。

2. ST-SVAR 模型的构建

为准确刻画国际大宗商品价格波动与我国 PPI、CPI 之间的关系，首先构造 k 阶三元 VAR 模型，由于 VAR 模型没有考虑三个变量之间的当期影响，为此将 VAR 模型扩展为结构 VAR 模型（SVAR）。在 SVAR 模型中，设定 CPI 月度指数受当期 PPI 与大宗商品价格指数的影响，而 PPI 与大宗商品价格指数不受其他变量当期值的影响。为进一步反应三者之间的非线性关系，在 SVAR 模型的基础上构建 ST-SVAR 模型，模型如下所示：

$$\begin{aligned}\mathrm{ZJN}_t=&(\alpha_0+\sum_{i=1}^{k}\alpha_{1i}\mathrm{ZJN}_{t-i}+\sum_{i=1}^{k}\alpha_{2i}\mathrm{PPI}_{t-i}+\sum_{i=1}^{k}\alpha_{3i}\mathrm{CPI}_{t-i})[1-F(s_{1t-l};\gamma_1,c_1)]\\&+(\alpha_0^*+\sum_{i=1}^{k}\alpha_{1i}^*\mathrm{ZJN}_{t-i}+\sum_{i=1}^{k}\alpha_{2i}^*\mathrm{PPI}_{t-i}+\sum_{i=1}^{k}\alpha_{3i}^*\mathrm{CPI}_{t-i})F(s_{1t-l};\gamma_1,c_1)+\mu_{1t}\end{aligned}\tag{4-1}$$

$$\begin{aligned}\mathrm{PPI}_t=&(\beta_0+\sum_{i=1}^{k}\beta_{1i}\mathrm{ZJN}_{t-i}+\sum_{i=1}^{k}\beta_{2i}\mathrm{PPI}_{t-i}+\sum_{i=1}^{k}\beta_{3i}\mathrm{CPI}_{t-i})[1-F(s_{2t-l};\gamma_2,c_2)]\\&+(\beta_0^*+\sum_{i=1}^{k}\beta_{1i}^*\mathrm{ZJN}_{t-i}+\sum_{i=1}^{k}\beta_{2i}^*\mathrm{PPI}_{t-i}+\sum_{i=1}^{k}\beta_{3i}^*\mathrm{CPI}_{t-i})F(s_{2t-l};\gamma_2,c_2)+\mu_{2t}\end{aligned}\tag{4-2}$$

$$\begin{aligned}\mathrm{CPI}_t=&(\phi_0+\sum_{i=0}^{k}\phi_{1i}\mathrm{ZJN}_{t-i}+\sum_{i=0}^{k}\phi_{2i}\mathrm{PPI}_{t-i}+\sum_{i=0}^{k}\phi_{3i}\mathrm{CPI}_{t-i})[1-F(s_{3t-l};\gamma_3,c_3)]\\&+(\phi_0^*+\sum_{i=0}^{k}\phi_{1i}^*\mathrm{ZJN}_{t-i}+\sum_{i=0}^{k}\phi_{2i}^*\mathrm{PPI}_{t-i}+\sum_{i=0}^{k}\phi_{3i}^*\mathrm{CPI}_{t-i})F(s_{3t-l};\gamma_3,c_3)+\mu_{3t}\end{aligned}\tag{4-3}$$

其中，ZJN_t 代表国际大宗商品价格月度同比指数增长率；PPI_t 表示工业品出厂价格月度同比指数增长率；CPI_t 表示消费者价格指数月度同比增长率。$F(s_{t-1};\gamma, c)$ 为转移函数，s_{t-1} 为转移变量；1 为滞后参数；γ 为斜率参数，测度变量由一个区制向另一个区制转换的平滑程度，参数 γ 越大，表明区制转换速度越快，尤其是，当 $\gamma\to+\infty$ 时，不同区制可以实现“跳跃式”转换；c 为位置参数，测度转移变量在不同区制转换的门限值。转移函数 $F(s_{t-1};\gamma, c)$ 可设定为逻辑转移函数和指数转移函数的形式。

具体函数形式的选择、参数描述、ST-SVAR 模型非线性检验及转移变量的选择问题，可参见 Teräsvirta 和 Anderson（1992）、张小宇等（2013）。本章采用二阶泰勒近似展开对每个方程的非线性检验。为了使线性检验效果更具有稳健性，本章给出标准 LM 检验、异方差稳健检验及奇异值稳健检验三种检验结果。

4.2.3 实证分析结果

1. 方程的线性检验与转移变量的选择

首先估计 VAR 模型，采用 AIC 与 SC 信息准则，将模型的最优滞后阶数设定为 2 阶。然后把式（4-1）~式（4-3）中包含的解释变量作为转移变量，进行线性检验。检验结果表明，对于 ZJN_t 方程，仅异方差稳健检验未发现存在非线性的证据，其余两个检验均表明存在非线性；对于 PPI_t 方程，三种检验均发现非线性特征；对于 CPI_t 方程，标准线性 LM 检验和异方差稳健检验，均未发现模型存在非线性的证据，而奇异值稳健检验表明存在非线性。

鉴于上述检验结果，对于 ZJN_t 方程，选取 PPI_{t-1} 作为转移变量时，标准 LM 线性检验与奇异值稳健检验均拒绝模型为线性的假设，故选取 PPI_{t-1} 作为 ZJN_t 方程的转移变量；对于 PPI_t 方程，选取 ZJN_{t-2} 作为转移变量时，三种检验均拒绝模型为线性的假设，故选取 ZJN_{t-2} 作为 PPI_t 方程的转移变量；对于 CPI_t 方程，当 PPI_t 作为转移变量时，标准 LM 线性检验和奇异值稳健检验均拒绝模型为线性的假设，故选取 PPI_t 作为 CPI_t 方程的转移变量。限于篇幅，具体检验步骤与结果不一一列出。

2. ST-SVAR 模型转移函数的选择与参数估计

确定模型的转移变量后，按照 Teräsvirta 和 Anderson（1992）给出的模型设定检验程序选择转移函数形式。其中 ZJN_t 和 PPI_t 方程转移函数选择指数函数的形式，CPI_t 方程转移函数选择逻辑函数的形式。确定转移变量和转移函数后，STVAR 一般采用非线性最小二乘法进行参数估计，但是考虑到本章所构造的各个方程之间存在的关联性，因此，采用全信息极大似然法来估计模型的参数。由于不同初始值的设定对非线性模型估计结果影响很大，采用格点搜索的方法确定斜率参数 γ 与位置参数 c 的初始值。通过计算两个参数的不同组合对应的转移函数 F，并将其作为样本数据代入到非线性模型 ST-SVAR 的式（4-1）~式（4-3）中，可以将非线性模型转化为线性模型，之后估计和比较各个方程的残差平方和，并将取得最小残差平方和的参数作为全信息极大似然法估计的初始值。估计结果如表 4-4 所示。

表 4-4　ST-SVAR 模型的估计结果

变量		CPI_t 方程		ZJN_t 方程		PPI_t 方程	
		估计值	标准差	估计值	标准差	估计值	标准差
区制 0	int	−3.855	3.339	0.122	0.115 1	0.379 4	0.692 3
	CPI_{t-1}	0.954	0.301 8	−0.002 5	0.008 6	−0.053 9	0.039 6
	CPI_{t-2}	−0.884 2	0.322 1	0.005 4	0.008 4	0.1148	0.043
	ZJN_t	3.60	1.570 6	—	—	—	—
	ZJN_{t-1}	−3.551 4	3.568 3	1.630 3	0.084 4	0.701 0	0.233 8
	ZJN_{t-2}	3.836 9	2.313 7	−0.669 7	0.066 5	−0.968 9	0.236 2

续表

变量		CPI_t方程		ZJN_t方程		PPI_t方程	
		估计值	标准差	估计值	标准差	估计值	标准差
区制 0	PPI_t	5.717 5	1.502 5	—	—	—	—
	PPI_{t-1}	2.062 9	1.586 5	0.311 0	0.103 4	0.087 4	0.242 6
	PPI_{t-2}	–4.482 2	1.571 6	–0.340 0	0.107 5	0.549 5	0.199 4
区制 1	int	–1.364 9	2.081 9	1.017 9	0.648 7	0.618 8	0.229 6
	CPI_{t-1}	0.141 1	0.088 3	0.046 0	0.023 6	–0.004 9	0.010 6
	CPI_{t-2}	0.083 5	0.083 5	–0.039 5	0.026 3	-0.010 8	0.011 7
	ZJN_t	5.370 2	1.097 4	—	—	—	—
	ZJN_{t-1}	–1.918 1	2.001 1	1.701 8	0.208 7	0.058 6	0.112 7
	ZJN_{t-2}	–0.422 3	1.178 2	–1.039 4	0.166 8	-0.132 5	0.091 5
	PPI_t	–0.335 1	1.221 9	—	—	—	—
	PPI_{t-1}	0.932 1	1.551 5	–0.016 2	0.171 5	1.029 5	0.107 9
	PPI_{t-2}	–0.008 0	1.125 8	0.165 0	0.198 2	0.002 4	0.107 3
γ		500		500		4.238 3	
c		2.449 5		5.395 5		0.090 1	

注：int 表示截距项，区制 0 中变量系数估计值为转移函数取 0 时对应变量的估计值，即模型中变量 $X(1-F(\cdot))$ 对应的参数估计值；区制 1 中变量系数估计值为转移函数取 1 时对应变量的估计值，即模型中变量 $XF(\cdot)$ 对应的系数估计值

由表 4-3 可知，对于 CPI_t 方程，斜率参数 γ 的估计值很大，表明在位置参数附近区制转换速度很快，近似“跳跃式”转换。由于 CPI_t 方程的转移变量是 PPI_t，其在 CPI_t 方程中的系数在不同区制上存在明显差异，这说明 PPI_t 对 CPI_t 的波动溢出效应具有非对称性；与 CPI_t 方程相同，ZJN_t 方程中参数 γ 的估计值也很大，同样说明了 PPI_{t-1} 对 ZJN_t 具有非对称性；而对于 PPI_t 方程，斜率参数 γ=5.4，数值较小，在位置参数附近区制转换速度平缓。ZJN_{t-2} 作为 PPI_t 方程的转移变量，在不同的区制上系数存在明显的差异。上述分析说明国际大宗商品价格波动无论对我国 PPI 还是 CPI 均产生冲击，但是在不同的区制上冲击响应具有非对称性。这为我们密切跟踪国际大宗商品价格的走势，针对价格波动特征选择不同的调控措施提出了新的要求。

3. 大宗商品价格波动对中国 CPI、PPI 冲击响应分析

在对上述三个变量采用 ST-SVAR 模型进行参数估计的基础上，本节采用广义脉冲响应函数测度大宗商品价格变动及我国 PPI 对 CPI 的影响。在图 4-7 的广义

脉冲响应函数图形中，横轴表示冲击发生的时间间隔，选取的冲击响应函数的滞后期间隔期数设定为 10 个月；纵轴表示变量变动的百分点，虚线在图中表示 1 倍标准差的置信范围。图 4-7 与图 4-8 分别给出我国 PPI 与 CPI 对大宗商品价格指数变动冲击响应结果。图 4-9 与图 4-10 给出了我国 PPI 与 CPI 之间相互影响的广义脉冲响应结果。

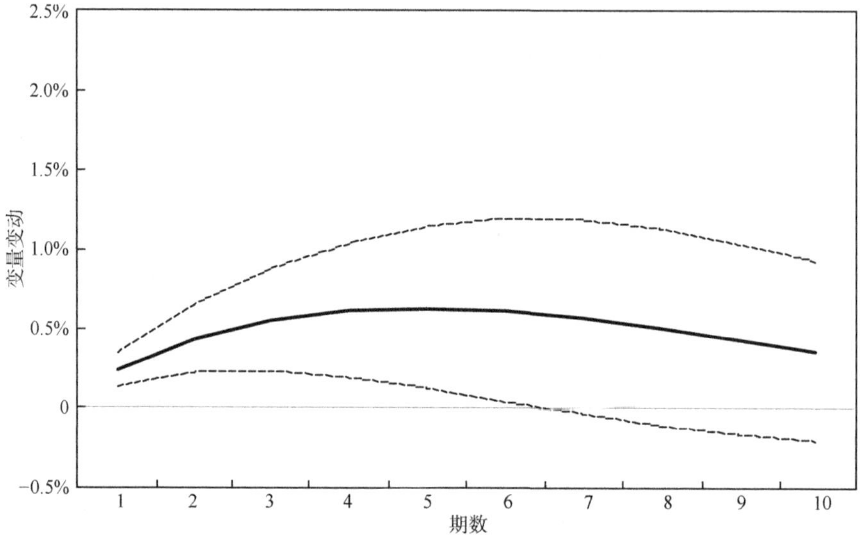

图 4-7　PPI 对 ZJN 的冲击响应路径

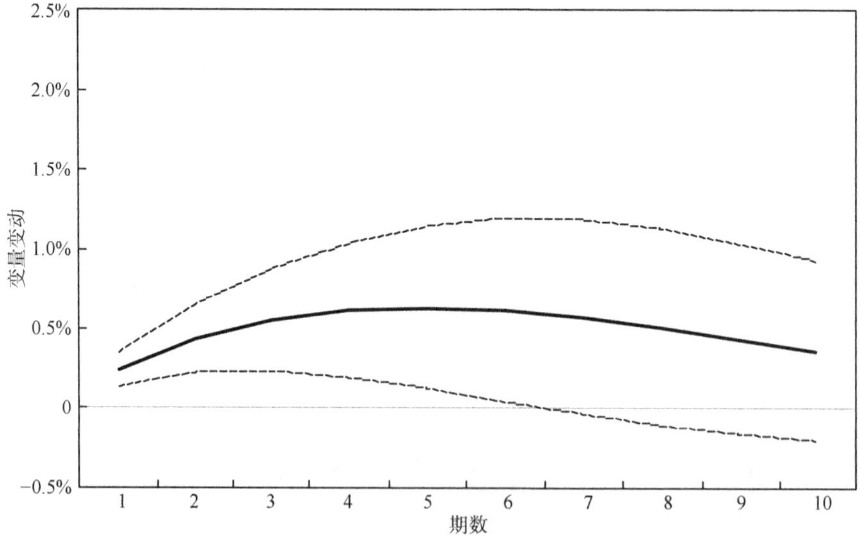

图 4-8　CPI 对 ZJN 的冲击响应路径

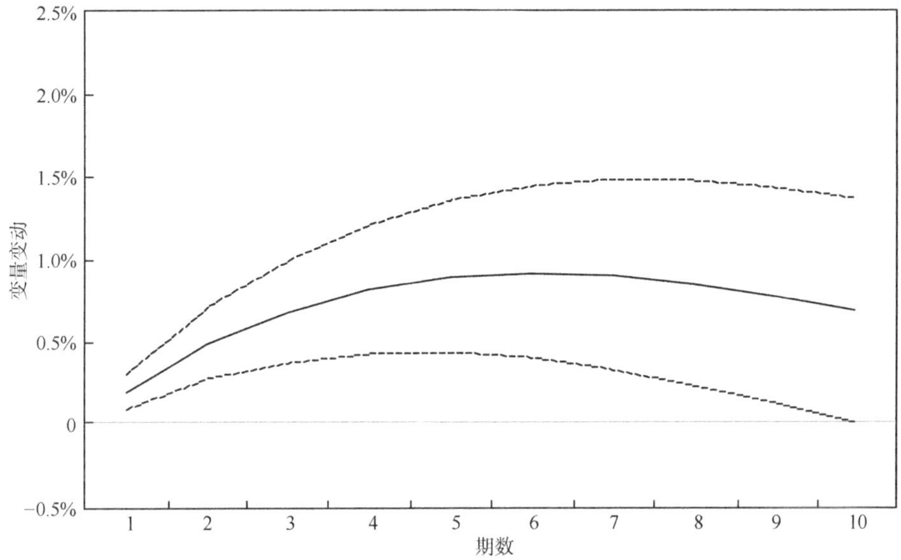

图 4-9　PPI 对 CPI 冲击的响应路径

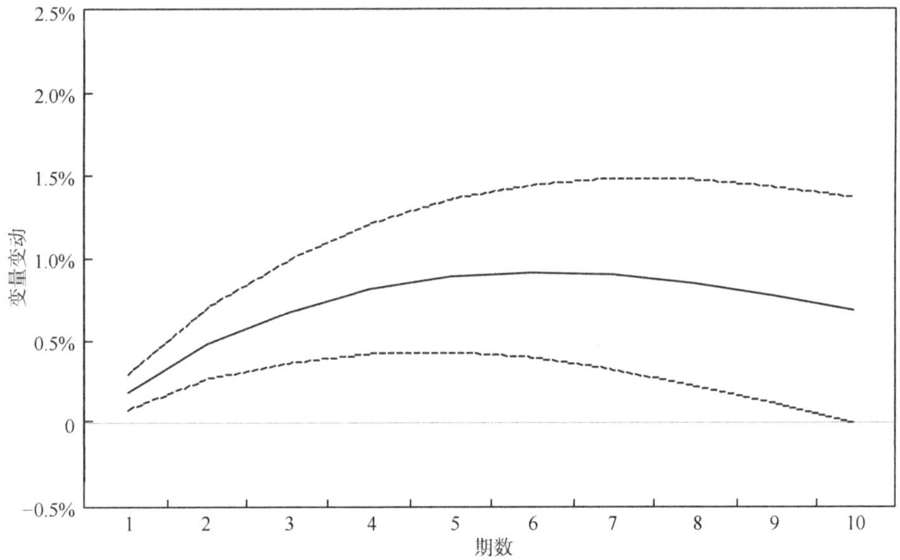

图 4-10　CPI 对 PPI 冲击的响应路径

在图 4-7 中，当出现 1 个百分点的大宗商品价格指数正向变动冲击后，我国 PPI 在滞后第 1 个月就出现了较为明显的扩张反应，其扩张延续作用在滞后第 5 个月时达到最大程度，导致 PPI 提高 0.63 个百分点，之后呈现缓慢下降趋势，在滞后第 10 个月时其扩张作用程度基本处于最初的第 1 个月扩张水平。这意味着国际大宗商品价格的冲击对我国 PPI 变动具有较强的即时影响与短期延迟作用。

在图 4-8 中，当出现 1 个百分点的大宗商品价格指数正向变动冲击后，我国 CPI 在滞后第 1 个月就出现了扩张反应，其扩张作用在滞后第 5 个月时达到最大程度，导致该价格指数提高 0.23 个百分点，之后其扩张作用呈现缓慢下降趋势。这意味着国际大宗商品价格的冲击对我国 CPI 变动具有一定的即时影响，但是其影响力度仅是 PPI 的 1/3 左右。

图 4-9 与图 4-10 表示的是 PPI 与 CPI 相互影响的广义脉冲响应函数。在图 4-9 中，当出现 1 个百分点的 CPI 正向冲击后，我国 PPI 在滞后第 1 个月就出现了明显的扩张反应，其扩张作用在滞后第 6 个月时达到最大，导致 PPI 提高 0.91 个百分点，之后呈现缓慢下降趋势。图 4-9 表示的脉冲响应函数路径说明我国 CPI 的冲击对 PPI 具有较为强烈的即时影响。这意味着在我国存在着下游消费价格向上游生产价格传导的"反向倒逼机制"，并且这种反向倒逼机制目前作用较为明显。

图 4-10 刻画了我国 PPI 对 CPI 的广义冲击反应路径。当出现 1 个百分点的 PPI 正向冲击后，我国 CPI 在滞后第 1 个月就出现了较为明显的扩张反应，其扩张作用在滞后第 5 个月时达到最大，导致 CPI 提高 0.47 个百分点，之后呈现下降趋势。图 4-10 的脉冲响应函数路径表明在我国上游生产要素价格的上升通过生产环节向下游消费价格进行正向传导，具有典型的"成本推动型通胀"的特征，但是这种成本推动型的作用弱于反向倒逼机制产生的作用，这种现象值得进一步研究。

4.2.4　主要结论与政策建议

本部分通过构建非线性 ST-SVAR 模型和广义脉冲响应函数分析了国际大宗商品价格变动对我国 PPI 与 CPI 的影响。主要结论如下。

第一，国际大宗商品价格与我国 PPI、CPI 三个变量之间存在明显的非线性特征，说明三个变量之间的相互影响与动态调整存在非线性特征，利用线性 VAR 模型不能较好地刻画上述三个变量之间的相互作用过程。

第二，国际大宗商品价格波动的正向冲击无论对我国 PPI 还是对 CPI 都产生较为显著的正向影响。同时，其对 PPI 的影响明显强于对 CPI 的影响。

第三，广义脉冲响应函数表明，在我国目前不仅存在上游生产要素价格变动通过生产环节对下游消费价格指数产生成本推动型影响，而且还存在更为显著的下游消费价格向上游生产价格传导的倒逼机制。由此可见，我国 PPI 与 CPI 之间的影响关系不是单向的而是双向的。

依据上述结论，本章的政策建议如下。

首先，鉴于在不同的区制上，国际大宗商品价格波动对我国 CPI 和 PPI 影响程度迥异，因此，我们应及时跟踪和把握大宗商品价格走势和波动特征，针对不同价格冲击特点采取差异化的物价调控措施，以缓冲大宗商品价格波动对我国物价指数所造成的冲击。

其次，由于国际大宗商品价格波动沿着生产链传导路径产生的影响显著地强于其他传导路径对我国 PPI 与 CPI 的影响，因此，当国际大宗商品尤其是能源和工业金属类价格出现异常波动时，加强对生产链上游大宗商品价格的预测、调控和风险规避有利于减缓大宗商品价格波动对我国 CPI 的影响。

最后，由于我国 PPI 与 CPI 之间的影响作用不是单向的而是双向的，故在我国物价调控中，既要考虑需求侧调节又要顾及供给侧调节，要依据目前我国宏观经济环境和通胀驱动机制的具体情境审慎地选择宏观调控政策。

第5章　国际油价波动对中国粮食价格短期影响与长期均衡分析——基于ARDL-ECM模型的实证分析

金融危机后，国际油价和世界主要粮食价格走势的协同变化趋势为进一步探究国际油价波动对我国粮食价格的影响提供了研究背景。本章采用2012年1月至2016年12月的国际油价和国内玉米、大豆、小麦主要粮食期货价格的月度数据，利用ARDL-ECM模型，对国际油价波动与我国主要粮食价格的短期和长期关系进行了实证分析。本章的实证研究结果表明，从长期和短期上看，国际油价波动对我国玉米和大豆的期货价格影响均存在显著的正向冲击，并且冲击影响的长期效应大于短期效应。本章在实证分析的基础上提出在调控和理顺国内粮食价格时，不仅要高度重视国际油价冲击对国内粮食价格的影响，以维持国内粮食价格平稳；而且要依据对国际油价中长期的走势进行科学判断，及时调整我国主要粮食品种深加工产业结构，减缓油价冲击对我国粮食生产和粮价稳定的影响。

5.1　引　　言

自2006年以来，随着食品价格的上涨，国际油价与粮食价格走势出现了共同的变动特征，突出地表现在油价剧烈波动期间。2006年1月到2008年6月，根据IMF的数据，国际原油现货价格指数从128大幅度拉升到249.7，同期国际主要粮食价格也出现了飙升，达到历史新高。玉米价格指数从102上升到287，大豆价格指数从201上升到452，小麦价格指数也从144上升到314。在2008年12月份，国际原油价格指数大幅下降到77.7，世界主要粮食价格指数也随之大幅下降。到了2011年4月，原油价格指数又回升到218.2，主要粮食价格指数重新达到了2008年6月相近的高度。从2011年4月到2014年9月国际原油价格指数基本维持在180~200，但从2014年10月开始由于受到美国页岩气革命的影响，石油进入供大于求的时期，国际原油价格出现大幅度下跌，到 2016 年 1 月，国际原油价格指数下降到 56，大豆、玉米、小麦等主要粮食价格指数也出现了大幅度下降。大豆价格指数从 2014 年 9 月的 409 下降到 297，小麦从 211 下降到 164。国际油价与世界主要粮食价格在一定时期内所具有的共同变动趋势使人们不得不思考这两者之间存在的影响与传导机制。

我国是农业生产大国，由于农业生产力发展，农业机械化大规模地采用，农业生产逐步由劳动密集型向能源密集型发展，农业生产方式的变革导致国际油价变动，对农业生产成本，尤其是农业机械的使用、化学肥料及农用运输都会产生显著的影响。自 1993 年起我国成为原油净进口国以来，原油对外依存度便不断上升。根据《2016 年国内外油气行业发展报告》，2016 年底我国原油对外依存度达到 65.5%，创出新高。在原油对外依存度不断上升的同时，我国主要粮食对外依存度也在不断升高。大豆对外依存度 2015 年达到了 85%，小麦和玉米的对外依存度也高居不下。在我国原油和主要粮食进口不断提高的情况下，国际原油价格波动对国际主要粮食价格的影响和作用势必通过国际商品期货市场和进出口贸易对我国农产品期货和现货市场产生影响。

2017 年随着美联储加息致美元走强趋势的强化、美国原油产量的回升、美国新一届政府将采取的更具保护主义色彩的贸易政策，以及 OPEC 成员国遵守石油减产协议的不确定性会导致国际油价走势更加复杂，其对国内外粮食价格的影响更加复杂。鉴于粮食价格稳定对我国国民经济影响的重要作用，研究国际油价走势对我国粮食价格短期影响与长期均衡对我国抑制通货膨胀、避免通货紧缩具有重要的启示，还能为政府制定宏观经济决策提供重要的参考和依据。

5.2 相关文献回顾

5.2.1 国外文献综述

国外学者对油价与粮食价格之间关系的研究主要源于从 2006 年初到 2008 年中期国际油价与粮食价格成双成对的价格飙升及 2008 中期爆发的全球金融危机，导致两者价格上升趋势戛然而止并出现价格同时下降的经济现象。国外学者感兴趣的是油价与粮价之间是否存在某种传导机制及它们之间是怎样相互作用影响的。

目前学者普遍认为油价变动对农产品价格影响的传导机制主要有两种：一种是直接传导，另一种是间接传导。直接传导作用机制体现在油价高企会导致农业生产投入要素，如化肥、杀虫剂和农用运输成本的提高，直接导致了农产品价格的提高。Mitchell（2008）的研究表明在2002~2007年，油价的上升导致美国每公顷玉米和大豆成本分别上升 32.3%和 25.6%。另外，高油价还会导致国际上对以玉米和大豆为原料生产的生物燃料需求的增加，这会直接引起国际粮食价格的上升。间接传导机制体现在油价与粮食价格通过汇率联系在一起。油价的上涨导致出现汇率效应，即一国国民收入账户项目赤字增加使得该国货币贬值。

在研究方法上，大多数文献采用线性回归模型进行研究，如VAR、VEC、协整、格兰杰因果关系检验及面板数据分析技术等线性模型被广泛地应用于油价与粮价定量关系的分析中。Nazlioglu和Soytas（2011）采用面板数据的协整与格兰杰因果关系检验方法研究了国际油价与24种国际农产品价格之间的关系，结果表明油价会通过汇率间接地影响农产品价格；Saghaian（2010）采用协整技术分析了油价与玉米、大豆和小麦价格之间的关系，认为油价变动是农产品价格变动的格兰杰因；Chen等（2010）采用ARDL模型发现粮食价格明显地受油价和其他农产品价格的影响；Beckmann和Czudaj（2014）运用GARCH与VAR模型研究短期波动溢出效应对农产品期货市场价格的影响。

鉴于金融市场在油价与农产品价格传导之间的重要作用，一些学者采用金融时间序列分析中的非线性模型研究两者之间的关系。Serra等（2010）采用平滑转移向量自回归模型发现原油、汽油、乙醇与玉米价格之间存在长期关系；Fowowe（2016）采用非线性因果关系检验方法分析了国际油价对南非农产品价格的影响，认为南非农产品价格对油价波动的影响是中性的；Nazlioglu（2011）揭示了油价与农产品价格之间存在非线性因果关系。

从结果上看，绝大多数文献的研究结果均支持油价对农产品价格具有显著的影响作用。但是也有一些文献认为油价与农产品价格之间不存在联系，油价变动对农产品价格的作用是中性的。Qiu等（2012）采用结构性VAR模型发现汽油和乙醇市场波动不会溢出到粮食市场，粮食价格波动的驱动因素主要来自粮食市场需求和供给的作用。也有一些学者认为油价与粮价之间的关系是复杂的，油价变动对粮价影响程度的大小与所研究的样本数据期限、国别、不同种类的农产品及油价变动程度都是相关的。Natanelov等（2011）发现油价与粮价之间的同向走势是具有周期的，一些经济活动和经济政策的发展会改变这两者之间的关系；Rosa和Vasciaveo（2012）发现原油价格变动能格兰杰引起美国小麦、玉米和大豆价格的变动，但是油价对于意大利农产品价格的影响是中性的；Gilbert（2010）从影响粮价的共同因素与市场的具体因素进行了分析，认为导致粮价上涨的主要因素是汇率变动、货币扩张和需求增长，而油价的变动对粮价的影响长期看是中性的。同时，也有学者研究了国际油价波动对中国农产品价格的影响，Zhang和Qu（2015）运用ARJI-GARCH和ARMA-GARCH模型，分析了油价波动聚类和跳跃行为特征，认为油价波动对包括强筋小麦、玉米、大豆、豆粕、棉花与天然橡胶等绝大多数中国农产品价格的影响具有非对称性，只有天然橡胶受油价跳跃强度的影响，其他农产品价格并不受此影响。

5.2.2　国内文献综述

鉴于中国近年来石油和主要农作物对外依存度不断高企，分析国际油价波动对我国粮食价格的影响及其作用方式对稳定我国物价具有重要的现实意义，因此，国内学者对此也进行了大量的研究。陈宇峰等（2012）认为国际油价波动对国内农产品价格的直接影响不明显，而国内通货膨胀率、货币发行量和国际农产品价格对中国农产品价格间接作用明显，用非线性模型能够较好地描述这种作用。公茂刚和王学真（2014）利用 VECM 和 DCC-MGARCH 模型分析了国际粮食价格与能源价格之间的关联性问题，研究发现在价格波动传导上，粮食价格波动与石油价格之间存在显著的正向关系。方燕和袁茵（2015）利用 ARDL 模型对我国粮食价格与石油价格之间的均衡关系进行了研究，得出了无论是长期关系还是短期效应内国际石油价格对我国大豆、玉米和水稻价格都会产生正向影响，而对小麦的价格则产生负向影响的结论。王学真和邢燕飞（2015）利用 DCC-MGARCH 模型对国际油价与粮食价格之间的关联性进行了实证研究，结果发现二者之间总体上相关性是显著的，最后利用误差修正模型从长短期影响方面进行了分析，发现国际油价与粮食价格之间在长期上存在着均衡关系，短期上油价对粮食价格变动有正向的推进作用。吴翔和张小宇（2013）利用非线性的 LSTAR 模型，从国际油价对我国农产品价格影响的传导路径方面着手，分析了国际油价与我国农产品批发价格之间的关系，结果发现无论是在线性部分还是非线性部分，国际油价对我国农产品批发价均存在显著的影响，并且具有明显的门限自回归效应。黄季焜等（2009）利用 GTAP-E 模型对我国粮食价格的变化趋势和原因进行了实证研究，结果发现 2006~2008 年我国粮食价格上涨受全球能源价格的上涨、生物质液体燃料扩张、市场投机行为及国家采取的贸易限制政策等因素的影响。杨志海等（2012）利用改进的耕地资源配置模型和 ARDL-ECM 模型对粮食价格与石油价格之间的长短期关系进行了检验，认为石油价格在长期中对大米、玉米和大豆的影响要显著大于短期效应的影响，并且对小麦价格产生负向的影响，在四种粮食作物中对大豆价格的影响效应最大。董秀良等（2014）利用 STCC-MGARCH 模型和 DSTCC-MGARCH 模型对石油价格和四种主要粮食作物价格之间的关系及区制转移进行了研究，结果与大多文献不同的是——发现我国玉米价格受国际石油价格冲击的影响最大。李智（2014）利用误差修正模型对我国石油价格对粮食价格的影响进行了实证分析，结果发现长期上石油价格对各粮食价格均有显著正向影响，尤其是对大豆的长期影响最为突出。赫婧和王淑艳（2015）通过在石油价格和粮食价格之间加入农业生产资料价格作为中间变量的形式，利用误差修正模型分析了石油价格和农资价格对粮食价格的非对称传导效应，最终结果显示石油价格、农资价格及粮食价格三者之间存在着长期均衡的关系。卢福财和何文章（2013）利用相关时间序列技术对原油价格和农产品价格的关系进行了分析，发现世界原油价格对我国农产品价格的影响各不相同，而其中对玉米和小麦价格的影响较大。

综上所述，国内外文献均对油价与粮食价格的关系进行了深入的研究，在研究方法上有些学者采用线性模型，有些则采用非线性模型来研究国际油价与粮食价格之间的传导机制与波动溢出效应，尽管在研究结果上存在一定的分歧，但是大多数学者认为油价对粮价有显著的影响与拉动作用。同时，对于我国粮食价格与国际油价之间的相互关系，尽管国内外许多学者做了很多研究，但是最近几年来鉴于美国页岩气革命所带来的石油产量的增加，OPEC 主导下石油的限产使得国际油价走势更加曲折迷离，加之中国粮食对外依赖度的提高，人民币对美元在一定程度上的贬值，使得国内粮价大幅度上涨的可能性提高，在此情况下研究粮食价格的外在冲击，主要是国际油价对我国粮食价格的影响，有助于为政府制定粮食价格稳定的经济决策提供理论指导。

5.3 数据来源与模型构建

5.3.1 数据来源

为了实证分析国际原油价格和我国粮食价格之间的关系，本章选取 2012 年 1 月至 2016 年 12 月的国内大豆、玉米、小麦和国际原油的期货每月结算价格数据作为研究样本。其中大豆和玉米价格为大连商品交易所黄大豆 1 号期货和玉米期货每月结算价格，小麦价格为郑州商品交易所普通小麦期货每月结算价格，国际石油价格为纽约商业交易所油期货每月结算价格。大豆、玉米、小麦价格数据来源于 Wind 数据库，原油价格数据来源于美国能源信息管理局官网数据库。为了消除变量的波动性与异方差性的影响，各变量均取自然对数。

5.3.2 模型构建

ARDL 模型采用因变量的滞后项和自变量的当期及滞后项构建模型，主要思想是基于边界检验法确定变量间是否存在长期稳定关系，并在协整关系存在前提下估计变量间的相互关系。与传统的协整检验相比采用边界检验 ARDL 模型的优点在于：①ARDL 模型不要求时间序列是否具有同阶单整性，只要变量的单整性不超过 1 即可；②在小样本的情况下采用边界检验的 ARDL 模型也能够得到稳健的结果；③当解释变量为内生变量时，ARDL 方法也能够得到无偏且有效的估计值；④ARDL 模型能够避免非平稳时间序列导致的虚假回归问题；⑤ARDL 模型能通过简单的线性变换转换成动态误差修正模型。为此本章采用 ARDL 来刻画国际原油价格和粮食价格之间的关系。

运用 ARDL 模型主要包含两个步骤，第一步：利用以 F 检验或 Wald 检验为基础的协整检验的方法检验变量间是否存在协整关系。根据 ARDL 模型，对国际原油价格和粮食价格构建方程：

$$\Delta \mathrm{InBP}_t = \alpha_0 + \sum_{i=1}^{n} \alpha_{1i} \Delta \mathrm{InBP}_{t-i} + \sum_{i=0}^{n} \alpha_{2i} \Delta \mathrm{InWP}_{t-i} + \sum_{i=0}^{n} \alpha_{3i} \Delta \mathrm{InCP}_{t-i} + \sum_{i=0}^{n} \alpha_{4i} \Delta \mathrm{InOP}_{t-i} \\ + \alpha_5 \mathrm{InBP}_{t-1} + \alpha_6 \mathrm{InWP}_{t-1} + \alpha_7 \mathrm{InCP}_{t-1} + \alpha_8 \mathrm{InOP}_{t-1} + \mu_t \tag{5-1}$$

$$\Delta \mathrm{InWP}_t = \alpha_0 + \sum_{i=0}^{n} \alpha_{1i} \Delta \mathrm{InWP}_{t-i} + \sum_{i=0}^{n} \alpha_{2i} \Delta \mathrm{InBP}_{t-i} + \sum_{i=0}^{n} \alpha_{3i} \Delta \mathrm{InCP}_{t-i} + \sum_{i=0}^{n} \alpha_{4i} \Delta \mathrm{InOP}_{t-i} \\ + \alpha_5 \mathrm{InWP}_{t-1} + \alpha_6 \mathrm{InBP}_{t-1} + \alpha_7 \mathrm{InCP}_{t-1} + \alpha_8 \mathrm{InOP}_{t-1} + \mu_t \tag{5-2}$$

$$\Delta \mathrm{InCP}_t = \alpha_0 + \sum_{i=0}^{n} \alpha_{1i} \mathrm{DInCP}_{t-i} + \sum_{i=0}^{n} a_{2i} \mathrm{DInBP}_{t-i} + \sum_{i=0}^{n} a_{3i} \mathrm{DInWP}_{t-i} + \sum_{i=0}^{n} a_{4i} \mathrm{DInOP}_{t-i} \\ + \alpha_5 \mathrm{InCP}_{t-1} + \alpha_6 \mathrm{InBP}_{t-1} + \alpha_7 \mathrm{InWP}_{t-1} + \alpha_8 \mathrm{InOP}_{t-1} + \mu_t \tag{5-3}$$

其中，BP 表示大豆价格；WP 为小麦价格；CP 为玉米价格；OP 为原油价格；In 为取对数项；Δ 为一阶差分项；α_1，α_2，α_3，α_4 代表各自的短期动态关系；α_5，α_6，α_7，α_8 代表之间的协整关系。

如果通过边界检验证明所有变量具有不大于 $I(1)$ 的协整关系，就进行第二步，估计长期弹性和短期弹性。长期弹性具体模型如下：

$$\mathrm{InBP}_t = \alpha_0 + \sum_{i=1}^{n} \alpha_{1i} \mathrm{InBP}_{t-i} + \sum_{i=0}^{n} \alpha_{2i} \mathrm{InWP}_{t-i} + \sum_{i=0}^{n} \alpha_{3i} \mathrm{InCP}_{t-i} + \sum_{i=0}^{n} \alpha_{4i} \mathrm{InOP}_{t-i} + \mu_t \tag{5-4}$$

$$\mathrm{InWP}_t = \alpha_0 + \sum_{i=0}^{n} \alpha_{1i} \mathrm{InWP}_{t-i} + \sum_{i=0}^{n} \alpha_{2i} \mathrm{InBP}_{t-i} + \sum_{i=0}^{n} \alpha_{3i} \mathrm{InCP}_{t-i} + \sum_{i=0}^{n} \alpha_{4i} \mathrm{InOP}_{t-i} + \mu_t \tag{5-5}$$

$$\mathrm{InCP}_t = \alpha_0 + \sum_{i=0}^{n} \alpha_{1i} \mathrm{InCP}_{t-i} + \sum_{i=0}^{n} \alpha_{2i} \mathrm{InBP}_{t-i} + \sum_{i=0}^{n} \alpha_{3i} \mathrm{InWP}_{t-i} + \sum_{i=0}^{n} \alpha_{4i} \mathrm{InOP}_{t-i} + \mu_t \tag{5-6}$$

进行线性变换之后，即可得到动态误差修正模型，对变量之间的短期效应进行分析，短期弹性模型如下：

$$\Delta \text{InBP}_t = \alpha_0 + \sum_{i=1}^{n} \alpha_{1i} \Delta \text{InBP}_{t-i} + \sum_{i=0}^{n} \alpha_{2i} \Delta \text{InWP}_{t-i} + \sum_{i=0}^{n} \alpha_{3i} \Delta \text{InCP}_{t-i} + \sum_{i=0}^{n} \alpha_{4i} \Delta \text{InOP}_{t-i} + \text{ecm}_{t-1} + \mu_t \tag{5-7}$$

$$\Delta \text{InWP}_t = \alpha_0 + \sum_{i=0}^{n} \alpha_{1i} \Delta \text{InWP}_{t-i} + \sum_{i=0}^{n} \alpha_{2i} \Delta \text{InBP}_{t-i} + \sum_{i=0}^{n} \alpha_{3i} \Delta \text{InCP}_{t-i} + \sum_{i=0}^{n} \alpha_{4i} \Delta \text{InOP}_{t-i} + \text{ecm}_{t-1} + \mu_t \tag{5-8}$$

$$\Delta \text{InCP}_t = \alpha_0 + \sum_{i=0}^{n} \alpha_{1i} \Delta \text{InCP}_{t-i} + \sum_{i=0}^{n} \alpha_{2i} \Delta \text{InBP}_{t-i} + \sum_{i=0}^{n} \alpha_{3i} \Delta \text{InWP}_{t-i} + \sum_{i=0}^{n} \alpha_{4i} \Delta \text{InOP}_{t-i} + \text{ecm}_{t-1} + \mu_t \tag{5-9}$$

其中，方程中的滞后阶数根据 AIC 或者 SBC 信息准则进行判定。ecm_{t-1} 为滞后的误差修正因子，表示经济系统的自我修复速度。

5.4 国际油价波动与国内粮价关系的实证分析

5.4.1 变量的平稳性检验

ARDL 边界对变量协整关系的边界检验不要求变量同阶单整，但要求变量单整阶数不能超过 1 阶，否则判断协整关系是否存在的 F 统计量将会失效。本章通过 ADF 检验法确定变量的单整阶数，结果如表 5-1 所示。

表 5-1 国际油价与 CPI 各分类指数月度同比增长率平稳性检验

水平值	*P* 值	结论	1 阶差分项	*P* 值	结论
InBP	0.989 1	非平稳	Δ InBP	0.000 0	平稳
InWP	0.593 9	非平稳	Δ InWP	0.000 0	平稳
InCP	0.300 6	非平稳	Δ InCP	0.000 0	平稳
InOP	0.183 7	非平稳	Δ InOP	0.000 0	平稳

从表 5-1 的结果可以看出，原油价格和粮食价格时间序列的水平值都是不平稳的，但是进行一阶差分之后，各变量的一阶差分序列都是平稳序列，均是一阶单整，符合进行 ARDL 边界协整检验的前提条件。

5.4.2 协整检验

ARDL 模型首先要确定序列间是否具有协整关系，为此利用 Microfit 5.0 软件对式（5-1）~式（5-4）进行 OLS 回归分析，并计算相应的 F 统计量，进而判断变量间是否具有协整关系，结果如表 5-2 所示。

表 5-2　边界协整检验结果

因变量	滞后阶数	F 统计值	P 值
InBP	4	2.596 3	0.048
InCP	4	2.989 1	0.028
InWP	5	2.888 1	0.033

从表 5-2 的结果可以看出来，大豆、玉米和小麦分别作为被解释变量时，与其他的解释变量之间存在着协整关系，这也说明了大豆、玉米和小麦三种粮食之间及与原油价格之间存在着长期均衡关系。

5.4.3 长期与短期系数估计与分析

上一步骤，通过计算 F 统计值及其在不同显著水平下的临界值的比较，可以确定国际原油价格与三种粮食价格之间存在着长期的协整关系。接下来利用 ARDL 估计变量间的长期和短期影响。首先，根据式（5-4）~式（5-9）和样本实际数据情况，使用 AIC 准则或者 SBC 准则确定各变量的最优滞后阶数，并结合拟合优度和标准误差值最终确定样本最优滞后阶数为 2 阶，结果如表 5-3 所示。

表 5-3　粮食价格与国际原油价格长短期动态均衡结果

解释变量		被解释变量		
		大豆 BP （1，1，2，1）	小麦 WP （1，1，0，0）	玉米 CP （1，0，1，0）
长期关系	InBP	—	0.364 09 （0.489）	0.975 66 （0.048）
	InWP	0.230 90 （0.502）	—	0.332 24 （0.451）
	InCP	$-0.898\,3\times10^{-3}$ （0.997）	−0.028 595 （0.914）	—
	InOP	0.273 30 （0.056）	−0.040 406 （0.811）	0.374 05 （0.034）

续表

解释变量		被解释变量		
		大豆 BP（1，1，2，1）	小麦 WP（1，1，0，0）	玉米 CP（1，0，1，0）
短期关系	ΔlnBP	—	0.335 06（0.017）	0.310 30（0.058）
	ΔlnWP	0.327 67（0.007）	—	–0.155 51（0.416）
	ΔlnCP	0.193 89（0.026）	–0.007 328（0.913）	—
	ΔlnOP	0.226 04（0.017）	–0.010 355（0.814）	0.118 97（0.052）
	ecm（–1）	–0.282 15（0.021）	–0.256 27（0.010）	–0.318 04（0.000）

通过对表 5-3 的数据结果进行经验分析，我们发现如下基本事实。

（1）无论是在短期效应还是长期关系中，原油价格对大豆和玉米价格均具有正向显著影响，而对小麦价格影响均为负向且不显著。在长期关系中，原油价格每上涨 1%将会带来大豆价格上涨 0.27%、玉米价格上涨 0.37%。在短期效应中，原油价格每上涨 1%会造成大豆价格上涨 0.22%、玉米价格上涨 0.12%。但同时我们也可以看到，无论是在长期关系还是短期关系中原油价格对小麦价格的影响都是负向影响并且是不显著的，究其原因可能是，在我国当原油价格上涨时，国家为了抑制住价格的波动就会在市场中增加小麦的投放数量，最终会因为小麦投放量的过多造成小麦的价格不涨而有所下降。

（2）国际原油价格变动对我国大豆、玉米价格的长期影响要大于短期影响效应。原油价格波动带来的大豆价格、玉米价格的短期波动影响小于长期影响，主要是因为我国各省份都备有国家储备粮，粮食储备充裕，足以应对经济短期大范围波动的影响，短期内不会对我国粮食价格产生剧烈的影响，这样，短期内原油价格的波动对大豆和玉米价格的影响会在很大程度上受到国家储备粮的抑制，从而波动幅度小。在长期中，有充分的时间来调整由于油价变动对粮食价格所产生的直接与间接影响，使得粮食价格在长期中受到原油价格的影响会比短期的影响更敏感，从而使长期影响大。

（3）原油价格在短期中对大豆价格的影响较大，而在长期中原油价格对玉米价格的影响要比其对大豆价格的影响效应大。从表 5-3 中我们可以发现，无论是在短期还是长期，原油价格对大豆价格的影响都较大，主要是因为我国一直以来都是大豆的主要进口国，大豆进口量达到我国大豆总量的 80%以上，所以导致大豆价格受国际原油价格的影响较大。在长期中原油价格波动对玉米价格的影响较大，主要是因为在我国玉米是肉类蛋白质、饲料、乙醇和糖的主要原材料，当原油价格上涨时，加上政府为稳定物价推出相应的政策补贴导致对玉米需求的增加和价格的上涨。

（4）各种粮食价格之间相互影响，整体来看，长期影响比短期效应大。各种粮食之间在短期的相互影响较小，但就长期而言，粮食价格之间的影响要比短期的效应大，主要是因为市场中种植成本、作物之间的替代关系及需求关系的存在，使得作物之间存在着竞争关系，最终导致长期的影响大于短期的影响。

此外，从各种粮食价格中的短期效应关系的误差修正项可以看到其值皆是显著为负的，符合反向修正机制，这就说明国内粮食价格体系受到短期的国际油价冲击后，在下一期会得到修正。

5.5　结论与政策建议

本章采用近几年国际原油价格和国内大豆、玉米、小麦的每月期货结算价格作为研究样本，利用 ARDL-ECM 模型分析了国际油价变动对我国主要粮食价格的影响。主要结论如下。

首先，无论从长期还是短期来看，国际油价波动冲击对我国大豆和玉米月度期货价格均具有显著正向影响，并且长期冲击影响效应要大于短期影响，但油价变动的正向冲击对我国小麦期货价格影响不显著且出现负向作用。

其次，在短期内，国际油价变动的正向冲击对我国大豆期货价格的影响效果要大于对玉米价格的影响效果，而从长期看，对玉米期货价格的影响反而要大于对大豆价格的影响。

最后，我国大豆、玉米和小麦期货价格之间存在相互影响作用，从整体来看三者之间长期影响作用大于短期效应。

鉴于本章上述实证分析结论，其政策建议如下。

第一，在调控和理顺国内粮食价格时，要高度重视国际油价冲击对国内粮食价格的影响。为此，一方面，我们要注重对国际油价走势实时跟踪、分析、预测和判断；另一方面，要准确地理解和把握国际油价对国内粮食期货价格在不同时间段和不同情境下的传导机制和传导路径，及时采取措施降低和消除国际不确定事件所导致的油价大幅度波动对国内粮食价格所带来的冲击，维持国内粮食价格平稳运行。

第二，依据对国际油价走势的中长期判断，及时调整国内主要粮食品种深加工产业结构。当前玉米深加工行业生产的主要产品，如玉米淀粉、燃料乙醇、食用酒精等，涉及 100 多种产品，附加值高，产业链长，市场规模潜力巨大。由于国际油价变动对国内玉米和大豆价格从长期和短期看都有显著的影响，当国际油价波动频繁且幅度较大时，会对玉米、大豆等粮食产业结构发展与优化带来不利的影响。

第 6 章　国际油价冲击对我国经济政策不确定性影响——基于 TVP-SVAR 模型分析

本章通过对标准石油市场 VAR 模型进行扩展，从国际油价波动传导链的视角，将国际油价冲击来源分解为四种类型：全球石油供给冲击、全球石油需求冲击、石油特定市场需求冲击、中国国内需求冲击，同时考虑了我国进口商品价格指数，构建了多结构 SVAR 模型，采用 2000 年 1 月至 2019 年 6 月的月度数据，利用 TVP-SVAR 模型，分析了不同类型油价冲击对我国经济政策不确定性的影响。研究结果表明：不同类型的油价冲击在不同时间间隔和不同时点对我国经济政策不确定性影响存在明显的差异；方差分解及稳健性检验表明中国国内需求冲击、石油市场特定需求冲击及全球石油需求冲击引发的油价冲击对我国经济政策不确定性影响最大。本章研究结论的重要意义在于：通过识别不同性质来源的油价冲击并采取针对性的措施可在一定程度上降低中国经济政策的不确定性。

6.1　引　　言

石油是现代社会重要的工业生产和运输用的原材料。近年来，随着我国工业化和城市化进程的加快，对石油消费的需求一直不断地提升，我国已成为仅次于美国的第二大石油消费国。我国经济可持续发展高度依赖石油，但是，国内石油产出无法提供经济增长所需的石油量，必须从国际市场进口大量石油，致使石油进口的依存度不断提高。2018 年我国石油对外依存度达到 68%，成为世界最大石油进口国，超过了 50%的安全极限（Gong and Lin，2018；Chen and Zhu，2019；Chen et al.，2020）。此外，随着 2001 年国内油价形成机制的调整，我国的油价逐步与国际油价接轨（Li et al.，2017）。由于石油进口的高依存度和国内国际油价联动机制的影响，国际油价波动会对我国通货膨胀等宏观经济变量产生重要影响（Zhao et al.，2016；Salisu et al.，2017）。为了应对油价波动对经济的冲击，如果政府对经济频繁干预，那么就会导致经济政策不确定性的提高，这会影响经济主体对经济政策的预期，降低企业投资意愿，不利于经济的平稳运行（Hailemariam et al.，2019；Brogaard and Detzel，2015）。因此，进一步深入探究国际油价波动如何影响我国经济政策不确定性，以及影响的程度和方式在不同时期具有怎样的特点，其重要意义便凸显出来。由于国际油价冲击对国内经济的影响是通过具有内在联系的价格传导链逐步传导的，且在不同时期这种影响存在着显著差异，鉴于此，本章从国际油价波动价格链传导的视角，采用 TVP-SVAR 模型分析油价冲击对我国经济政策不确定性的作用。考虑到不同来源的油价冲击对经济的影响及作用持续程度不同，Kilian（2009）从结构的视角把油价冲击来源分为三种类型：石油供给冲击，总需求冲击和石油市场上特定需求冲击。不同来源驱动的油价冲击会对通货膨胀等经济变量产生不同的影响。鉴于中国石油进口的快速增长和巨大的石油消费量，从油价波动价格链传导的角度，我们将国内需求冲击纳入到 Kilian（2009）提出的结构性油价冲击模型中，即把油价冲击分解为四种类型：全球石油供给冲击，全球石油需求冲击、石油特定市场需求冲击和中国国内需求冲击。此外，在模型构建中把我国进口商品价格指数也纳入模型中，以形成具有内在联系的较为完整的油价冲击价格链传导机制，以反映油价冲击对我国宏观经济变量的影响。

由于经济政策是货币、财政和监管政策的组合，所有的经济政策都需要经常调整，这种由各种冲击导致的不确定性称为经济政策不确定性。Bloom（2009）认为一国的经济不确定性可能源于政治或经济冲击，对这种冲击的经济政策回应导致了经济政策的不确定性。为了有效测度经济政策的不确定性，Baker 等（2016）构建了经济不确定性指数，并认为政策不确定性会影响经济衰退与复苏的强度。Brogaar 和 Detzel（2015）认为经济政策的不确定性是资产定价模型中的一种风险因素，会对经济产生影响。鉴于油价冲击与不确定性经济产出之间存在某种必然联系（Baumeister and Peersman，2008），国际油价冲击会通过价格链传导机制影响我国的通货膨胀、生产、消费和投资等宏观经济变量（Chen et al.，2020），因此，考虑国际油价冲击的几个典型化事实和国内经济发展不同阶段的特点，探究油价冲击与经济政策不确定性之间在不同时点和时域的关系，对于理解和把握不同来源的油价冲击对我国经济产生的影响具有重要的现实意义。

本章余下的结构安排如下：第二部分是对油价冲击与经济政策不确定性关系的研究文献进行综述，并提出本章的边际贡献；第三部分介绍模型构建和数据；第四部分讨论实证结果；第五部分是本章的结论与政策含义。

6.2　文 献 综 述

为了准确理解和把握国际油价冲击与经济政策不确定性之间关系的研究脉络，我们对此研究的相关文献梳理如下。

首先，大量的文献研究表明油价冲击对经济产出、通货膨胀、投资、股票收益、利率与汇率等宏观经济变量均产生影响；同时，油价冲击也影响到财政政策与货币政策的制定与执行，尽管这种影响在不同时间，对不同的国家和地区作用程度和方式不同。Hamilton（1983，2009）、Hooker（2002）、Cunado 和 Gracia（2005，2014）、Tang 等（2010）、Forni 等（2015）的研究均表明油价冲击会影响宏观经济平稳运行，给各国经济政策的制定带来不确定性。

其次，与上述传统的研究油价冲击对宏观经济变量的影响相比，最近的研究更加强调理解油价冲击与外部环境因素（如经济政策不确定性）之间的溢出效应的重要性（Antonakakis et al.，2013；Kang and Ratti，2013）。其原因在于，金融危机之后，鉴于油价冲击对经济和金融活动的重要性，政策决策者更感兴趣的是——油价冲击是如何通过经济政策不确定性这个渠道传导到宏观经济变量的？在这方面一系列研究表明，油价冲击不仅在很大程度上影响了经济活动，而且还导致经济政策的不确定性增加。

Gelb（1988）最早研究了油价与经济政策之间的关系，表明油价的上升导致政府支出的增加；Montoro（2012）、Natal（2012）在考虑油价上升的背景下，建立了高通胀与低产出之间的联系，这种关系引起了政策制定者考虑选择最合适的政策来应对油价的冲击；Filis 和 Chatziantoniou（2014）利用 SVAR 模型分析了财政政策与货币政策对油价冲击的反应，认为油价冲击会显著地影响石油净进口国家的通货膨胀水平，并进一步发现利率对油价冲击的反应在很大程度上取决于每个国家的货币政策制度，同时股票市场对油价上涨均表现出负面反应；Kang 和 Ratti（2013）检验了不同来源的油价冲击对美国经济政策非确定性的影响，发现由总需求导致的油价正向冲击能够显著地降低经济政策的非确定性，同时油价冲击也会对欧洲与加拿大的经济政策不确定性产生显著的影响；Hailemariam 等（2019）利用非参数面板数据分析技术，基于 1997 年 1 月至 2018 年 6 月的数据，分析了油价冲击对 G7 国家经济不确定性指数的影响，认为由全球总需求激增导致的油价冲击对 G7 国家不确定指数影响是负向的，同时非参数局部线性估计表明，无论是针对 G7 的个别国家还是 G7 国家的共同趋势，其参数均随着时间的推移而增加。

目前国内研究油价冲击与我国经济政策不确定性指数之间关系的文献数量有

限，比较典型的文献有：冯美星和潘群星（2016）基于 DCC-GARCH 模型分析了大庆石油现货价格与中国经济政策不确定性指数之间的关系，发现石油价格波动是经济政策不确定性指数的单向格兰杰因，且两者之间存在显著的动态性；朱德忠和王茜（2017）采用 SVAR-DCC-GARCH 模型分析了经济政策不确定性与石油期货和现货价格相关性问题，认为石油收益率变化是导致经济政策不确定性的单向格兰杰原因，两者之间存在动态相关性关系，并认为石油现货价格对中国经济政策不确定性影响大于石油期货价格；朱慧明等（2019）利用面板分位回归模型，分析了不同市场环境下石油价格与经济政策不确定性对大宗商品市场非对称性冲击效应，认为油价冲击与政策不确定性均对我国大宗商品收益的影响具有非对称性。上述文献均对本章的研究具有重要的参考价值，但是针对国际油价冲击对中国经济不确定性指数影响的研究尚有进一步扩展完善的空间。

本章对现有文献的边际贡献主要体现在两个方面：第一，从油价冲击价格传导链的角度，将国内需求和我国进口商品价格指数纳入模型中，构建了多结构油价冲击的 SVAR 模型分析框架，综合分析了不同来源的国际油价冲击对我国经济政策不确定性的影响；第二，采用 TVP-SVAR 模型分析了在不同时间点和不同时间范围内国际油价冲击对我国经济政策不确定性影响的时变效应，为准确捕捉油价冲击对我国经济政策的影响提供了动态视角。

6.3 数据与模型

为刻画不同来源的结构性油价冲击对我国经济不确定性指数的影响，本章首先构建了包含 6 个变量的 SVAR 模型，并在此基础上，进一步构建了时变参数 TVP-SVAR 模型，对数据来源与处理过程描述如下。

6.3.1 数据选取依据及处理

本章的数据集包含 2001 年 1 月至 2019 年 6 月的全球石油供给变化（PROD）、全球对大宗商品需求（KI）、实际油价变动–代表石油市场的特定需求冲击（ROP）、国内对大宗商品的需求变动（IAV）、我国进口商品价格指数（IMPI）、我国经济政策不确定性指数（EPU）的月度数据。全球石油生产量的月度数据来源于美国能源信息管理局[①]，数据处理方法参考了 Kilian（2009），对给出的世界石油产量按月平均并采用对数差分进行处理，以反映世界石油供给的变化。全球实际经济

① 数据来源：https://www.eia.gov/todayinenergy/detail.php?id=34812.

活动直接决定了世界对石油等大宗工业商品的需求，但是采用何种指标测量全球实际经济活动一直存在着争议，相关文献如 Kilian 和 Zhou（2018）、Hamilton（2019）、Baumeister 等（2020）。本章遵循 Kilian（2009）的思路，采用 Kilian 最新版的“全球工业商品的实际经济活动指数”，该指数能够有效地反映全球经济状况，数据来源于 Kilian 的个人网站①。ROP 代表实际油价，在 Kilian（2009）的文献中，实际油价是美国炼油厂进口石油的收购成本，美国能源信息管理局数据库没有提供关于我国炼油厂石油采购成本数据，考虑到 2017 年我国石油对外依存度已达到 67.4%②，且石油进口来源国家较多，本章采用 Brent 现货油价作为我国炼油厂进口油价的代表，同时在多数文献实证研究中也把 Brent 油价作为代表性油价（Antonakakis et al.，2013；Basher et al.，2016；Lee and Zeng，2016）。同时，鉴于 Brent 油价以美元为计价单位，我们以 2010 年为基期，使用美国 CPI 进行了平减③，取自然对数并差分以反映油价的变动。我国工业增加值的同比增长率可以有效地反映我国的经济状况（谭小芬和邵涵，2019），因此，选择 IAV 来代表国内需求，对个别月份缺失的数据进行了插值处理。同时，我们选择进口商品价格指数作为我国石油进口通货膨胀的代表，该指数能够衡量以石油为代表的我国进口商品价格的变化（石先进和赵志君，2016）。变量 IVA 和变量 IMPI 数据均来源于中经网。我国经济政策不确定性指数是基于 Baker 等（2016）的研究，根据香港南华早报上撰写的与政策性相关的经济不确定性文章的频率计数进行测度的，该指数为月度数据④。

6.3.2 TVP-SVAR 模型的构建

在 Kilian（2009）提出的国际油价冲击分析结构框架的基础上，我们将我国国内需求和进口商品价格指数纳入模型中，构建一个包含 6 个变量滞后 P 阶的 SVAR 模型，模型结构描述如下：

$$A\boldsymbol{y}_t = \boldsymbol{\beta}_0 + \sum_{i=1}^{p} \beta_i y_{t-i} + \boldsymbol{\varepsilon}_t \tag{6-1}$$

其中，$\boldsymbol{y}_t = (\mathrm{PROD}, \mathrm{KI}, \mathrm{ROP}, \mathrm{IAV}, \mathrm{IMPI}, \mathrm{EPU})$，为 6×1 内生变量向量；$\boldsymbol{A}$ 表示 6×6 同期系数矩阵；$\boldsymbol{\beta}_0$ 代表 6×1 常数向量；$\boldsymbol{\varepsilon}_t$ 表示 6×1 结构扰动向量。为了得到式（6-1）的简化结构，在模型的两侧同时乘 A^{-1}，得到式（6-2）：

① 数据来源：https://sites.google.com/site/lkilian2019/.

② 数据来源：http://www.ccin.com.cn/ccin/news/2018/01/18/371768.shtml.

③ 数据来源：https://fred.stlouisfed.org/series/CPI.

④ 数据来源：http://www.policyuncertainty.com/china_monthly.html.

$$\boldsymbol{y}_t = A^{-1}\boldsymbol{\beta}_0 + A^{-1}\sum_{i=1}^{p}\beta_i y_{t-i} + A^{-1}\boldsymbol{\varepsilon}_t = \phi_0 + \sum_{i=1}^{p}\phi_i y_{t-i} + e_t \tag{6-2}$$

该模型是递归结构模型，其中，$\phi_0 = A^{-1}c_o$，$\phi_i = A^{-1}\beta_i$，$e_t = A^{-1}\varepsilon_t$，简化式模型中的误差项 $\boldsymbol{e}_t$ 是结构式模型中误差项 ε_t 的线性组合。

为识别不同来源的油价冲击，我们对 $\boldsymbol{A}_0^{-1}$ 矩阵施加短期约束如下：①鉴于石油生产调整成本高，在给定的 1 个月内，石油供给量变动不会对当月的石油需求变化做出同期反应（Kilian and Vega，2011）；②由于全球经济活动对特定需求冲击引起的实际油价变化反应存在时滞，在短期内预期供求变化和金融投机变化的石油市场需求冲击不会影响全球实际经济活动，但是全球实际经济活动的变动会较快作用到油价上（Lippi and Nobili，2009）；③尽管我国是石油进口大国，由于我国缺失石油定价权，国内需求的冲击对国际油价的影响具有延迟效应，而国际石油市场上特定需求冲击触发的油价变动会影响国内企业生产成本预期，引致国内需求的变动（Yang，2019）；④由于油价在大宗商品价格中具有代表性，假定国际油价直接影响我国大宗商品进口价格，并对我国 PPI 和 CPI 产生重要影响，这些影响会引发我国经济政策的调整，由于经济政策调整的时滞性，不会同期对上述变量产生影响（Myers et al.，2018；Yang，2019）。基于上述假设，式（6-2）中的误差项 e_t 的结构描述如式（6-3）所示：

$$\boldsymbol{e}_t = \begin{pmatrix} e_t^{\text{PROD}} \\ e_t^{\text{KI}} \\ e_t^{\text{ROP}} \\ e_t^{\text{IAV}} \\ e_t^{\text{IMPI}} \\ e_t^{\text{EPU}} \end{pmatrix} = \begin{pmatrix} \alpha_{11} & 0 & 0 & 0 & 0 & 0 \\ \alpha_{21} & \alpha_{22} & 0 & 0 & 0 & 0 \\ \alpha_{31} & \alpha_{32} & \alpha_{33} & 0 & 0 & 0 \\ \alpha_{41} & \alpha_{42} & \alpha_{43} & \alpha_{44} & 0 & 0 \\ \alpha_{51} & \alpha_{52} & \alpha_{53} & \alpha_{54} & \alpha_{55} & 0 \\ \alpha_{61} & \alpha_{62} & \alpha_{63} & \alpha_{64} & \alpha_{65} & \alpha_{66} \end{pmatrix} \begin{pmatrix} \boldsymbol{\varepsilon}_t^{\text{shock1}} \\ \boldsymbol{\varepsilon}_t^{\text{shock2}} \\ \boldsymbol{\varepsilon}_t^{\text{shock3}} \\ \boldsymbol{\varepsilon}_t^{\text{shock4}} \\ \boldsymbol{\varepsilon}_t^{\text{shock5}} \\ \boldsymbol{\varepsilon}_t^{\text{shock6}} \end{pmatrix} \tag{6-3}$$

其中，等号右侧的列向量 $(\boldsymbol{\varepsilon}_t^{\text{shock1}}, \boldsymbol{\varepsilon}_t^{\text{shock2}}, \boldsymbol{\varepsilon}_t^{\text{shock3}}, \boldsymbol{\varepsilon}_t^{\text{shock4}}, \boldsymbol{\varepsilon}_t^{\text{shock5}}, \boldsymbol{\varepsilon}_t^{\text{shock6}})'$ 中的元素从左到右分别代表全球石油供给冲击，全球石油需求冲击，石油特定市场需求冲击，中国国内需求冲击即国内工业增加值变动冲击，我国进口商品价格指数冲击，我国经济政策不确定性冲击。

考虑到结构油价冲击对经济政策不确定性存在潜在长期滞后影响，为进一步消除变量的时间序列的相关性，遵循 Kilian（2009）的做法，在模型中取滞后期长度 $p = 24$，依据 Hamilton 和 Herrera（2001）的观点，认为滞后 24 个月足以捕获大宗商品市场在商业周期建模中的数据动态特征。

在基于上述 SVAR 模型的基础上，通过在 SVAR 模型中设置时变参数，我们进一步采用 TVP-SVAR 模型，该模型可以充分捕获不同来源的油价冲击对我国经济政策不确定指数在不同阶段的时变影响。

参考 Primiceri（2005）、Nakajima 等（2011）、Zhou 等（2019）的处理方法，式（6-1）写成如下形式：

$$\boldsymbol{y}_t = X_t\beta_t + A_t^{-1}\sum\boldsymbol{\varepsilon}_t\text{，}\quad t = s+1,\cdots,n \tag{6-4}$$

其中，系数 β_t、联立方程系数 A_t^{-1} 及随机波动的协方差矩阵 Σ_t 都服从时变特征，模型中参数的变化形式多样，我们使用 Primiceri（2005）、Nakajima 等（2011）的处理方式，把下三角矩阵 $\boldsymbol{A}_t^{-1}$ 中非 0 或 1 的元素拉直成列向量，即令 $\alpha_t=(\alpha_{21},\alpha_{31},\alpha_{32},\alpha_{41},\cdots,\alpha_{k,k-1})$。同时令 $h_t=(h_{1t},\cdots,h_{kt})$，其中，$h_{it}=\log\sigma_{it}^2$，$i=1,2,\cdots,k$，$t=s+1,\cdots,n$。并假定式（6-4）中的参数服从如下的随机游走过程：$\beta_{t+1}=\beta_t+\mu_{\beta t}$，$\alpha_{t+1}=\alpha_t+\mu_{\alpha t}$，$h_{t+1}=h_t+\mu_{ht}$，$t=s+1,\cdots,n$。这里，各参数均服从正态分布，其分布的均值和方差如下：$\beta_{s+1}\sim N(\mu_{\beta_0},\Sigma_{\beta_0})$，$\alpha_{s+1}\sim N(\mu_{A_0},\Sigma_{A_0})$，$h_{s+1}\sim N(\mu_{h_0},\Sigma_{h_0})$。

6.4　实证结果与分析

在实证分析部分，我们首先对模型相关变量的数据特征进行统计特征描述；其次，对 TVP-SVAR 模型所选参数进行估计，主要分析油价冲击对我国经济政策不确定性影响的等间隔冲击和时点冲击响应路径并进行方差分解；最后，对实证结果进行稳健性检验。

6.4.1 模型变量数据统计特征描述

表 6-1 给出了 SVAR 模型包含的 6 个变量的数据统计特征描述。在表 6-1 中，对比 6 个变量的分布形态，除了 ROP 为中等程度左偏较大外，其余偏斜程度均较小；从 6 个变量峰度值看，除 IVA 为较扁平分布外，其余变量峰度值相差不大。采用 ADF 与 PP 单位根检验的结果表明所有变量均是 $I(0)$，即平稳时间序列，这意味着这些变量之间不存在协整关系，因此我们研究这些变量之间的短期关系，而不是长期关系。

表 6-1　变量数据统计特征描述

统计量	PROD	KI	ROP	IVA	IMPI	EPU
均值	0.01	11	0.03	11.69	103.48	4.94
中位数	0.01	–4.86	0.04	11.45	104	4.86
最大值	0.07	189.22	0.59	23.2	122.7	6.87

续表

统计量	PROD	KI	ROP	IVA	IMPI	EPU
最小值	–0.03	–161.64	–0.83	2.3	79.6	3.26
标准差	0.02	74.78	0.33	4.64	9.06	0.73
偏度	0.14	0.44	–0.74	0.15	–0.35	0.36
峰度	3.01	2.45	3.11	1.8	2.85	2.83
ADF 检验	–3.44***	–2.75***	–3.53***	–4.13***	–4.259***	–3.24*
PP 检验	–4.04***	–2.28***	–3.51***	–8.56***	–3.46***	–7.89***

***，*分别代表 1%，10%显著性水平下拒绝原假设

在对表 6-1 分析的基础上，我们对 SVAR 模型最优滞后阶数进行选择。在采用 SVAR 模型之前，先对 VAR 模型最优滞后阶数进行选择。我们采用 AIC 准则进行判断，AIC 准则给出的最优滞后阶数为 2 阶。为检测 VAR 模型残差序列的自相关性，采用 LM 检验统计量进行检验，检验结果表明模型在滞后 2 阶的情况下残差序列不存在自相关。

6.4.2 TVP-SVAR 模型所选参数估计

根据上文给出的 SVAR 模型中的 6 个变量，我们构建 TVP-SVAR 模型，依据 AIC 准则和 SC 准则，对模型变量的最优滞后阶数进行检验，选择 2 阶参数滞后。本章将 MCMC 模拟次数设定为 10 000 次。出于稳健性考虑，将本模拟抽样的起始次数设定为 1 000 次，用以规避初期迭代参数的不平稳性。预模拟状况由下式 CD 统计量决定。CD 统计量的计算公式表示如下：

$$\mathrm{CD}=(\bar{x}_0-\bar{x}_1)\Big/\sqrt{\hat{\sigma}_0^2/n_0+\hat{\sigma}_1^2/n_1}\ ,\qquad \bar{x}_j=1/n_j\sum_{i=m_j}^{m_j+n_j-1}x^{(i)}$$

其中，$x^{(i)}$ 表示第 i 次抽取的样本；当 j=0，1 时，$\sqrt{\hat{\sigma}_j^2/n_j}$ 分别表示 x_0 与 x_2 的标准差。当 MCMC 抽样产生平稳的样本序列时，其分布将收敛于一个正态分布。在本章中令 m_0=1，n_0=1 000，m_1=5 001，n_1=5 000。无效率因子定义为 $1+2\sum_{s=1}^{\beta_m}\rho_s$，其中，$\rho_s$ 表示滞后 s 阶的样本自相关系数，其计算值用来测度 MCMC 链的混合程度（Chib，2015），其数值表示后验样本均值的方差与不相关抽样样本均值方差的比值。无效率因子的倒数称为相对数值效率（Geweke，1992）。当无效率因子等于 m 时，我们需要抽取 MCMC 样本数量 m 个。参数估计结果如表 6-2 所示。

表 6-2　模型参数估计结果

参数	均值	标准差	95%置信区间	CD	无效因子
sb_1	0.022 8	0.002 6	[0.018 3，0.028 4]	0.787	9.1
Sb_2	0.017 8	0.001 5	[0.015 0，0.021 0]	0.538	10.19
sa_1	0.078 0	0.030 4	[0.040 3，0.163 7]	0.508	87.61
Sa_2	0.103 3	0.042 5	[0.048 0，0.211 6]	0.229	102.99
sh_1	0.569 1	0.074 9	[0.432 8，0.727 6]	0.187	107.95
Sh_2	0.359 7	0.081 1	[0.214 5，0.532 1]	0.122	54.66

表 6-2 显示了所选参数的估计结果。模型所有参数估计的后验均值均落入 95%置信区间，对 CD 统计量的计算结果表明，在 5%显著水平下，不拒绝参数收敛于后验分布的假设。同时，无效率因子的计算数值结果处于合理的水平，这些结果均表明后验分布模拟取样结果是有效的。

在上述模型参数估计的基础上，我们使用 TVP-SVAR 模型的等间隔冲击的脉冲响应函数和时点冲击的脉冲响应函数来分析 2001 年 1 月至 2019 年 6 月油价冲击对我国经济政策不确定性指数的作用机制。鉴于 TVP-SVAR 模型参数的估计结果具有时变特性，因此模型的脉冲响应函数从动态角度刻画变量之间的时变作用关系。

1. 油价冲击对我国经济政策不确定性影响的等间隔脉冲响应函数

等间隔脉冲响应函数是指在样本期间内每一期中的自变量生成 1 单位冲击后，因变量在相等时间间隔后的响应情况，以此来识别变量之间作用关系的时变特征。考虑到相关经济政策对外在冲击在短期、中期和长期调整和反应的时间，本章将时间间隔分别设定为 3 期、6 期和 12 期，并在相应的冲击反应函数图中分别用实线、长虚线及短虚线依次代表不同期等间隔冲击反应函数。

图 6-1~图 6-3 分别表示全球石油供给冲击（PROD）、全球石油需求冲击（KI），石油特定市场需求冲击（ROP）在时间间隔为 3 期、6 期和 12 期对我国经济政策不确定性指数（EPU）的等间隔冲击反应函数。在此三个图中，依据 Cashin 等（2014）的设定，全球石油供给冲击被设定为负向冲击，而全球石油需求冲击、石油特定市场需求冲击设定为正向冲击，因此这三种类型的油价冲击作用结果都会提高油价。

图 6-1 显示出我国 EPU 对不同间隔期的全球石油供应单位变动冲击反应的敏感程度不同，3 期滞后反应剧烈，6 期与 12 期滞后反应趋同。石油供应中断会导致我国进口商品价格指数（IMPI）增加，进而引发我国经济政策不确定性程度升高。我国 EPU 3 期滞后响应程度在 2011 年 1 月之后明显大于之前的反应，在 2013

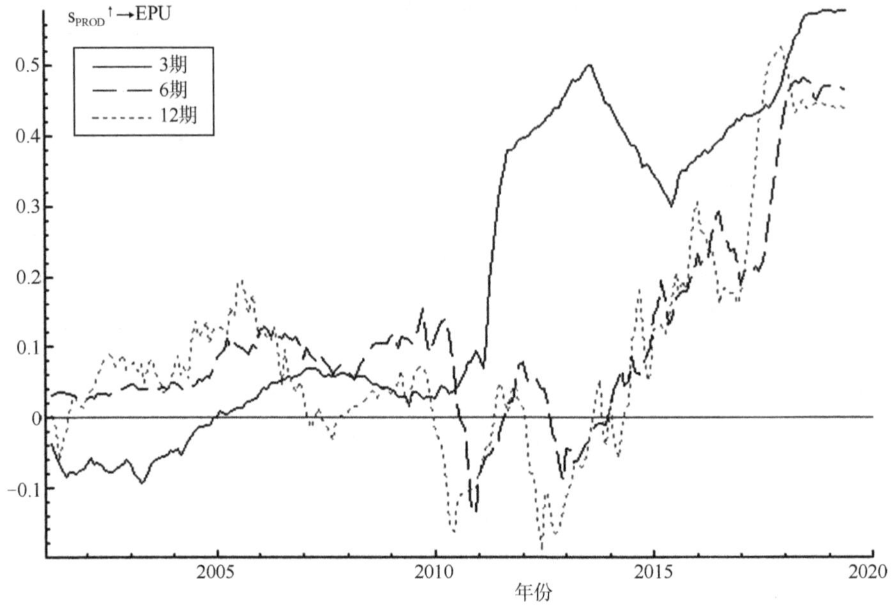

图 6-1　PROD 对 EPU 冲击的等间隔冲击反应函数

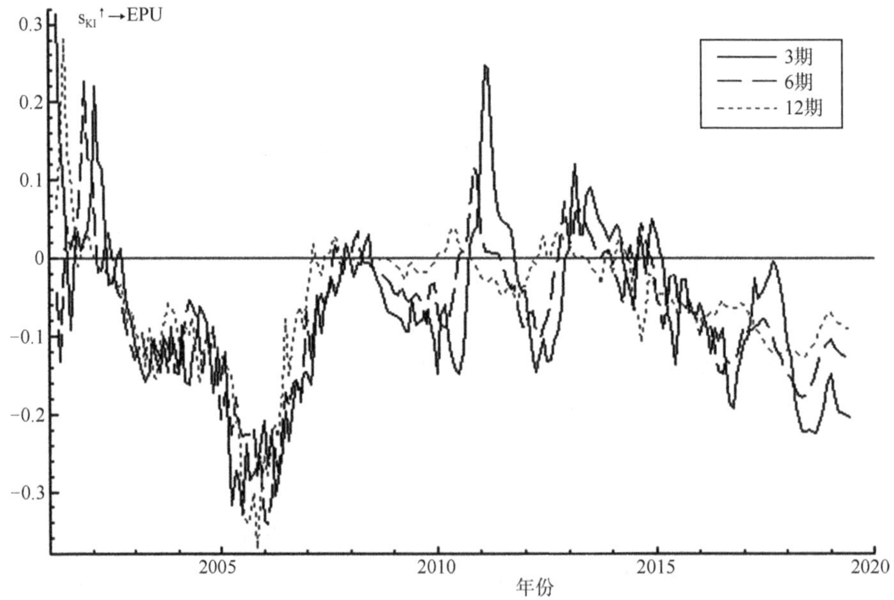

图 6-2　KI 对 EPU 冲击的等间隔冲击反应函数

年 5 月达到阶段性的高值，之后出现下降，从 2015 年 5 月又开始上升，到 2018

年 5 月达到高值，之后处于高位平稳阶段，这说明 PROD 短期内对我国 EPU 影响明显。观察我国 EPU 在间隔 6 期和 12 期对 PROD 的滞后反应，尤其是间隔 12 期的滞后反应，更加准确地捕捉了全球石油供给状况的走势和当时的经济环境，如 2009 年 8 月 PROD 引发我国 EPU 处于阶段性的高位，这与金融危机和石油市场预期供给不足直接相关；又如 2017 年 9 月 PROD 导致我国 EPU 处于高位，与当时世界对石油需求旺盛而我国又处于三期叠加的“经济新常态”——财政、货币、监管政策经常需要调整导致的经济政策不确定性程度高，使得我国 EPU 对外部的不利冲击反应更加敏感。

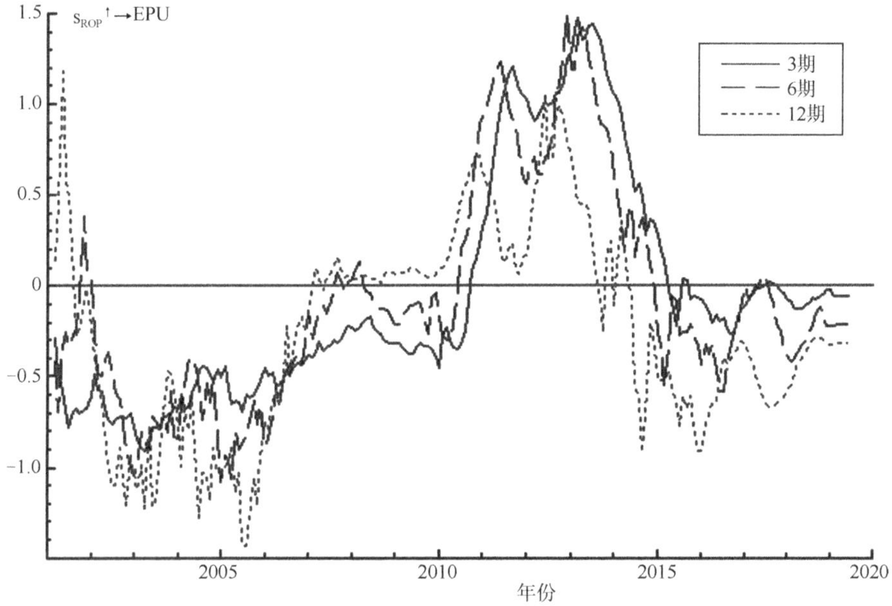

图 6-3　ROP 对 EPU 冲击的等间隔冲击反应函数

图 6-2 展示的是我国 EPU 对 KI 即全球对工业品的需求变动在不同滞后期的反应。总体来看，KI 的正向变动意味着全球经济活动增强，对工业品需求增加，有利于降低我国经济政策的不确定性。但是在 2010 年 8 月至 2011 年 9 月和 2013 年 1 月至 2014 年 3 月，KI 正向冲击对我国 EPU 在 3 期间隔期的响应显著提升了经济政策的不确定性，而间隔 6 期和 12 期的响应强度不明显，这与当时我国和其他非 OECD 国家对石油需求旺盛和 OPEC 消减石油产量目标密切相关[①]。尽管 2015 年后我国经济发展步入新常态，经济政策经常调整，不确定性增加，但 KI 的正向

① 数据来源：https://www.eia.gov/finance/markets/crudeoil/demand-nonoecd.php.

冲击还是明显地降低了我国的 EPU，这源于我国与世界经济深度融合，出口贸易的增加有利于缓解经济政策的不确定性。

图 6-3 呈现的是我国 EPU 对 ROP 即石油特定市场需求冲击，在不同间隔期的反应。从图中看出，EPU 对间隔 3 期和 6 期的 ROP 冲击的响应程度强于滞后 12 期的，总体看，除 2009~2013 年外，我国 EPU 对 ROP 的冲击响应基本为负向，原因在于 ROP 主要反映了石油市场上的供求和金融投机的预期变化。近年来，由于石油金融化的加强和金融投机活动的增加，在多数情况下，ROP 的正向冲击会导致我国进口商品价格指数的上升，进而引发 EPU 的上升，但是在不同时间段，这种作用会呈现不同的特征。在金融危机和欧洲主权债务危机期间，以及 2014 年下半年美国页岩油产出的大规模增加和对石油需求预期的降低使得市场风险加剧，出于风险规避，投机基金从石油市场撤离，金融投机的作用明显减弱，因此，石油特定需求冲击对我国 EPU 的影响在特定时期作用较大。

图 6-4~图 6-6 分别给出了在间隔为 3 期、6 期和 12 期我国工业增加值（IVA），我国进口商品价格指数（IMPI）和我国 EPU 自身变动（EPU）对我国 EPU 的冲击响应函数。

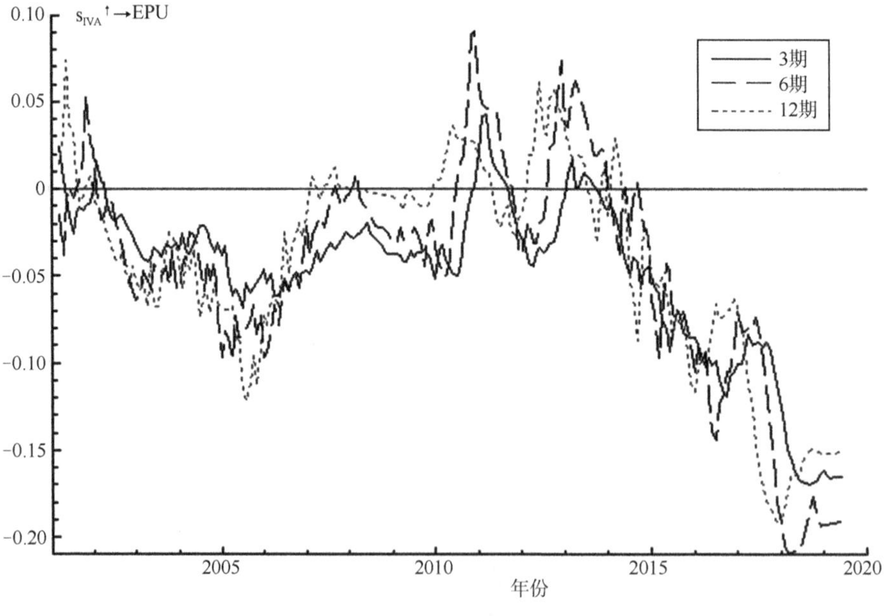

图 6-4　IVA 对 EPU 冲击的等间隔冲击反应函数

观察图 6-4，当代表我国内需的 IVA 出现正向冲击时，我国 EPU 在不同的时间间隔期响应尽管有所不同，但图形走势差别不大。EPU 对 IVA 正向变动的冲击

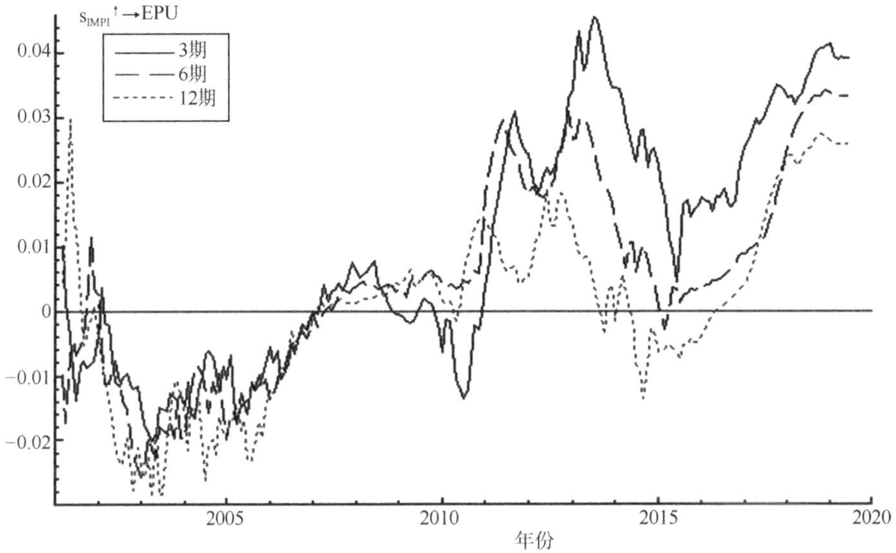

图 6-5　EPU 对 IMPI 冲击的等间隔反应函数

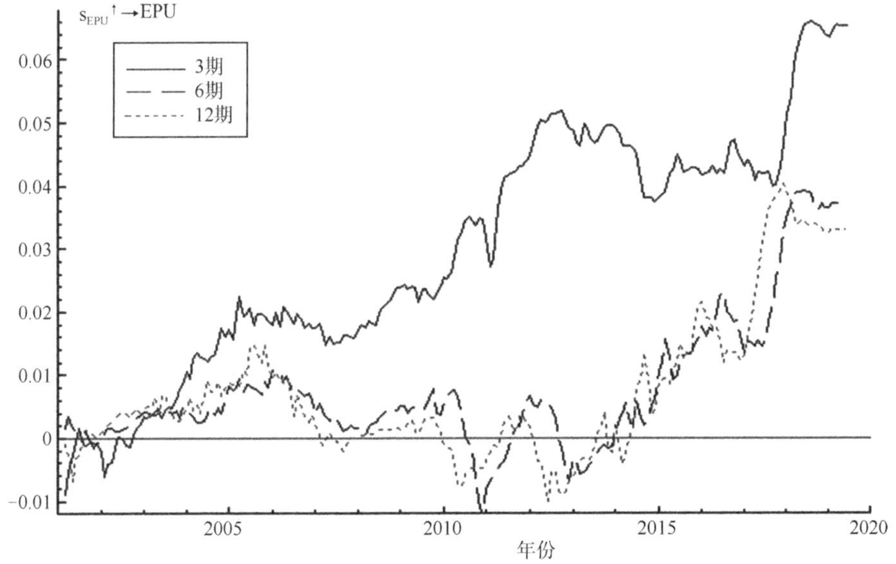

图 6-6　EPU 对自身冲击的等间隔反应函数

最显著的响应发生在 6 个月的时间范围内。除了在 2010 年 4 月至 2011 年 8 月和 2012 年 5 月至 2014 年 1 月两个时间段外，样本期间的其余时间段 EPU 对 IVA 的单位正向冲击响应均为负值，尤其是在我国进入经济新常态后，这种负向响应更为明显，原因在于近年来随着我国经济结构调整和外部经济环境的变化，经济增长速度放缓，IVA 的增加显然有利于降低我国经济政策的不确定性。

图 6-5 展示的是 EPU 对我国进口商品价格指数（IMPI）的等间隔冲击响应函数。总体来看，IMPI 正向变动对 EPU 的冲击在 3 期间隔期强度最显著，其次是 6 期间隔期。自 2010 年 9 月之后，IMPI 正向变动产生的冲击对 3 期和 6 期间隔期而言均会导致我国 EPU 的上升，只是在不同的时间段强度不同。在 2012 年 2 月至 2014 年 1 月和 2018 年 4 月至 2019 年 1 月两个时间段内，EPU 对 IMPI 冲击的 3 期等间隔响应程度最明显，说明尽管金融危机在一定程度上减缓了全球经济对石油的需求，但是危机之后发展中国家对石油需求依旧强劲，产业结构的特点决定了我国对石油能源依赖程度高，加之石油需求的高对外依存度，易引发我国 EPU 在短期内对 IMPI 的正向冲击响应的高度敏感性，另外 2018 年后我国处于内部经济发展三期叠加的阵痛期和外部经济环境变动的敏感期，IMPI 的正向变动易引发我国经济政策不确定性提升。

图 6-6 给出的是 EPU 对自身等间隔冲击响应函数。EPU 对自身在 3 期等间隔冲击响应最显著，而 6 期和 12 期等间隔冲击响应走势相似，其响应程度明显弱于滞后 3 期的响应。总体看，我国 EPU 对自身冲击响应具有自加强趋势，3 期滞后响应自加强程度表现最明显，尤其是在 2017 年 8 月之后，3 期滞后冲击响应函数走势呈现快速上升趋势，前期高不确定性引发了后期更高程度的不确定性，这与现阶段我国所处的外部经济环境较高程度的不确定性密切相关。

2. 油价冲击在不同时点对我国经济政策不确定性影响的传递效应

时点脉冲响应函数能够反应自变量在指定时点产生 1 单位冲击后，因变量的响应情况。考虑到在样本期限内国际油价走势和国内外经济条件的变化，本章选取样本时点 t=94（2008 年 9 月发生金融危机的月份），t=169（2014 年 10 月，代表我国步入经济新常态），t=195（2017 年 2 月，是油价波动幅度较大，我国进口商品价格指数达到较高水平的时期）分别作为代表性的时点，描述油价冲击在不同时点对我国 EPU 的传递路径。

图 6-7 展示了当 PROD 产生 1 单位负向冲击后，在 3 个不同时点，我国 EPU 响应函数曲线的走势形状基本相同，即在冲击发生的第 1 个月，EPU 反应最为敏感，从第 2 个月开始快速下降到较低点，之后走势呈现收敛状态。EPU 对 PROD 冲击响应走势的特征表明：一方面，无论在什么时点，我国作为对外依存度高的石油进口大国对石油供给短缺具有高度敏感性，当国际石油出现短缺时，应对出现石油短缺的经济政策会及时调整；另一方面，石油供给短缺只对 EPU 产生短期显著影响，尽管在不同时点 EPU 响应曲线在较长期的走势略有不同，但是均表明

突发的石油供给中断对经济政策不确定性的冲击在长期影响上可以忽略，这与历史上由于各种地缘政治冲突导致石油供给中断产生的对世界经济的影响类似——均表现为短期影响显著，长期作用式微。

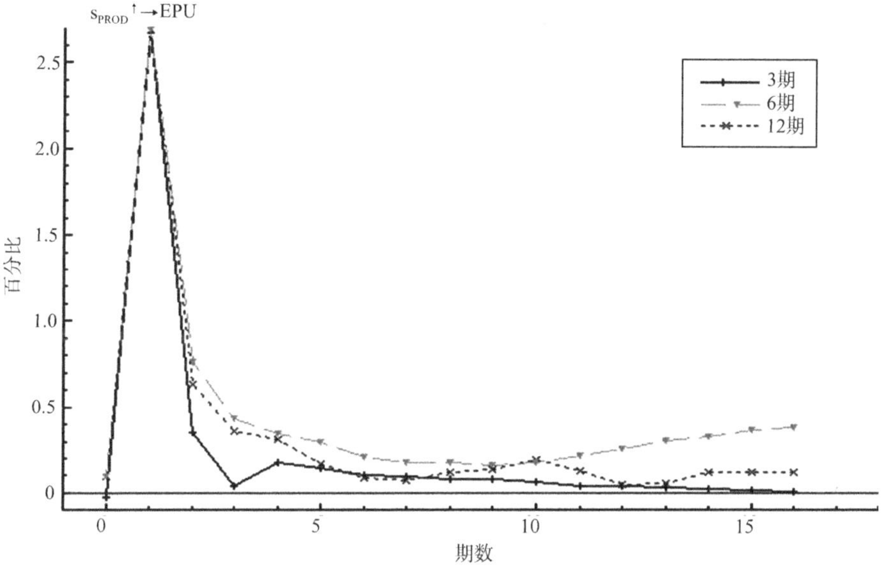

图 6-7 PROD 对 EPU 冲击的时点脉冲响应

图 6-8 给出的是我国 EPU 对 KI 单位正向变动冲击在三个不同时点的冲击响应路径。总体看，KI 的正向变动有利于降低我国 EPU，但是在不同时点其响应函数曲线走势不同。在 2008 年 9 月发生金融危机期间，尽管油价暴跌，全球经济面临下行压力，对石油的需求疲软，但是 KI 的正向变动在短期和中期的时间段上显著地降低了我国的 EPU；在 2014 年 10 月我国经济步入新常态的时点上，KI 的单位冲击在最初 2 个月小幅度降低了 EPU，但是在 3~7 月却较显著地提升了 EPU，7 个月之后又显著地降低了 EPU，这表明我国在初期步入经济新常态期间，国内的经济政策处于不断调整变化中，对世界经济短期向好的冲击需要一个调整过程；在 2017 年 2 月的第三个时点上，由于国内经济政策调整渡过振荡期，KI 的正向冲击表明世界实际经济活动短期向好，这将显著地降低我国 EPU 的波动。

图 6-9 展示的是我国 EPU 对实际油价变动，即石油市场特定需求冲击 1 单位正向变动在三个不同时点的响应路径。在冲击发生的第一个月，EPU 在三个不同的时点均呈现负向变动，说明短期的石油市场的特定需求冲击引发的油价上涨减缓了经济政策的波动性。例如，在第一个时点，即金融危机期间，出现了油价的大幅度跳水，由特定需求引发的油价正向冲击将有利于改善人们的经济预期，能

够在一定程度上减低经济政策的波动性。在第二个时点，我国经济发展初步进入新常态，实际油价正向冲击的延续作用在中期会引发 EPU 的增加，而长期上具有减缓的作用。第三个时点表示的是近几年油价波动较大的时期，我国 EPU 在这个时期对特定需求冲击短期反应最敏感，函数响应路径走势上下起伏较大，从中长期看降低了 EPU 的波动性。

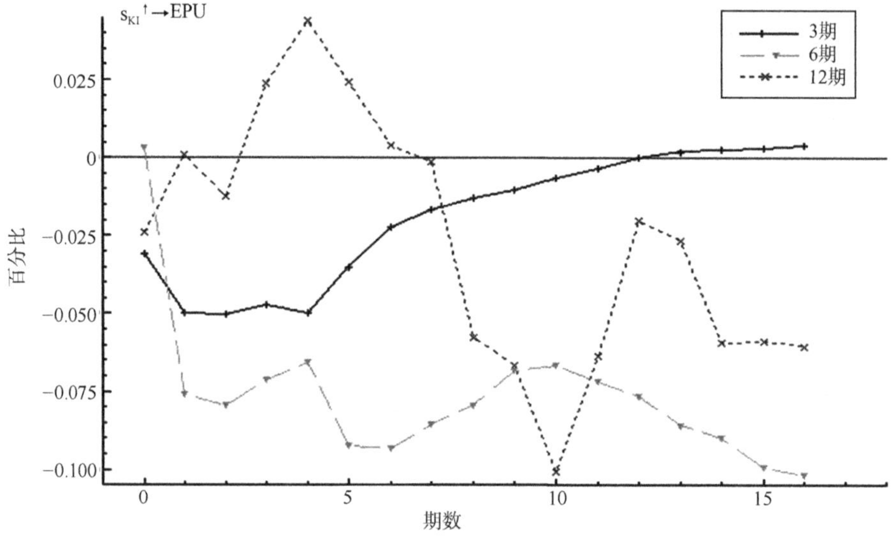

图 6-8　KI 对 EPU 冲击的时点脉冲响应

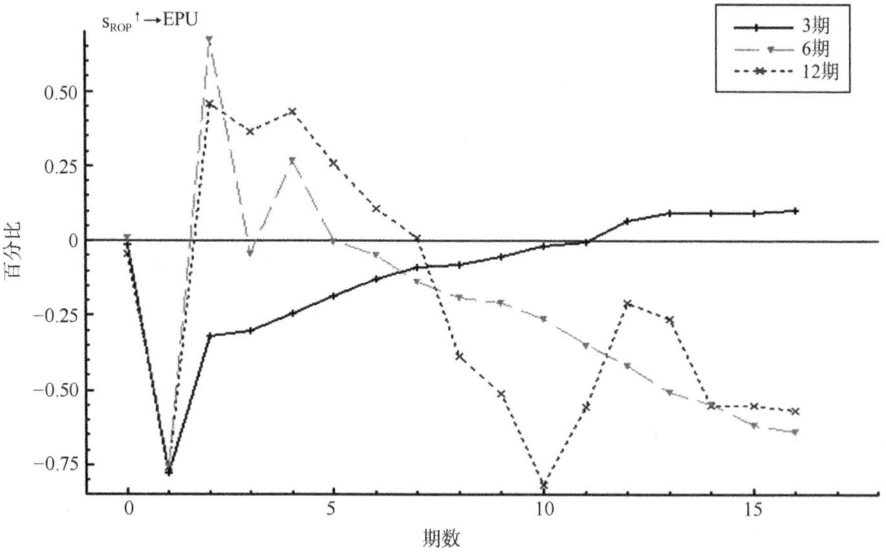

图 6-9　ROP 对 EPU 冲击的时点脉冲响应

图 6-10~图 6-12 分别给出了我国 EPU 对我国工业增加值（IVA），进口商品价格指数（IMPI）及 EPU 自身正向冲击在三个不同时点的脉冲响应函数。图 6-10 描述的是 IVA 的单位正向变动对 EPU 产生的冲击影响。总体上看，尽管选择的时点不同，但是 IVA 的正向变动均显著地降低了 EPU，只是在不同的时点降低的程

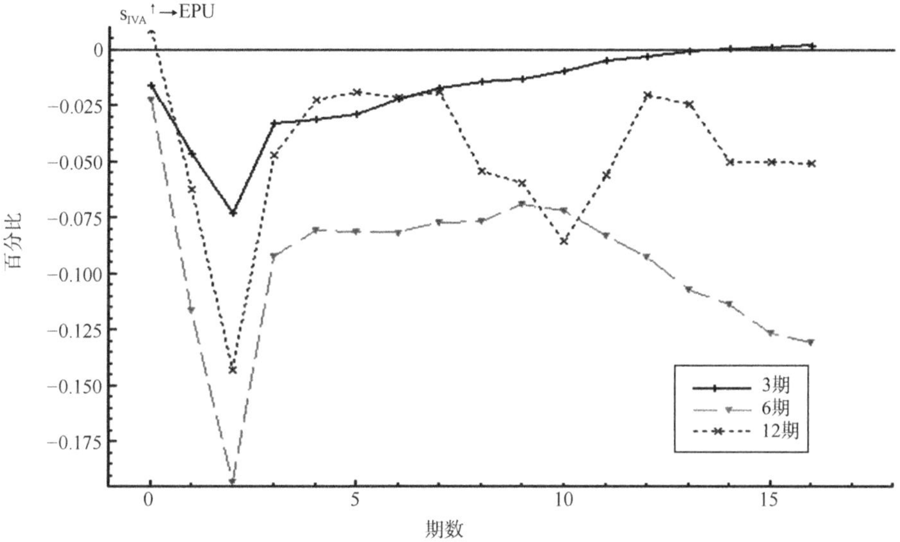

图 6-10　IVA 对 EPU 冲击的时点脉冲响应

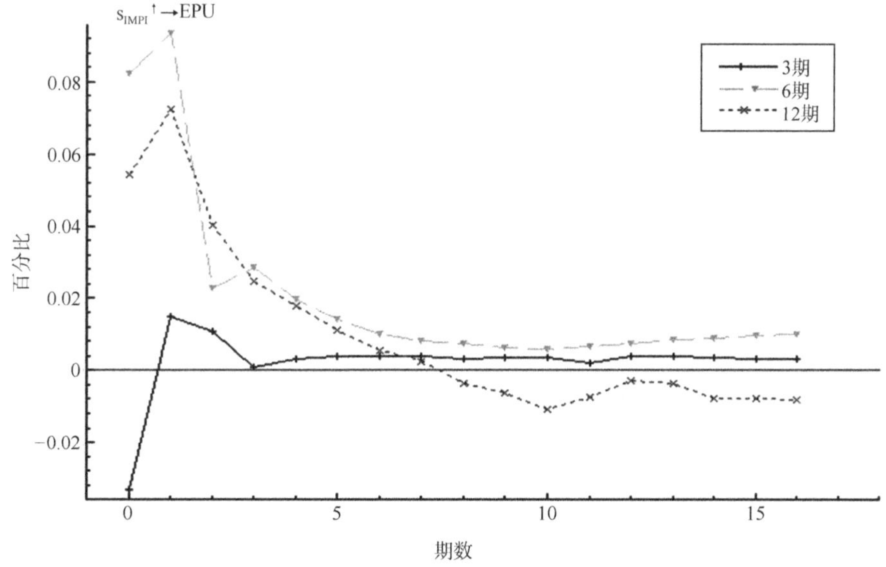

图 6-11　IMPI 对 EPU 冲击的时点脉冲响应

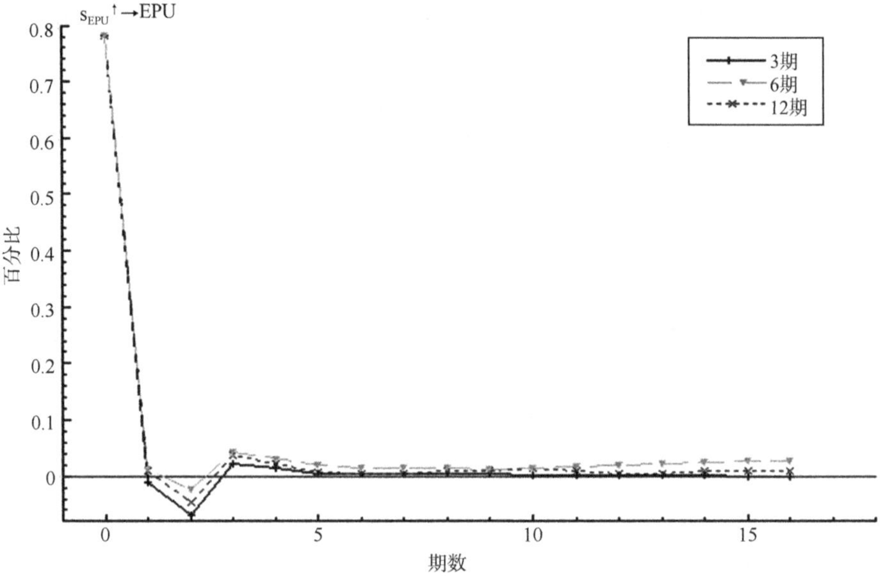

图 6-12　EPU 对 EPU 冲击的时点脉冲响应

度不同，这说明国内 IVA 的提高有利于降低我国经济政策的波动性。在金融危机期间，IVA 的正向变动在最初的两个月导致了 EPU 的较快下降，之后 EPU 出现回升，但是基本是在零值以下。在我国经济步入新常态的时间点，IVA 的冲击在最初两个月也明显地降低了 EPU，而在我国进口商品价格指数较高的 2017 年初，IVA 的冲击比前两个时期更显著地降低了我国的 EPU。

图 6-11 给出的是 IMPI 单位正向冲击对 EPU 影响在三个不同时点上的表现。在金融危机期间，IMPI 的提升在初期能明显降低 EPU，在后期作用微弱，即图中表现为 EPU 的响应路径接近水平线；而在 2014 年我国经济步入新常态和 2017 年 IMPI 较高的时期，IMPI 的正向冲击在最初两个月均显著地提升了我国的 EPU，而后逐步降低，收敛到水平线附近。

图 6-12 描绘的是在三个不同的时点 EPU 单位变动对其自身产生的冲击响应图。从图 6-12 中观察到，三个不同时期走势相同，即 EPU 冲击响应路径在初始第一个月快速下降到水平线附近，在滞后 3 个月后收敛到水平线附近，说明 EPU 对自身的冲击具有收敛作用。

3. *方差分解*

我们使用方差分解来量化四种类型来源的油价冲击（全球石油供给冲击，全球石油需求冲击、石油特定市场需求冲击和中国国内需求冲击）及我国 IMPI 在不同阶段对我国 EPU 产生的影响程度。表 6-3 列出了我国 EPU 对变量 PROD，

KI，ROP，IVA，IMPI 冲击的方差分解。表 6-3 中数据显示的是 3 个月、6 个月、12 个月和 24 个月的时间范围内各变量冲击对 EPU 变动的贡献百分比。

表 6-3　我国 EPU 在 4 个时期的方差分解

时期	PROD	KI	ROP	IVA	IMPI	EPU
3	1.900 616%	0.360 098%	0.460 686%	6.850 823%	0.738 668%	89.689 11%
6	2.618 614%	0.629 931%	1.134 226%	14.63 371%	0.884 727%	80.098 8%
12	2.940 84%	3.190 448%	3.952 483%	20.902 27%	0.733 565%	68.280 39%
24	3.059 476%	6.682 421%	6.867 451%	23.017 45%	0.722 419%	59.650 78%

根据表 6-3 提供的数据，除 EPU 自身外，在第 3 个月，对 EPU 变动贡献最大的前三个变量是 IVA（6.85%）、PROD（1.9%）和 IMPI（0.74%）；在第 6 个月，则是 IVA（14.63%）、PROD（2.61%）和 ROP（1.13%）；在第 12 个月，分别是 IVA（20.9%）、ROP（3.95%）和 KI（3.19%）；而在第 24 个月，则是 IVA（23.02%）、ROP（6.86%）和 KI（6.68%）。上述分析表明，短期内，石油供给的短缺对我国 EPU 产生一定程度的影响，但是长期影响可忽略；从较长时期看，对我国 EPU 影响最大的是 IVA，其次是 ROP 及 KI，这些分析结果与谭小芬等（2015）的分析结果一致。

6.4.3　稳健性检验

为了使上述实证结果具有稳健性，我们分别采用替代油价方案和替代表征全球实际经济活动的选项来检验实证结果的稳健性。

1. 替代油价方案

我们采用 WTI 价格来替代本章的 Brent 油价分析采用不同种类油价对实证结果稳健性的影响。表 6-4 对比了使用方差分解来量化两种油价在结构冲击中的贡献，我们发现在不同期，除 EPU 自身外，对 EPU 变动贡献最大的前三个变量的排名在两种油价下是相同的，而且每个变量冲击的贡献度在不同油价下所占的百分比差异很小。因此，我们认为使用不同国际油价不会影响实证结果的稳健性。

表 6-4　Brent 与 WTI 两种油价对我国 EPU 影响的方差对比

时期	Brent			WTI		
	3	6	12	3	6	12
PROD	1.900 616%	2.618 614%	2.940 84%	1.955 35%	2.753 409%	3.094 738%

续表

时期	Brent			WTI		
	3	6	12	3	6	12
KI	0.360 098%	0.629 931%	3.190 448%	0.338 9%	0.625 12%	3.216 833%
ROP	0.460 686%	1.134 226%	3.952 483%	0.666 517%	1.253 429%	3.956 536%
IVA	6.850 823%	14.633 71%	20.902 27%	6.771 6%	14.017%	19.581 92%
IMPI	0.738 668%	0.884 727%	0.733 565%	0.9358 09%	1.311 985%	1.201 629%
EPU	89.689 11%	80.098 8%	68.280 39%	89.331 82%	80.039 06%	68.948 34%

2. 表征全球实际经济活动的替代方案

对石油等大宗商品需求的全球实际经济活动除采用 Kilian 指数外，还可以使用波罗的海干散度指数（BDI）作为全球经济活动的替代指标（Kilian，2009；谭小芬等，2015；Chen et al.，2020）；也有的研究采用了全球月度实际工业增加值来替代，如 Baumeister 等（2020）认为全球实际工业增加值是预期实际油价和全球石油消费最有用的指标之一；Hamilton（ 2019）认为世界工业生产为全球实际经济活动提供了更好的指标。考虑到数据的可得性，本章采用 BDI 作为 Kilian 指数的替代方法来确定主要结果的稳定性。表 6-5 给出了 KI 与 BDI 这两种指标代表的全球实际经济活动对我国 EPU 影响的方差对比。

表 6-5　KI 与 BDI 两种不同实际经济活动指标对我国 EPU 影响的方差对比

时期	KI			BDI		
	3	6	12	3	6	12
PROD	1.900 616%	2.618 614%	2.940 84%	1.898 75%	2.606 848%	2.898 104%
KI	0.360 098%	0.629 931%	3.190 448%	0.178 62%	0.523 456%	3.120 345%
ROP	0.460 686%	1.134 226%	3.952 483%	0.442 737%	1.121 292%	3.858 488%
IVA	6.850 823%	14.633 71%	20.902 27%	6.823 414%	14.537 16%	20.790 29%
IMPI	0.738 668%	0.884 727%	0.733 565%	0.763 012%	0.898 143%	0.736 528%
EPU	89.689 11%	80.098 8%	68.280 39%	89.893 47%	80.313 1%	68.596 24%

表 6-5 中的结果表明，对于 BDI 和 KI，我国 EPU 对不同类型的油价冲击响应的方向和趋势都相似，两种指标的方差比表明其响应强度在不同期的差异很小，同时对 EPU 贡献最大的前三个变量的排名次序没有发生改变，因此，使用不同的实际经济活动指标没有影响实证结果的高度稳健性。

6.5　结论与政策建议

为了解国际油价冲击对我国经济政策不确定性的影响，在扩展标准石油市场 VAR 模型的基础上，我们将油价的结构性冲击分解为四种类型：全球石油供给冲击、全球石油需求冲击、石油特定市场需求冲击、中国国内需求冲击，同时考虑了我国进口商品价格指数，从价格链传导的视角，构建了时变参数 TVP-SVAR 模型，以全面分析油价冲击对我国经济政策不确定性指数在 2000 年 1 月至 2019 年 6 月的时变影响。根据上述实证结果，我们得出如下结论。

（1）全球石油供给冲击、全球石油需求冲击、石油特定市场需求冲击和中国国内需求冲击这四种类型的结构性冲击在不同的时间间隔和不同的时点对我国经济政策不确定性的影响在影响方向、强度和持续时间上随着时间的变动存在显著的差异。不同时间期限的等间隔冲击反应函数表明：短期内石油供给短缺能够显著地提升我国 EPU；全球需求的正向冲击能明显地降低我国的 EPU；石油特定需求冲击对我国 EPU 影响的方向和强度在不同时间阶段呈现不同的特点，在特定时期作用明显；我国工业增加值的正向变动在不同的间隔期均能明显地降低我国的 EPU；我国 EPU 对进口商品价格指数的正向冲击在不同间隔期均具有较高程度的敏感性。

（2）四种类型的结构性油价冲击在不同时点对我国 EPU 影响的传递效应呈现出不同的特点。石油供给短缺在不同的时点对我国 EPU 的作用均呈现出在短期内效果显著，长期影响微弱的特征；全球需求正向冲击在不同时点均有利于降低我国 EPU，但是降低的程度和响应的路径具有差异性；石油特定需求冲击对我国 EPU 响应影响路径随着经济情境不同展示出不同的特点；不同时点的我国工业增加值的正向冲击均能显著地降低我国的 EPU；我国进口商品价格指数的正向冲击在不同时点对我国 EPU 的影响在初期表现出方向上的异质性，在后期均收敛到水平线附近。

在上述结论的基础上，本章给出的政策启示如下。

第一，要高度重视以国际油价为代表的大宗商品价格冲击对我国经济政策不确定性的影响，尤其是石油供给短缺在短期内会在相当程度上影响到我国经济政策的稳定性。为此，建立经济合理、能够动态调整的石油储备体系能够有效地缓冲由于供给短缺引发的油价冲击对我国经济政策的冲击。

第二，完善上海石油期货市场交易衍生品种、规模和效率，利用本国的石油期货市场进行风险对冲，这不仅有助于降低国际特定石油市场需求冲击对我国经济政策不确定性的影响，而且有利于提升我国在国际石油市场的话语权，同时还能够为我国相关产业链上下游企业提供套期保值的工具，增强我国对国际石油市场价格动荡的抵御能力。

第三，要结合国际油价波动与世界经济景气状况进行综合研判，这样有助于在面对油价大幅度波动时，从油价冲击来源视角及时辨别油价冲击来源的性质，对相关经济政策调整进行相机抉择，以降低经济政策的不确定性。

第四，充分考虑油价冲击在不同时点和不同间隔期对我国工业产出和进口商品价格指数的影响，从油价冲击价格链传导的视角考虑促进以市场为导向的能源定价机制的进一步完善，提高价格传导机制的稳健性，将有助于降低我国经济政策的不确定性。

第 7 章　中国因素对国际大宗商品价格影响的实证检验

鉴于中国是国际大宗商品最大的进口国和消费国，国际市场上大宗商品价格的变动不仅对中国宏观经济和货币政策产生影响，同时中国自身的实际经济产出与货币流动性也对国际大宗商品价格产生反向影响，因此研究中国宏观经济波动与货币政策对国际大宗商品价格影响的路径与程度对于理解与识别国际商品价格波动与国内宏观经济变量之间的关系具有重要的现实意义。本章基于 1998 年 1 月至 2017 年 2 月的月度同比数据，选取世界银行提供的能源和非能源类国际大宗商品价格指数，利用 TVP-VAR 模型分析了我国实际工业产出与银行利率变动对国际大宗商品价格的影响。研究发现，中国工业产出变动对国际能源价格指数的冲击影响明显强于非能源价格指数，中国利率冲击对国际大宗商品价格指数影响有限，2015 年后国际大宗商品价格对中国经济变量的冲击响应函数呈现出复杂性特征。本章相应政策建议是：①在分析国际商品价格尤其是能源类商品价格对中国经济影响时，要充分关注中国工业产出和银行利率变动在短期内对大宗商品价格的冲击作用；②在经济新常态背景下，要有效识别中国因素与国际大宗商品价格之间相互作用关系的时变特征与阶段性特性，有利于宏观经济政策实施的有效性。

7.1　引　　言

近十几年来，国际大宗商品市场波动更加频繁。2008 年大宗商品价格一路飙升，其间经过反复震荡至 2014 年 7 月，大宗商品价格又出现大幅下跌。2015 年 11 月国际油价从每桶 100 美元左右大幅下跌到每桶 40 美元，创后金融危机以来的最低纪录。大宗商品价格波动给世界带来许多不确定因素，影响各国经济长期增长。在对大宗商品价格波动驱动因素的研究中，中国因素成为一个凸显因素。人们普遍认为随着中国几十年强劲的经济增长、工业化和城市化的进程的加快、大量的基础设施投资和对食物（尤其是肉类）消费的增长，这种资源密集型增长模式使得中国在国际大宗商品市场上扮演着举足轻重的角色（Hamilton，2009）。

作为世界第二大经济体，中国对国际大宗商品市场的影响力不仅表现在对大宗商品实体需求的量上，也体现在对大宗商品金融市场的影响力上。近年来，大宗商品期货市场在中国获得了长足的发展。根据世界证券交易委员会（World Federation of Exchanges，WFE）2016 年的数据，中国三大商品交易所——大连商品交易所、上海期货交易所、郑州商品交易所交易的商品合约数从 2011 年 20 亿份合约增加到 2016 年 41 亿份合约，在 WFE 交易的合约数占比从 43.4%增加到 62.2%。中国三大商品交易所 2016 年名义成交额是 22.55 万亿美元，约是 2004 年成交额 0.71 万亿美元的 31 倍。

不可否认的是，作为发展中大国，随着中国经济持续稳健地发展，无论是在大宗商品需求的数量上还是在国际商品金融市场的影响上，中国都扮演着越来越重要的角色。尽管目前很多文献研究国际大宗商品价格冲击对我国宏观经济变量的影响，但是我国宏观经济变量，如工业产出、利率等的变动对国际大宗商品价格的影响作用也不容忽视，特别是随着近年来我国资本账户管制的逐步放开和利率市场化进程的不断推进，中国工业产值和利率等宏观经济变量对国际大宗商品价格的影响机制是否存在着结构性改变，研究者尚未给出普适性的结论。鉴于此，本章将研究中国宏观经济变量对国际大宗商品市场价格的时变影响机制，分析我国工业产值和利率变动对国际大宗商品市场的溢出效应，从而为更好地把握国际商品市场价格的走势提供相应的经验支持和政策建议。

7.2 基于中国因素对大宗商品价格影响的相关文献综述

从近期文献看，国内外研究中国因素对国际大宗商品价格的影响主要从三个角度进行分析。一是从大宗商品进口需求侧的视角分析中国经济的快速发展对国际大宗商品市场价格的影响。大量文献研究认为中国作为新兴经济体，快速的经济发展和工业化推动了大宗商品价格的上涨。Hamilton（2009）认为 2007~2008 年国际油价的大幅度上涨是世界石油生产停滞不前和对石油强劲的需求导致的，而这种需求量的增加主要来源于中国等新兴经济体。Roache（2012）认为中国经济活动总体上对国际石油和基础性原材料贱金属价格具有显著持续的短期影响，而对部分具有库存需求的大宗商品价格没有影响。尽管中国对全球商品市场价格的影响力正在上升，但是依然比美国小。Li 和 Lin（2011）认为作为新兴经济体的中国与印度在世界石油市场中是个凸显的因素，并以实证数据论证了 2007~2008 年石油冲击是需求引致的。

二是从扩张性货币政策的角度分析全球流动性对大宗商品价格的影响，但其中对中国的货币流动性分析很少。Belke 等（2013）等分析了全球流动性对大宗商品尤其是食品价格的影响，认为全球流动性与大宗商品价格之间存在长期正向关系。Morana（2013）分析了金融投机在决定油价时的重要作用，发现自 20 世纪 80 年代中期以来，宏观经济波动一直是国际油价波动的主要原因，但在 2000 年之后，金融冲击对油价波动的作用越来越显著。在 2004~2010 年，65%的实际油价上涨中金融冲击贡献了 44%，但 2007~2008 年油价的震荡是由宏观因素与金融因素共同导致的。尽管认为需求侧冲击是油价上涨的重要推手，但是金融冲击的作用比以前所认识的更为重要。

三是既从国际大宗商品实际需求量又从金融市场的角度分析中国对国际大宗商品市场价格的影响作用与传导路径。Klotz 等（2014）运用格兰杰因果关系检验与广义脉冲响应函数实证分析了 1998~2012 年全球大宗商品价格、中国经济产出和货币政策之间的关系。结果表明，中国经济产出是引起能源和工业金属价格变动的格兰杰因；广义脉冲响应函数表明中国工业产出对能源与工业金属价格具有正向冲击的作用；农业类与能源类商品价格对中国实际利率的下降反应过度，当中国利率体系宽松时，工业金属价格有上涨的趋势。

国内文献在分析中国因素对国际大宗商品价格的影响时，多数从中国经济产出与货币政策两个方面进行分析。李靓和穆月英（2015）运用面板 VAR 模型从实体经济和货币金融层面分析了全球八大经济体国内生产总值、短期利率水平、货币供应量三个变量对国际大宗商品价格的影响，认为实体经济对大宗商品价格持久性影响强于货币金融因素，而短期则相反，同时认为发达经济体短期利率水平对大宗商品价格影响的贡献度强于新兴经济体，而货币供应量的影响则相反。谭小芬等（2014）利用 1997~2012 年的季度数据，采用 VAR 模型进行分析，认为中国因素对国际大宗商品价格影响尽管呈现逐步增大的趋势，但是显著性低于发达经济体，其影响机制主要是通过国内总需求而不是货币金融层面，并且对金融危机前后中国的总需求与流动性对国际大宗商品价格的影响进行了对比。韩立岩和尹力博（2012）利用 1999~2011 年的月度数据，采用因素增强型 VAR 模型体系，对美国与中国的实体经济、国际投机因素、商品期货市场供需与库存状态等多个经济指标进行分析，认为长期中实体经济因素是大宗商品价格上涨的主要动力，在其他条件不变的情况下，短期而言，投机因素是造成大宗商品价格波动的主要因素。中国因素通过大宗商品市场供需关系和库存间接影响大宗商品价格，并不是影响的主要因素。

以上国内外学者的研究成果对本书均有可借鉴之处。但不可否认的是，通过梳理目前的研究文献，我们发现中国因素对国际大宗商品价格的影响尚存在有待进一步发掘的方面。从研究方法来看，多数文献采用线性计量模型进行分析，不能较好地刻画中国经济发展和经济结构演进对大宗商品价格影响的时变性；就研究视角来讲，多数文献选取较为具体大宗商品的价格指数，而综合性价格指数选取较少；从选取的样本期限看，多数文献样本期限跨度有限，尤其是近几年的数据样本研究较少，而我国在步入经济发展新常态，尤其是在 2015 年后供需矛盾变化明显，产业结构持续调整优化，经济增长由数量扩张向提质增效转换，经济增速也有所放缓，中国因素对国际大宗商品价格的影响出现了新的特征。以上研究方法、研究视角和选取样本的欠缺为本书进一步研究提供了空间，特别是在我国经济发展从要素驱动、投资驱动转向创新驱动的当下，进一步探讨中国因素对国际大宗商品价格的影响具有重要的现实意义。

7.3 大宗商品价格决定模型构建与 TVP-VAR 模型结构

7.3.1 大宗商品价格决定模型构建

Frankel 和 Rose（2010）认为绝大多数大宗商品具有资产和商品的两重属性。大宗商品资产属性主要表现在它所具有的可储存性和同质性上。普通商品的价格一般是由市场供求关系决定，而大宗商品价格往往是由存货的供求关系决定的。我们采用 Hotelling（1931）模型来刻画大宗商品价格的决定。依据该模型，持有下一期大宗商品的期望收益应该等于当前卖出的收益回报。这种无套利条件下的公式表述为

$$E_t \mathrm{pc}_{t+1} - \mathrm{pc}_t + z_t = r_t \tag{7-1}$$

其中，$E_t\mathrm{pc}_{t+1}$ 表示在时间 t 点给定信息条件下的下一期的期望价格；pc_t 代表在 t 期的大宗商品取自然对数后实际价格；r_t 为实际利率；z_t 的具体含义如式（7-2）所示：

$$z_t = \mathrm{cy}_t - \mathrm{sc}_t - \mathrm{rp}_t \tag{7-2}$$

其中，cy_t 代表持有大宗商品的便利性收益；sc_t 表示存储成本；rp_t 表示风险溢价。

假设 z_t 是经济活动 y_t 的增函数，是实际利率 r_t 的减函数。其假设的事实依据在于：首先，较强的经济活动通过便利收益能够刺激交易对库存的需求。企业为了生产更多产品，需要增加在线库存，进而对大宗商品需求上升。其次，库存成

本与实际利率之间是正相关的，实际利率上升导致库存成本上升。Frankel 和 Rose（2010）认为假设期望价格是处于回归水平的，经济主体期望商品的实际价格恢复到其长期的认知水平上。

$$E_t\text{pc}_{t+1}-\text{pc}_t=-\theta(\text{pc}_t-\text{pc}_t^*) \quad (7\text{-}3)$$

其中，$\theta>0$ 表示调整系数。我们修改这个模型并且考虑到不同大宗商品价格期望之间的相互作用。如果当前价格与其他商品长期水平价格差异很大，那么通常情况下这个调整过程是缓慢的。模型修改后如式（7-4）所示：

$$E_t\text{pc}_{t+1}-\text{pc}_t=-\theta(\text{pc}_t-\text{pc}_t^*)+\theta\phi(\text{po}_t-\text{po}_t^*) \quad (7\text{-}4)$$

其中，$0<\phi<1$。合并式（7-1）与式（7-4），我们得到式（7-5），这个公式描述了实际大宗商品价格是实际利率、经济活动及其他大宗商品价格的函数。

$$\text{pc}_t=\text{pc}_t^*-\frac{1}{\theta}\left[r_t-z_t(y_t^+,r_t^-)\right]+\phi(\text{po}_t-\text{po}_t^*) \quad (7\text{-}5)$$

其中，po_t代表其他商品的价格。表明当实际利率下降，经济活动改善和其他大宗商品价格上升时都会导致实际大宗商品价格上升。

需要指出的是，式（7-5）将利率变动的整个渠道隐藏到商品价格中（Akram，2009）。第一，从供给渠道看，较低的利率使得商品生产者对可耗尽的商品的提取不太有利可图。这是因为出售商品的收益将投资于没有吸引力的债券。因此，商品供应量下降，价格上涨。第二，从投机需求渠道或投资组合渠道角度分析，由于债券对其他经济代理人的吸引力较小，这些经济代理人试图通过购买更多的商品重新平衡投资组合，商品的投机需求使得商品价格上涨。第三，从库存需求渠道看，较低的利率降低了存储成本，导致了商品库存需求的上升。这有助于商品价格上涨。最后，从交易需求渠道分析，实际利率的下降刺激了经济活动和产出的增长。因此，生产者会需求更多的中间商品，其中包括大宗商品，最终导致大宗商品价格的上升。

7.3.2　TVP-VAR 模型结构

本章在上述大宗商品价格决定理论模型构建的基础上，利用 TVP-VAR 模型进行实证分析。我们首先定义一个标准的 S-VAR 模型：

$$\boldsymbol{A}\boldsymbol{y}_t=F_t y_{t-1}+\cdots+F_s y_{t-s}+\mu_t\,,\quad t=s+1,\cdots,n \quad (7\text{-}6)$$

其中，$\boldsymbol{y}_t$为 $k\times1$ 维观测向量；$\boldsymbol{A}$ 为 $k\times k$ 维联立系数矩阵；$\boldsymbol{F}_1\cdots\cdots\boldsymbol{F}_t$为 $k\times k$ 维的滞后系数矩阵；扰动项 μ_t为 $k\times1$ 维的结构冲击，假设 $\mu_t\sim N$（0，$\sum$）。同时假定结构冲击间的关系服从递归识别，即矩阵 $\boldsymbol{A}$ 为下三角阵。这样，式（7-6）可整理如下形式：

$$\boldsymbol{y}_t = B_1 y_{t-1} + \cdots + B_s y_{t-s} + A^{-1}\Sigma\varepsilon_t,\quad \varepsilon_t \sim N(0, I_t) \tag{7-7}$$

其中，$B_i=A^{-1}F_t$，$i=1$，2，…，s。把矩阵 $\boldsymbol{B}$ 中的每行元素进行拉直处理，写成 $k^2s\times1$ 维向量 $\boldsymbol{\beta}$，定义 $X_t=I_s\otimes$（y_{t-1}，…，y_{t-1}），其中⊗表示克罗内克乘积，于是模型可转化为

$$\boldsymbol{y}_t = X_t\boldsymbol{\beta} + A^{-1}\Sigma\varepsilon_t \tag{7-8}$$

以上部分描述的经典 S-VAR 模型的参数估计是唯一的，接下来我们对莫西系数进行时变推广，将其扩展为 TVP-VAR 模型，具体形式如下：

$$\boldsymbol{y}_t = X_t\beta_t + A_t^{-1}\boldsymbol{\Sigma}_t\varepsilon_t,\quad t = s+1,\cdots,n \tag{7-9}$$

其中，系数 β_t、联立方程系数 A_t 及随机波动的协方差矩阵 $\boldsymbol{\Sigma}_t$ 都服从时变特征。模型中参数的变化形式多样，在此，我们使用 Primiceri（2005）和 Nakajima 等（2011）的处理方式，把下三角矩阵 $\boldsymbol{A}_t$ 中非 0 或 1 的元素拉直成列向量，即令 $\alpha_t = (\alpha_{21},\alpha_{31},\alpha_{32},\alpha_{41},\cdots,\alpha_{k,k-1})$。同时令 $h_t=(h_{1t},\cdots,h_{kt})$，其中 $h_{it}=\log\sigma_{it}^2$，$i=1,2,\cdots,k$，$t=s+1,\cdots,n$。并假定式（7-9）中的参数服从如下的随机游走过程：$\beta_{t+1}=\beta_t+\mu_{\beta t}$；$\alpha_{t+1}=\alpha_t+\mu_{\alpha t}$，$t=s+1,\cdots,n$；$h_{t+1}=h_t+\mu_{ht}$，这里，$\beta_{s+1}\sim N(\mu_{\beta_0},\Sigma_{\beta_0})$，$\alpha_{s+1}\sim N(\mu_{A_0},\Sigma_{A_0})$，$h_{s+1}\sim N(\mu_{h_0},\Sigma_{h_0})$。

7.4 样本选取与数据处理

7.4.1 样本数据选取

描述大宗商品价格变化的指数主要有 CRB 指数、高盛商品指数、世界银行提供的商品价格指数及罗杰斯国际商品指数等。考虑到我国大宗商品进口特点和便于对大宗商品价格进行分类研究和简化处理，我们采用世界银行提供的能源价格指数与非能源价格指数代表国际大宗商品价格。两种价格指数均采用月度价格指数，以 2000 年为基期，时间跨度为 1998 年 1 月至 2017 年 2 月。为了描述我国的货币政策与利率水平，我们采用为期 1 个月银行间同业拆借加权平均利率代表我国利率水平。由于从 1998 年开始我国加快银行业改革，正式用目标制度取代信贷配额制度，故利率样本时间期限选取为 1998 年 1 月至 2017 年 2 月，数据来源于中经网。与大宗商品消耗直接相关的主要是工业经济活动，因此，我们用工业增加值来代表我国经济活动对大宗商品的消耗。本章工业增加值数据采用季度同比增长率，样本期限取 1998 年第一季度到 2017 年第一季度数据，数据来源于国家统计局。对季度同比增长率我们采用混频数据处理成月度同比增长率。我们用 EPR

和 NEPR 分别代表能源价格指数和非能源价格指数月度同比增长率，RR 代表我国银行利率月度同比增长率，用 IDR 代表我国工业增加值月度同比增长率。对上述数据均采用 X-12 方法进行季节调整。

7.4.2　统计描述

图 7-1 分别给出了 1998 年 2 月至 2017 年 2 月世界能源价格指数［图（a）］、我国工业增加值［图（b）］、世界非能源价格指数［图（c）］、我国银行月度利率［图（d）］四个变量的月度同比走势。

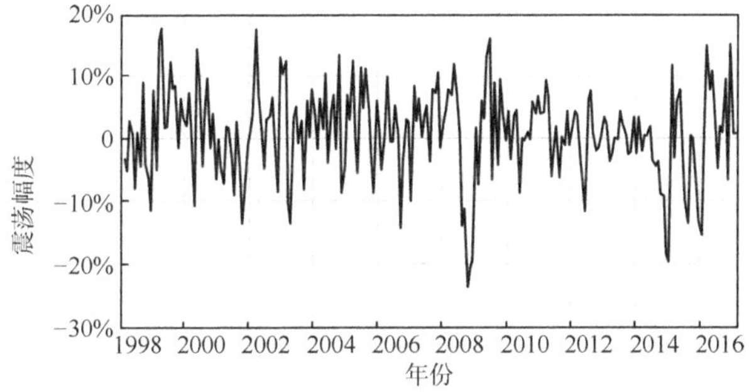

（a）世界能源价格指数月度同比走势图

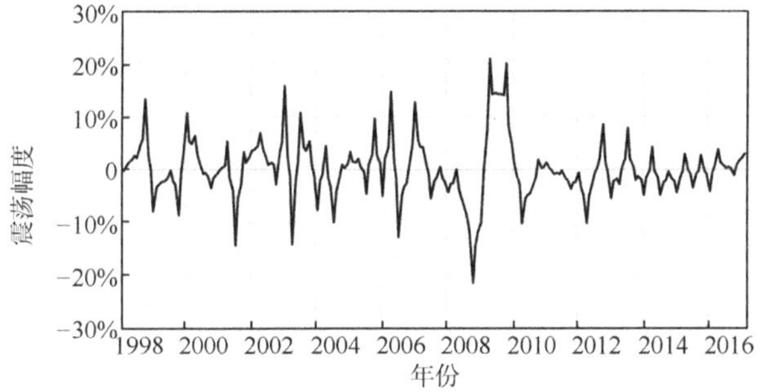

（b）我国工业增加值月度同比走势图

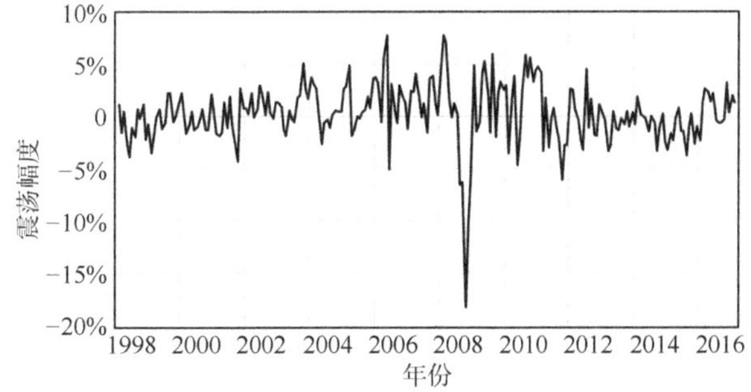

（c）世界非能源价格指数月度同比走势图

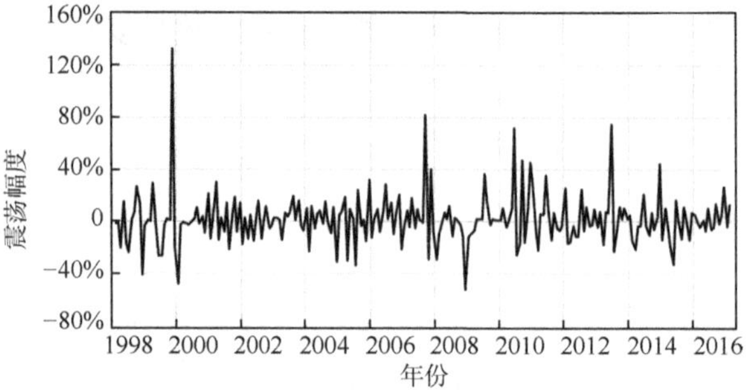

（d）我国银行月度利率同比走势图

图 7-1　4 变量月度同比走势①

观察图 7-1，可以发现近十年来，能源价格指数月度同比震荡幅度与频率明显强于非能源价格指数的走势，两者均在 2008~2010 年有大幅度的向下震荡，能源价格指数向下震荡幅度超过 20%，非能源价格指数震荡也接近 20%，这与 2008 年美国次贷危机爆发所带来的影响直接相关。图 7-1（a）中的世界能源价格指数以 0 均线为轴上下振幅与频率较为对称，但在 2014 年 10 月出现了仅次于金融危机期间幅度的向下振幅，原因在于美国页岩油气商与 OPEC 组织之间的竞争导致了国际原油价格大幅度下滑。图 7-1（c）中的世界非能源价格指数在 2004 年之前振幅较小，但在 2004~2011 年波动幅度尤其是向上振幅明显加大，表明从 2004 年开始出现世界范围粮食价格上涨，出现了较为严重的粮食危机。从 2014 年开始非能源价格指数振幅明显缩小，且向下振幅频率较多，说明粮食价格处于不断下降阶段，但 2016 年开始，粮价又出现小幅度上升。图 7-1（b）中的我国工业增加值月度同比增长率 1998~2012 年波动幅度较大，尤其在 2008~2010 年呈现出高幅震荡态势，上下振幅超过 20%，原因是受金融危机影响，我国出口受阻，工业产出出现大幅度下降，紧接着我国出台“四万亿”投资刺激计划引致工业产出大幅度增加。2012 年后工业增加值增长率波动幅度均在个位数以内，波动幅度逐渐缩小呈现收敛态势。这是我国经济步入新常态的阶段性表现。图 7-1（d）看出我国银行月度同比增长率是四个变量中波动幅度最大的。从图 7-1 总体上看，以零利率为轴的曲线上下波动走势呈非对称形状，向上波动的幅度显著大于向下波动的幅度。尤其是 1999 年 4 月、2007 年 9 月、2010 年 6 月、2013 年 6 月的向上波动幅度的月度同比增长率均高于 70%，向下波动幅度最突出的是 2008 年 12 月，月度同比下降幅度超过 50%。

---

① 4 变量样本时间跨度为：1998 年 1 月至 2017 年 2 月，世界能源价格指数、世界非能源价格指数数据来自世界银行，以 2000 年 1 月为基期进行同比计算；我国工业增加值季度同比数据来源于国家统计局，并采用混频数据换算成月度同比数据；我国银行月度利率数据来源于中经网数据库。

表 7-1 列出了 4 个变量月度同比增长率百分比的描述统计。我国银行月度利率同比增长率在 4 个变量中均值、标准差、最大值与最小值均最大，而世界非能源价格指数的标准差、最大值与最小值均最小。总体上看，这 4 个变量月度同比增长率均存在尖峰（峰度大于 3）偏尾（偏度不为 0）现象，且 JB 检验均拒绝了序列服从高斯正态分布的原假设。通过对 4 个变量月度同比增长率时间序列进行 ADF 和 PP 单位根检验发现，在 1%的显著性水平上均不存在单位根。

表 7-1　各变量月度同比增长率描述统计

	世界能源价格指数	世界非能源价格指数	我国工业增加值	我国银行月度利率
均值	0.782 9	0.267 3	0.079 1	1.369 9
中位值	1.108 7	0.190 3	–0.231 2	0.579 7
标准差	7.387 2	2.899 9	5.576 1	19.642 9
最大值	17.590 4	7.806 4	21.016 2	132.720 6
最小值	–23.779 4	–18.389 4	–21.633 3	–52.508 4
样本值	229	229	229	229
偏度	–0.449 0	–1.189 3	0.397 3	–1.929 2
峰度	3.462 7	10.395 0	5.903 4	13.264 5
JB 检验（p 值）	0.007 7	0.000 0	0.000 0	0.000 0
ADF	–11.352 3***	–9.338 0***	–5.136 4***	–17.293 2***
PP	–11.420 1***	–9.585 4***	–6.388 8***	–17.824 7***

***表示 1%的显著性水平

7.5　TVP-VAR 模型估计结果与讨论

7.5.1　TVP-VAR 模型模拟步骤与结果

根据上文给出的世界能源价格指数、世界非能源价格指数、我国银行月度利率、我国工业增加值四个变量的月度同比增长率的数据，构建 TVP-VAR 模型。根据 AIC 准则及 SC 准则，对模型变量的最优滞后阶数进行检验，选择 2 阶参数滞后。本章将 MCMC 模拟次数设定为 10 000 次。为保证检验的稳健性，将模拟抽样的最初起始点设定为 1 000 次，以避免初期迭代结果的不平稳性。预模拟状况由 CD 统计量决定。CD 统计量的计算公式表示如下：

$$\mathrm{CD} = (\bar{x}_0 - \bar{x}_1) \Big/ \sqrt{\hat{\sigma}_0^2 / n_0 + \hat{\sigma}_1^2 / n_1}\,, \quad \bar{x}_j = 1/n_j \sum\nolimits_{i=m_j}^{m_j+n_j-1} x^{(i)} \tag{7-10}$$

其中，$x^{(i)}$ 表示第 i 次抽取的样本；当 $j=0,1$ 时，$\sqrt{\hat{\sigma}_j^2/n_j}$ 分别表示 $\bar{x}_0$ 与 $\bar{x}_2$ 的标准差。

当 MCMC 抽样结果生成平稳样本序列时，其统计量将收敛于一个正态分布。令 m_0=1，n_0=1 000，m_1=5 001，n_1=5 000。无效率因子设定为$1+2\sum_{s=1}^{\beta_m}\rho_s$，$\rho_s$表示滞后 s 阶的样本自相关系数，其数值测度 MCMC 链的混合程度（Chib，2015），即表示后验样本均值的方差与不相关抽样样本均值方差的比值。无效率因子的倒数称为相对数值效率（Geweke，1992）。当无效率因子等于 m 时，我们需要抽取 MCMC 样本数量为 m 个。参数估计结果如表 7-2 所示。

表 7-2　参数估计结果

参数	均值	标准差	95%置信区间	CD	无效因子
sb_1	0.250 8	0.053 8	[0.156 0，0.362 6]	0.874	42.77
Sb_2	0.166 9	0.047 7	[0.090 2，0.278 3]	0.549	46.30
sa_1	0.006 6	0.002 7	[0.003 6，0.013 8]	0.479	120.44
sa_2	0.005 5	0.001 5	[0.003 4，0.009 2]	0.440	59.59
sh_1	0.005 8	0.001 6	[0.003 5，0.009 6]	0.155	69.17
Sh_2	0.121 4	0.042 5	[0.063 7，0.234 4]	0.058	94.73

表 7-2 给出的参数估计结果表明，估计的模型参数的后验均值均在 95%置信区间内，计算的 CD 统计量结果说明，在 5%显著水平下，不拒绝参数收敛于后验分布的假设。同时，表 7-2 给出的无效率因子的计算数值处于合理的水平，说明模拟取样结果是有效的。

在得到模型参数估计结果后，我们使用 TVP-VAR 模型的等间隔冲击反应函数和时点冲击反映函数来分析 1998 年 2 月至 2017 年 2 月的中国因素与国际大宗商品价格指数之间的波动机制。

由于采用 TVP-VAR 模型脉冲响应函数进行参数估计，其结果具有时变特性，可以从动态的角度刻画变量之间的时变作用关系，鉴于此，本章在构建 TVP-VAR 模型的基础上引入等间隔脉冲响应函数和时点脉冲响应函数，进一步探究中国因素对国际大宗商品价格指数的动态作用机制。

所谓等间隔脉冲响应函数是指在样本期间内每一期中的自变量（我国工业增加值和我国银行月度利率同比增长率）生成 1 单位冲击后，因变量（世界能源价格指数与世界非能源价格指数）在相等时间间隔后的响应情况，以此来识别变量之间作用关系的时变特征。本章将等间隔时间期数设定为 2 期、4 期和 8 期。图 7-2 与图 7-3 分别给出了国际能源价格指数（EPR）与非能源价格指数（NEPR）对我国月度工业增加值同比增长率（IDR）产生 1 单位冲击后生成的等间隔冲击响应函数。

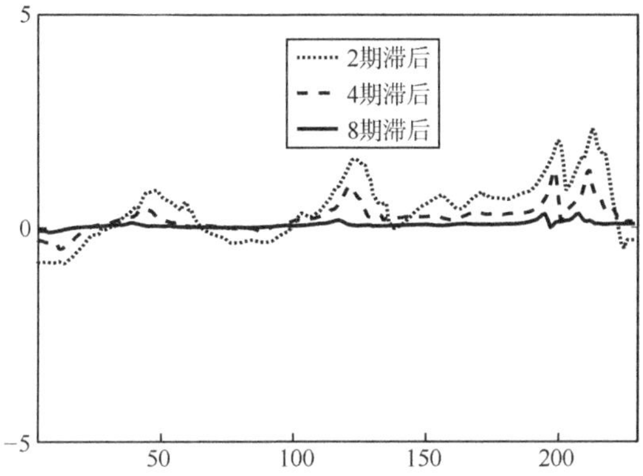

图 7-2　EPR 对 IDR 冲击的等间隔反应函数

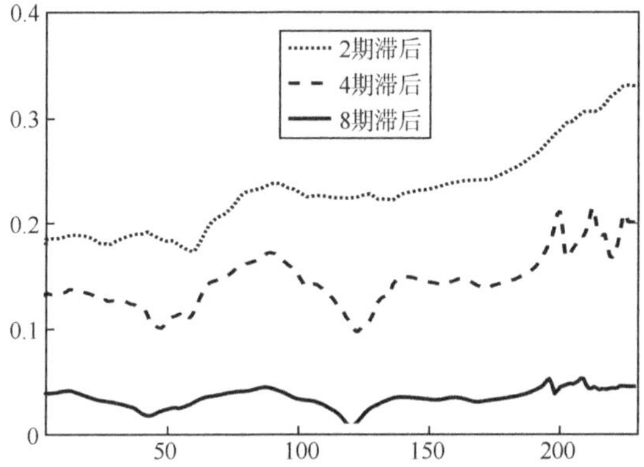

图 7-3　NEPR 对 IDR 冲击的等间隔反应函数

如图 7-2 与图 7-3 所示，我们观察到 EPR 与 NEPR 在不同滞后期对 IDR 的 1 个单位冲击反应的敏感程度明显不同，在短期内对冲击反应较强且波动剧烈，而在长期内响应较弱且走势平稳，其原因在于国际市场上的大宗商品价格易受到短期因素冲击的影响。

在图 7-2 中 IDR 产生 1 个单位冲击后，EPR 在 2 期或 4 期的滞后响应程度在 2007 年 1 月（第 108 期）之后明显大于之前的反应，这表明我国工业增加值的变动对世界能源价格指数的影响逐步开始显现出来。在 2008 年 4 月，IDR 对 EPR 滞后 2 期的冲击影响达到 1.6%阶段性高点后快速下滑，这期间 IDR 均是负值，直到 2009 年 4 月其短期冲击响应的影响逐步变大，到 2014 年 7 月与 2015 年 10 月其滞后 2 期的冲击响应最高点达到 2%，之后快速下滑，至 2016 年 10 月，其 2 期滞后影响竟达到–0.5%，原因在于我国经济步入新常态之后，尽管我国工业增加值在不同月份出现了小幅度增长，但是由于供给侧结构性改革、“三去一补”政策产生影响的作用要大于工业增加值对世界能源价格指数的影响，不过这种负向影响远小于其正向影响。随着 2016 年中国经济的稳步增长，其对能源商品价格会形成稳定的正向影响。

图 7-3 中 3 种不同时间间隔的图形走势均表现为正，伴随着时间推移表现为不同程度的上升趋势，且滞后时期越短其冲击反应函数在图中表现越明显。这说明随着我国工业产能扩张、对非能源大宗商品进口数量的攀升、短期工业产值的波动，对世界非能源大宗商品市场价格的影响呈现慢牛式的上升趋势。滞后 4 期比 2 期的等间隔冲击反应函数曲线更能说明我国工业增加值的变化对非能源大宗商品价格的影响。从图 7-3 中看出，在第 196 期（2014 年 5 月）之后，由于我国工业增加值增长率同比转变为负值，NEPR 的冲击反应路径由高点掉头向下。在第 207 期（2015 年 4 月）IDR 转为正值，在滞后 4 个月后，即第 211 期（2015 年 8 月）NEPR 的冲击反应曲线再次达到高点。鉴于此，我们认为滞后 4 期的等间隔冲击反应函数能够较好地刻画我国工业增加值的变动对非能源价格指数的影响。也就是说，我国工业增加值的变动在滞后 4 个月之后对世界非能源价格指数的影响最为显著。

图 7-4 与图 7-5 分别给出了我国银行月度利率同比增长率（RR）产生 1 单位冲击后对世界能源价格指数（EPR）与世界非能源价格指数（NEPR）的等间隔冲击响应函数。

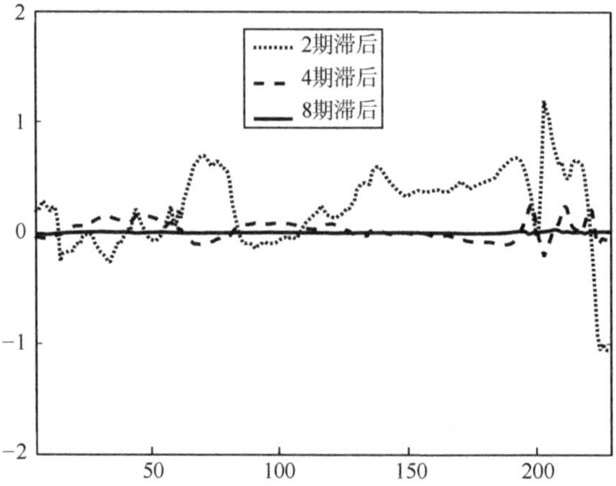

图 7-4　EPR 对 RR 冲击的等间隔冲击反应函数

在图 7-4 中，EPR 对 RR 冲击反应函数图像位于零线之上时期多于零线之下，表明我国银行月度利率冲击对能源价格指数多数为正向影响。EPR 对 RR 冲击在滞后 2 期后的反应最为敏感，说明我国银行月度利率变动对能源价格指数的影响是时效的，而非持久的。值得注意的是，从第 214 期（2015 年 10 月）开始到第

230 期（2017 年 2 月），尽管我国银行月度利率变化振幅明显收窄，但是 EPR 的 2 期滞后的冲击反应函数图像呈现直线下降的状态，在第 220 期（2016 年 4 月）转为负值，在第 223 期（2016 年 7 月）达到–1%的最低点，之后一直在此位置徘徊，也就是无论 RR 变动方向如何，EPR 对 RR 滞后 2 期的冲击反应均表现为负值，这与图 7-2 中 EPR 对 IDR 冲击的反应函数相似，表明我国步入经济新常态后，世界能源价格指数受到国内供给侧结构性改革的政策影响要远大于我国银行月度利率变动的影响。

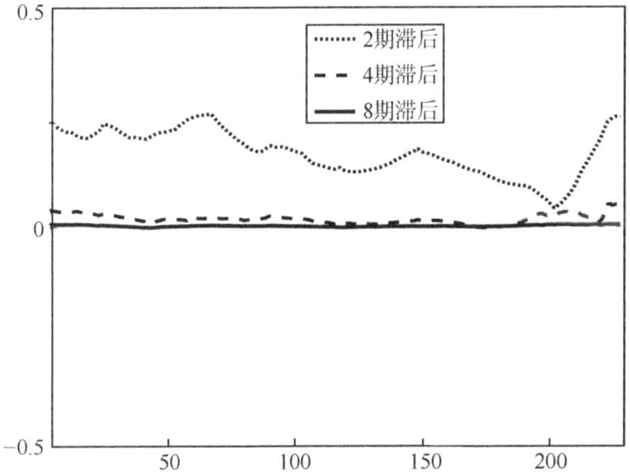

图 7-5　NEPR 对 RR 冲击的等间隔冲击反应函数

在图 7-5 展示的 NEPR 对 RR 冲击的等间隔冲击反应函数图中，NEPR 对 RR 不同间隔期的冲击反应函数曲线均在零线以上，说明我国银行月度利率变动对世界非能源价格指数总体影响为正，但随着时间的推移，RR 对 2 期滞后的 NEPR 影响程度不断弱化。在第 203 期（2014 年 12 月），NEPR 对 RR 的冲击反应达到最低点后开始反弹，这与图 7-4 的 EPR 对 RR 的冲击反应函数曲线在第 203 期之后的走势恰恰相反，表明我国在步入经济新常态后，世界能源价格指数与世界非能源价格指数对我国银行月度利率冲击反应函数走势出现相互背离的情况。

接下来我们采用时点脉冲响应函数分析自变量在指定时点产生 1 单位冲击后，因变量的响应情况。本章选取 t=59（2002 年 12 月，是我国工业生产短暂快速增长开始的月份），t=134（2009 年 3 月，代表金融危机后我国“4 万亿”投资导致的我国工业增速较快增长开始时期），t=204（2015 年 1 月，是我国工业结构调整的“去产能”阶段）为代表性的时点，用来描述名义利率在不同时点的调整路径。

如图 7-6 所示，在 IDR 产生 1 单位冲击后，EPR 在不同时点的响应函数曲线走势形状大致相同，在前 3 个月对冲击反应最为敏感，之后逐步呈现收敛状态，

IDR 在 t=204 期的冲击响应最为敏感。具体而言，当 t=204 时，我国实质性进入经济发展新常态，由于产能结构调整，月度工业产出同比下降 4.4%，该时点对 EPR 产生 1 单位冲击的影响大于 t=59 和 t=134 时期的影响。

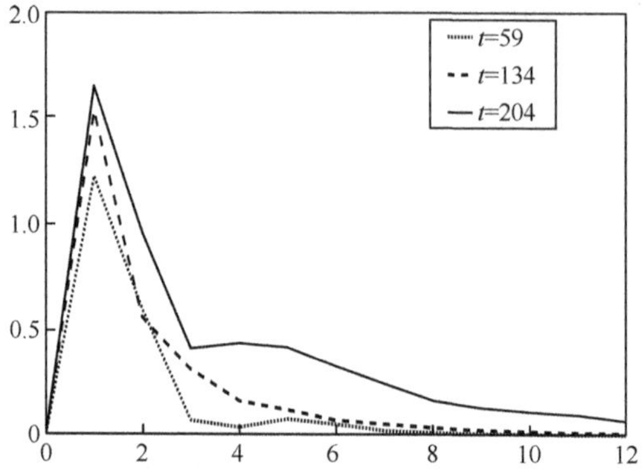

图 7-6　EPR 对 IDR 冲击的时点脉冲响应

图 7-7 是 NEPR 对 IDR 不同时点的冲击响应函数曲线图像，图像总体上呈现收敛状态。NEPR 对不同时点的 1 单位 IDR 冲击响应函数曲线的最高点相近，均在 0.28%~0.31%，在 t=134 期时冲击响应最为敏感，但在 t=204 期时，NEPR 对 IDR 冲击的响应持续时间最长，达 3 个月且反应消退程度最为缓慢，说明不同时期我国工业增加值增速变动对 NEPR 影响相对稳定，但我国经济步入新常态引致的工业经济增长与产业结构调整对 NEPR 影响更为持久。

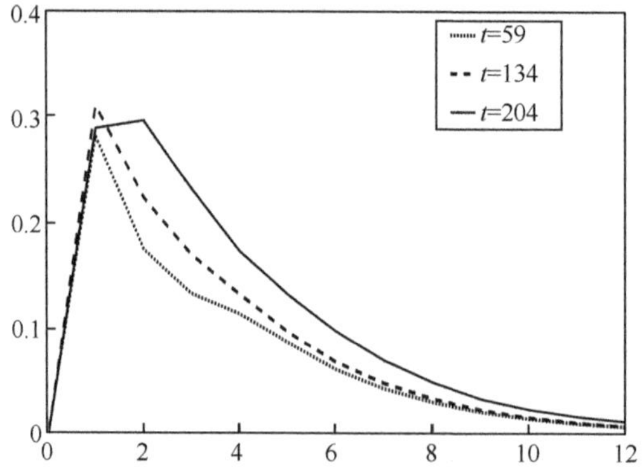

图 7-7　NEPR 对 IDR 冲击的时点脉冲响应

图 7-8 是 EPR 对 RR 在不同时点 t=59，t=134，t=204 的冲击响应函数曲线图像，图像从第 5 期开始表现出明显的收敛形态。在 t=204 时，1 单位 RR 冲击导致 EPR 的冲击响应函数曲线在滞后 1 期负向变动 1.98 个百分点，在滞后 2 期时又快

速拉升到正向变动 1.1 个百分点，在滞后 4 期 RR 对 EPR 的影响趋于零。

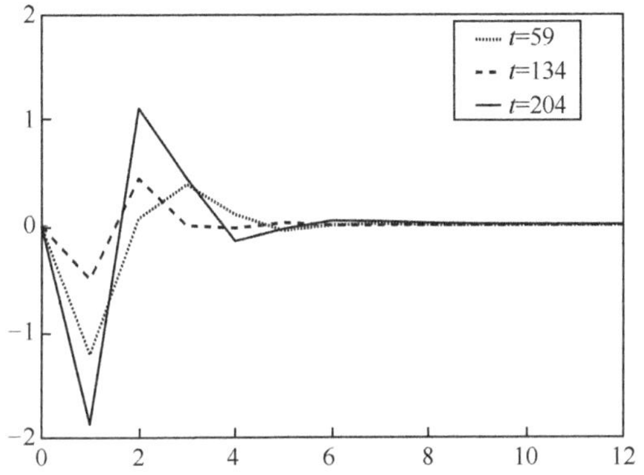

图 7-8　EPR 对 RR 冲击的时点脉冲响应

图 7-9 是 NEPR 对 RR 在 t=59，t=134，t=204 的冲击响应函数曲线图像，与图 7-8 不同的是在这 3 个不同时点，NEPR 对 RR 冲击响应均表现为正值，且冲击曲线相应程度明显变小。相比较其他两个时点，NEPR 对 RR 单位冲击在 t=59 时响应程度最为明显，为 0.25 个百分点；对 t=204 时点的冲击响应仅为 0.05 个百分点，说明在 2015 年后我国银行月度利率对非能源类商品价格的冲击与前期相比明显降低。

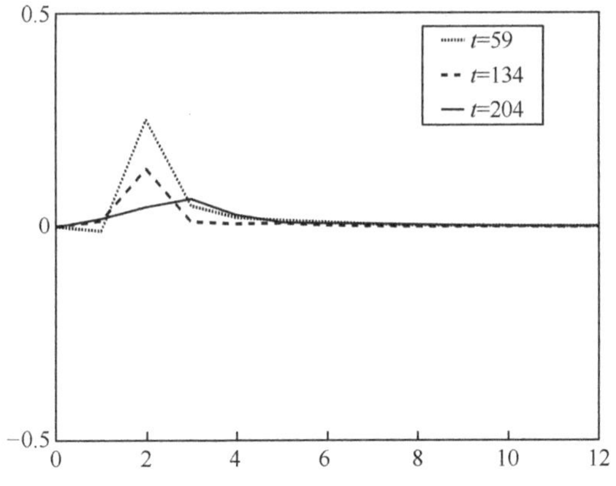

图 7-9　NEPR 对 RR 冲击的时点脉冲响应

7.5.2　对实证结果的讨论

通过对等间隔冲击响应函数和时点响应函数的实证结果的研究，我们得出如下结论。

第一，无论从等间隔冲击函数还是从时点冲击反应函数图像来看，我国 IDR 对 EPR 的影响程度都远大于对 NEPR 的影响。这充分佐证了我国作为工业生产和能源进口大国对世界能源价格的重要影响，但必须指出的是我国 2015 年后的“去产能”政策的实施对 EPR 产生负向影响。不同于对 EPR 冲击的影响，IDR 变动对 NEPR 的影响均表现为正向。

第二，从等间隔和时点冲击响应函数走势看，我国 RR 变化对 EPR 与 NEPR 的影响都要明显小于 IDR 对二者的影响。说明我国对大宗商品的实体经济需求的影响要大于流动性水平对大宗商品价格的影响。

第三，从时点脉冲响应函数看，2015 年后我国经济新常态的相关政策的实施使得 2015 后 EPR 和 NEPR 对 IDR 的脉冲响应反应程度大于 2015 年之前。EPR 与 NEPR 对 RR 的反应路径与程度表现较为复杂，这说明我国货币流动性对大宗商品价格的影响需要进一步研究。

7.6 结论与政策建议

本章通过构建大宗商品价格决定模型，利用 TVP-VAR 模型对我国工业增加值、我国银行月度利率、世界能源价格指数与世界非能源价格指数四个变量的月度同比数据进行了实证分析，其目的是研究中国因素对国际大宗商品价格产生影响的机制与程度。为了进一步描述与刻画这种影响作用，我们采取了两种特殊形式的冲击反应函数——等间隔冲击反应函数和时点冲击反应函数，利用 1998 年 2 月至 2017 年 2 月的数据来研究中国因素对国际大宗商品价格的冲击反应函数。在本章的研究中，我们得出了以下两个方面的基本结论。

第一，通过对两种冲击反应函数所形成的路径进行比较与分析，发现我国工业增加值变动对世界能源类大宗商品价格影响远大于非能源类商品，同时滞后期越短其对大宗商品价格的影响越明显，滞后期较长时其影响接近为零。

第二，观察我国银行月度利率变动对大宗商品价格冲击反应函数图像，发现一是能源类商品价格对我国利率变动的等间隔冲击反应路径与工业产出冲击相似，均在 2015 年后出现不同程度的负向变动；二是与工业产出变动冲击不同的是，大宗商品价格对我国利率变动的冲击在短期内呈现先抑后扬的反应路径，能源类商品价格反应程度最为明显。

利用 TVP-VAR 模型的两种冲击反应函数能够有效地捕捉我国工业活动与银行利率的变化对国际大宗商品价格形成的冲击，尤其是对于短期我国经济变动对大宗商品价格的影响的解释更为合理。

其相应的政策建议如下。

第一，在研究国内物价波动时，我们经常把国际大宗商品价格作为外生变量进行分析，然而本章的实证结果表明，中国因素对国际大宗商品价格的影响不可忽视——国内经济变量与国际大宗商品价格之间互为内生变量。因此，在分析国际商品价格尤其是能源类商品价格对中国经济影响时，我们要充分关注我国工业产出和银行利率变动在短期内对大宗商品价格的冲击作用。

第二，在当前经济新常态背景下，我国供给、需求“双收缩”，工业产出、投资、消费出口均出现不同程度的下滑，经济下行压力增加。与此同时，我国财政存款投放力度加大，货币供应量稳定增加，中国因素对国际大宗商品价格的影响呈现出复杂的非线性特征。同时鉴于当前国际经济形势的不确定性、国际商品价格波动驱动因素的复杂性，实时跟踪大宗商品价格走势，有效识别中国因素与国际大宗商品价格之间相互作用关系的阶段性特征与性质，对于准确判断外在冲击对我国 CPI 与 PPI 的影响，制定有效的宏观经济政策均具有重要的现实意义。

第 8 章　研究总结与展望

8.1　研 究 总 结

鉴于我国所处的经济发展阶段和具有世界第二大经济规模总量，我国在世界大宗商品进口贸易中的重要地位决定了国际大宗商品价格波动对国内经济平稳运行的影响作用不容忽视。研究国际大宗商品价格变动趋势并在此基础上提出相关的对策对我国抑制外部商品价格冲击引致的国内物价水平波动、维持币值稳定等具有重要的现实意义。本部分对本书研究内容简单总结如下。

第一，本书探究了以国际油价为代表的大宗商品价格超级周期问题，认为国际油价目前正处于第三个超级周期，虽然前期油价峰点已过，正处于下降阶段，但是周期并没有结束。在金融危机后，油价周期趋势与金属铜价周期的趋势成分表现出较高的相似度，而油价的波动成分变动幅度明显强于铜价；2000 年后，油价与世界农产品原料价格指数的趋势成分表现出相同走势，两者在国际市场上的收益率呈现正向高度相关。

第二，在构建影响国际油价长期均衡价格和短期波动因素分析框架的基础上，分析了影响原油价格的长期因素：在原油供给方面，主要是 OPEC 组织原油产量，而非 OPEC 国家虽不能通过控制产量来影响油价，但与 OPEC 组织竞争会降低油价；从需求方面看，主要是全球 GDP 的增长导致了对原油需求的增长，2000 年后，石油消费净增加量主要取决于非 OECD 国家的经济发展。分析了决定原油短期现货价格的因素：石油库存因素、石油期货市场的未平仓合约数量及石油期货市场与其他大宗商品市场之间的联动关系。

第三，利用样本数据分析了国际油价变动对我国主要进口农作物期货价格的影响，认为国际油价变动对我国大豆和玉米期货价格均具有正向显著影响，并且长期影响效应大于短期影响，而对小麦期货价格影响不显著且为负向作用。在此基础上，进一步实证分析了国际油价冲击对我国 CPI 的影响，认为国际油价冲击对我国能源密集型 CPI 具有显著的正向影响，与能源密切相关的商品价格变动引起总体 CPI 变动。

第四，本书研究了国际大宗商品价格波动对我国经济政策不确定性的影响。认为有四种类型的油价冲击——全球石油市场的供给冲击、需求冲击、市场特定需求冲击、国内需求冲击，每种油价冲击对我国经济政策不确定性的影响在不同时间间隔与时点上存在显著差异，这种差异体现在影响的方向、作用的强度与持续时间上。

第五，根据中国在世界大宗商品贸易中的重要地位，实证分析了我国工业产值和利率这两个宏观经济变量变动会对国际大宗商品市场产生反向溢出效应。与工业产出变动冲击不同的是，大宗商品价格对我国利率变动的冲击在短期内呈现先抑后扬的反应路径，能源类商品价格反应程度最为明显。

8.2 研究展望

尽管本书围绕国际大宗商品价格超级周期、大宗商品价格波动对我国物价水平影响和经济政策不确定性，以及中国因素对国际大宗商品价格波动影响等相关问题展开了大量的深入研究，在逻辑分析与经验证据分析的基础上得出了一系列有价值的结论并据此提出了有实际应用价值的政策启示与建议，但仍存在一些不足。首先，虽然本书对大宗商品价格长期趋势进行了研究，但是对驱动大宗商品价格的短期因素没有进行深入分析。尽管金融化有助于改善商品价格的发现过程，并为大宗商品价格稳定做出贡献，但是金融化引发的大宗商品价格的短期剧烈波动是否会对其长期价格趋势产生影响仍需要进一步探究。其次，本书分析了库存在大宗商品价格波动中的作用，但是库存在驱动商品价格投机方面的作用目前一直存在争议，如何理解大宗商品价格与商品库存、实际经济活动及利率之间的长期和短期关系，对于理解大宗商品价格行为具有较好启发作用。最后，广泛使用的商品价格预测还受到几个限制。例如，基于商品期货价格对商品价格的预测，对中期期货合同不能提供太多的指导，即使是短期内，期货价格对许多金属价格的预测能力效果也不好。这些是本书进一步的研究方向。

参 考 文 献

阿尔扎基 L，帕蒂罗 K，昆汀 M. 2016. 大宗商品价格波动与低收入国家的包容性增长[M]. 王宇译. 北京：商务印书馆.

曹国华，魏坤，李磊. 2015. 国际大宗商品价格波动对我国 CPI 影响研究——基于 FAVAR 模型的实证分析[J]. 价格理论与实践，(12)：101-103.

陈宇峰，薛萧繁，徐振宇. 2012. 国际油价波动对国内农产品价格的冲击传导机制：基于 LSTAR 模型[J]. 中国农村经济，(9)：74-87.

陈玉财. 2011. 国际大宗商品价格波动与国内通货膨胀——基于中国数据的实证分析[J]. 金融评论，3(5)：22-43.

董秀良，帅雯君，赵智丽. 2014. 石油价格变动对我国粮食价格影响的实证研究[J]. 中国软科学，(10)：129-143.

方燕，袁茵. 2015. 国际石油价格与我国粮食价格均衡关系研究[J]. 价格理论与实践，(6)：85-87.

冯美星，潘群星. 2016. 经济政策不确定性与原油价格动态相关性研究[J]. 广西社会科学，(3)：72-76.

公茂刚，王学真. 2014. 国际粮食价格与能源价格的关联性——基于 VECM 和 DCC-MGARCH 模型的实证分析[J]. 统计与信息论坛，29(11)：37-44.

韩立岩，尹力博. 2012. 投机行为还是实际需求?——国际大宗商品价格影响因素的广义视角分析[J]. 经济研究，47(12)：83-96.

赫婧，王淑艳. 2015. 石油价格波动对粮食价格的传导效应研究——基于 APT-ECM 模型的实证检验[J]. 数学的实践与认识，45(8)：216-224.

黄季焜，杨军，仇焕广，等. 2009. 本轮粮食价格的大起大落：主要原因及未来走势[J]. 管理世界，(1)：72-78.

李辉. 2019.提升我国大宗商品定价话语权之我见[J]. 上海金融，(11)：1-4.

李靓，穆月英. 2015. 大宗商品国际市场价格波动的影响因素研究——基于分组国家的比较[J]. 国际金融研究，(10)：55-63.

李敬辉，范志勇. 2005. 利率调整和通货膨胀预期对大宗商品价格波动的影响——基于中国市场粮价和通货膨胀关系的经验研究[J]. 经济研究，(6)：61-68.

李智. 2014. 石油价格变动对我国粮食价格影响效应研究[J]. 全国商情，(14)：55-57.

卢锋，李远芳，刘鎏. 2009. 国际商品价格波动与中国因素——我国开放经济成长面临新问题[J]. 金融研究，(10)：38-56.

卢福财，何文章. 2013. 世界原油价格波动对我国农产品价格影响实证分析[J]. 软科学，27(4)：

45-53.

石先进，赵志君. 2016. 国际原油期货价格波动对中国物价的冲击[J].世界经济研究，(4)：94-107.

谭小芬，刘阳，张明. 2014. 国际大宗商品价格波动：中国因素有多重要——基于 1997—2012 年季度数据和 VECM 模型的实证研究[J]. 国际金融研究，(10)：75-86.

谭小芬，邵涵. 2019. 国际大宗商品价格波动对中国通货膨胀影响的实证研究[J]. 金融评论， 11 (2)：38-60.

谭小芬，张峻晓，李玥佳. 2015. 国际原油价格驱动因素的广义视角分析：2000—2015——基于 TVP-FAVAR 模型的实证分析[J]. 中国软科学，(10)：47-59.

王学真，邢燕飞. 2015. 国际油价变动对我国粮价影响研究[J]. 山东理工大学学报，31(3)：5-11.

王莹，王晖，刘妍，等. 2014. 国内外石油价格联动关系研究[J]. 价格理论与实践，(4)：88-90.

吴崇宇，周建涛. 2014. 国际大宗商品价格传导机制的结构特征与路径特征[J]. 经济学动态，(4)：87-96.

吴丽丽. 2015. 美元指数与原油价格的相关关系研究[J]. 价格理论与实践，(3)：78-80.

吴翔，张小宇. 2013. 国际油价波动对我国农产品价格的影响——基于非线性 LSTAR 模型的实证分析[J]. 价格理论与实践，(5)：58-59.

肖争艳，安德燕，易娅莉. 2009. 国际大宗商品价格会影响我国 CPI 吗——基于 BVAR 模型的分析[J]. 经济理论与经济管理，(8)：17-23.

杨志海，王雨濛，张勇民. 2012. 粮食价格与石油价格的短期动态关系与长期均衡——基于 ARDL-ECM 模型的实证研究[J]. 农业技术经济，(10)：31-39.

张天顶. 2013. 国际大宗商品价格冲击、机制转换与中国的通货膨胀动态[J]. 金融监管研究，(8)：34-53.

张小宇，刘金全，刘慧悦. 2013. 货币政策与股票收益率的非线性影响机制研究[J]. 金融研究，(1)：38-52.

赵懿，李褶. 2011. 原油价格、流动性与我国的通货膨胀[J]. 统计研究，28 (8)：28-33.

朱德忠，王茜. 2017. 基于 SVAR-DCC-GARCH 模型的经济政策不确定性与原油价格相关性研究[J]. 东北农业大学学报，15 (2)：9-15.

朱慧明，段容，贾相华. 2019. 原油价格与经济政策不确定性对大宗商品市场非对称冲击效应研究[J]. 财经理论与实践，40 (1)：70-76.

Akram Q F. 2009. Commodity prices，interest rates and the dollar[J]. Energy Economics，31 (6)：838-851.

Ames M，Bagnarosa G，Matsui T，et al. 2020. Which risk factors drive oil futures price curves?[J]. Energy Economics，87：104-676.

Antonakakis N，Chatziantoniou I，Filis G. 2013. Dynamic co-movements of stock market returns，implied volatility and policy uncertainty[J]. Economics Letters，120 (1)：87-92.

Arouri M E H, Nguyen D K. 2010. Oil prices, stock markets and portfolio investment: evidence from sector analysis in Europe over the last decade[J]. Energy Policy，38 (8)：4528-4539.

Austvik O G. 1987.Oil price and the dollar dilemma[J]. OPEC Review，11 (4)：399-412.

Baker S R，Bloom N，Davis S J. 2016. Measuring economic policy uncertainty[J]. Quarterly Journal of Economics，131：1593-1636.

Balagtas J V，Holt M T. 2009. The commodity terms of trade，unit roots and nonlinear alternatives：a smooth transition approach[J]. American Journal of Agricultural Economics，91（1）：87-105.

Barsky R B，Kilian L. 2004. Oil and the macroeconomy since the 1970s[J]. Journal of Economic Perspectives，18（4）：115-134.

Basher S A，Haug A A，Sadorsky P. 2016. The impact of oil shocks on exchange rates：a markov switching approach[J]. Energy Economics，54：11-23.

Baumeister C，Kilian L. 2014. Understanding the decline in the price of oil since June 2014[J]. SSRN Electronic Journal，57：55.

Baumeister C，Kilian L. 2014. What central bankers need to know about forecasting oil prices[J]. Internationnal Economic Review，55（3）：869-889.

Baumeister C，Korobilis D，Lee T K. 2020. Energy markets and global economic conditions[J]. Review of Economics and Statistics，24：977.

Baumeister C，Peersman G. 2008. Time-varying effects of oil supply shocks on the US economy[J]. American Economic Journal Macroeconomics，5（4）：1-28.

Becker G S.1988. Family economics and macro behavior[J]. American Economic Review，78（1）：1-13.

Becker G S，Murphy K M. 1988. The family and the state[J]. The Journal of Law & Economics，31（1）：1-18.

Beckmann J，Czudaj R. 2014. Volatility transmission in agricultural futures markets[J]. Economic Modelling，36：541-546.

Belke A，Bordon I G，Volz U. 2013. Effects of global liquidity on commodity and food prices[R]. World Development，44：31-43.

Bernanke B. 2006. Energy and the economy：remarks before the economic club of Chicago[R]. Statements and Speeches of Ben Bernanke，15.

Blanchard O. 1997. The medium run[J]. Brookings Papers on Economic Activity，2：89-141.

Bloom N. 2009. The impact of uncertainty shocks[J]. Econometrica，77（3）：623-685.

Boshoff W H. 2010. Band-pass filters and business cycle analysis：high frequency and medium-term deviation cycles in South Africa and what they measure[R]. Working papers 200，Stellenbosch University.

Braun A A，Okada T，Sudou N. 2008. U.S. R&D and Japanese medium term cycles[J]. Bank of Japan Working Paper Series，6：87.

Breitenfellner A，Cuareasma J C. 2008. Crude oil prices and the USD/EUR exchange rate[J]. Monetary Policy & The Economy，（4）：102-121.

Brobakk J T，Almas R. 2011. Increasing food and energy prices in 2008：what were the causes and who was to blame?[J]. International Journal of the Sociology of Agriculture and Food，18（3）：237-280.

Brogaard J，Detzel A. 2015. The asset-pricing implications of government economic policy uncertainty[J]. Management Science，61（1）：3-18.

Bry G，Boschan C. 1971. Cyclical Analysis of Time Series：Selected Procedures and Computer

Programs[M]. New York：NBER.

Burns A，Mitchell W. 1946. Measuring Business Cycle[M]. New York：National Bureau of Economic Research.

Cashin P，Mohaddes K，Raissi M. 2014. The differential effects of oil demand supply shocks on the global economy[J]. Energy Economics，44：113-134.

Chandra A，Thenmozhi M. 2015. On the asymmetric relationship of India volatility index（India VIX）with stock market return and risk management[J]. Decision，42（1）：33-55.

Chen J，Zhu X. 2019. The effects of different types of oil price shocks on industrial PPI：evidence from 36 sub-industries in China[J]. Emerging Markets Finance and Trade，57（29）：1-24.

Chen J，Zhu X，Li H. 2020. The pass-through effects of oil price shocks on China's inflation：a time-varying analysis[J]. Energy Economics，86：104-695.

Chen S T，Kuo H I，Chen C C. 2010. Modeling the relationship between the oil price and global food prices[J]. Applied Energy，87（8）：2517-2525.

Chen W，Liao Z A. 2017. Research on price transfer effect based on oil price impact decomposition[J]. Account and Finance，（4）：73-85.

Chib S. 2015. Monte Carlo Methods and Bayesian Computation：overview[J]. International Encyclopedia of the Social & Behavioral Sciences，8（12）：10004-10009.

Christiano L J，Fitzgerald T J. 2003. The band pass filter[J]. The American Economic Review，44（2）：435-465.

Comin D，Gertler M. 2006. Medium-term business cycles[J]. The American Economic Review，96（3）：523-551.

Coppola A. 2008. Forecasting oil price movements：exploiting the information in the futures market[J]. Journal of Futures Markets，28（1）：34-56.

Cuddington J，Jerrett D. 2008. Super cycles in real metals prices?[J]. IMF Economic Review，55（4）：541-565.

Cuddington J，Zellou A. 2012. Is there evidence of supercycles in oil prices?[J]. SPE Economics and Managagement，4（3）：171-181.

Cuddington J T . 1992. Long-run trends in 26 primary commodity prices: a disaggregated look at the Prebisch-Singer hypothesis[J]. Journal of Development Economics，39（2）：207-227.

Cunado J，Gracia F P. 2005. Oil prices，economic activity and inflation：evidence for some Asian countries[J]. The Quarterly Review of Economics and Finance，45（1）：65-83.

Cunado J，Gracia F P. 2014. Oil price shocks and stock market returns：evidence for some European countries[J]. Energy Economics，42：365-377.

EIA. 2020. What drives crude oil prices? [R]. https://www.eia.gov/finance/markets/crudeoil/index.

Erdem F P，Unalmis I. 2016. Revisiting super-cycles in commodity prices[J]. Central Bank Review，16（4）：137-142.

Erten B，Ocampo J A，2012. Super-cycles of commodity prices since the mid-nineteenth century[J]. DESA Working Paper，44：14-30.

FAO. 2008. The State of Food and Agriculture Biofuels：Prospects，Risks and Opportunities[M].

Rome：Food and Agriculture Organization of the United Nations.

Fernandez A，Schmitt-Grohe S，Uribe M. 2017. World shocks，world prices，and business cycles：an empirical investigation[J]. Journal of International Economics，108：2-14.

Filis G，Chatziantoniou L. 2014. Financial and monetary policy responses to oil price shocks：evidence from oil-importing and oil-exporting countries[J]. Review of Quantitative Finance and Accounting，42（5）：709-729.

Forni L，Gerali A，Notarpietro A，et al. 2015. Euro area，oil and global shocks：an empirical model-based analysis[J]. Journal of Macroeconomics，46（12）：295-314.

Fowowe B. 2016. Do oil prices drive agricultural commodity prices? Evidence from South Africa[J]. Energy，104：149-157.

Frankel J A，Rose A K. 2010. Determinants of agricultural and mineral commodity prices[R]. Reserve Bank of Australia，8：90-96.

Gao L，Kin H，Saba R. 2014. How do oil price shocks affect consumer prices?[J]. Energy Economics，45：313-323.

Gelb A H. 1988. Oil windfalls：blessing or curse?[R]. Oxford University Press for the World Bank，51：1-8.

Geweke J. 1992. Evaluating the accuracy of sampling-based approaches to the calculation of posterior moments// Bernardo J M，Berger J O，Dawid A P，et al. Bayesian Statistics 4. Oxford：Oxford University Press：169-193.

Gilbert C L. 2010. How to understand high food prices[J]. Journal of Agricultural Economics，61（2）：398-425.

Gohin A，Chantret F. 2010. The long-run impact of energy prices on world agricultural markets：the role of macro-economic linkages[J]. Energy Policy，38（1）：333-339.

Gong X，Lin B. 2018. Time-varying effects of oil supply and demand shocks on China's macro-economy[J]. Energy，149：424-437.

Grilli E R，Yang M C. 1988. Primary commodity prices，manufactured goods prices，and the terms of trade of developing countries：what the long run shows[J]. The World Bank Economic Review，2（1）：1-47.

Hailemariam A，Smyth R，Zhang X. 2019. Oil prices and economic policy uncertainty：evidence from a nonparametric panel data model[J]. Energy Economics，83：40-51.

Hamilton J D.1983.Oil and the macroeconomy since World War II[J]. Journal of Political Economics，91（2）：228-248.

Hamilton J D. 2009. Causes and consequences of the oil shock of 2007-2008?[J]. Brookings Papers on Economic Activity，40（1）：215-283.

Hamilton J D. 2011. Historical Oil Shocks[R]. National Bureau of Economic Research Working Paper Series，16790.

Hamilton J D. 2019. Measuring global economic activity[J]. NBER working paper，25778.

Hamilton J D，Herrera A M. 2001. Oil shocks and aggregate macroeconomic behavior：the role of monetary policy[J]. Journal of Money Credit and Banking，36（2）：265-286.

Harding D，Pagan A. 2002. Dissecting the cycle：a methodological investigation[J]. Journal of Monetary Economics，49：365-381.

Harvey D I，Kellard N M，Madsen J B，et al. 2010. The Prebisch-Singer hypothesis：four centuries of evidence[J]. The Review of Economics and Statistics，92（2）：367-377.

Herrera A M，Rangaraju S K. 2020. The effect of oil supply shocks on U.S. economic activity：what have we learned?[J]. Journal of Applied Econometrics，35（2）：141-159.

Hooker M A. 2002. Are oil shocks inflationary? Asymmetric and nonlinear specifications versus changes in regime[J]. Money，Credit，Bank，34（2）：540-561.

Hotelling H. 1931. The economics of exhaustible resources[J]. The Journal of Political Economy，39：137-175.

IMF. 2012. World economic outlook 2012: growth resuming，dangers remain[R]. Washington D.C. International Monetary Fund.

Jacks D S. 2013. From boom to bust：a typology of real commodity prices in the long run[R]. National Bureau of Economic Research Working Paper Series，18874.

Jacks D S，Stürmer M. 2020.What drives commodity price booms and busts?[J]. Energy Economics，85（1）：104035.

Kang W，Ratti R A. 2013. Structural oil price shocks and policy uncertainty[J]. Economics Modeling，35：314-319.

Kilian L. 2008. The economic effects of energy price shocks[J]. Journal of Economic Literature，46（4）：871-909.

Kilian L. 2009. Not all oil price shocks are alike：disentangling demand and supply shocks in the crude oil market[J]. The American Economic Review，99（3）：1053-1069.

Kilian L. 2019. Measuring global real economic activity：do recent critiques hold up to scrutiny[R]. CESifo Working Paper，7461.

Kilian L，Hicks B. 2013. Did unexpectedly strong economic growth cause the oil price shock of 2003-2008?[J]. Forecast，32（5）：385-394.

Kilian L，Vega C. 2011. Do energy prices respond to U.S. macroeconomic news? A test of the hypothesis of predetermined energy prices[J]. Review of Economics and Statistics，93（2）：660-671.

Kilian L，Zhou X. 2018. Modeling fluctuations in the global demand for commodities[J]. Journal of International Money and Finance，88：54-78.

Klotz P，Lin T C，Hsu S H. 2014. Global commodity prices，economic activity and monetary policy：the relevance of China[J]. Resources Policy，42：1-9.

Kondratiev N D. 1925. The major economic cycles[J]. Voprosy Konjunktury，1（1）：28-79.

Krugman P. 1998. It's baaack：Japans slump and the return of the liquidity trap[R]. Brookings Papers on Economic Activity，（2）：137-187.

Kuznets S. 1952. Long-Term Changes in the National Income of the United States of America since 1870[M]. Review of Income and Wealth，2（1）：29-241.

Lee C C，Zeng J H. 2016. Revisiting the relationship between spot and futures oil prices：evidence from quantile cointegrating regression[J]. Energy Economics，33（5）：924-935.

Lewis W A. 1978. Growth and Fluctuations：1870-1913[M]. London：George Allen and Unwin.

Li H，Lin S X. 2011. Do emerging markets matter in the world oil pricing system? Evidence of imported crude by China and India[J]. Energy Policy，39（8）：4624-4630.

Li Q，Cheng K，Yang X. 2017. Response pattern of stock returns to international oil price shocks：from the perspective of China's oil industrial chain[J]. Applied Energy，185：1821-1831.

Lippi F，Nobili A. 2009. Oil and the macroeconomy：a quantitative structural analysis[J]. Journal of the European Economic Association，10（5）：1059-1083.

Lu Q，Li Y，Chaid J，et al. 2020. Crude oil price analysis and forecasting：a perspective of "new triangle"[J]. Energy Economics，87：104-721.

Manescu C，van Robays I. 2014. Forecasting the Brent oil price：addressing time variation in forecast performance[J]. ECB Working Paper，1735.

Mitchell D. 2008. A Note on Rising Food Prices[M]. Washington D.C：World Bank.

Montoro C. 2012. Oil shocks and optimal monetary policy[J]. Macroeconomic Dynamics，16（2）：240-277.

Morana C. 2013. Oil price dynamics，macro-finance interactions and the role of financial speculation[J]. Journal of Banking & Finance，37（1）：206-226.

Myers R J，Johnson S R，Helmar M，et al. 2018. Long-run and short-run relationships between oil prices，producer prices，and consumer prices：what can we learn from a permanent-transitory decomposition?[J]. The Quarterly Review of Economics and Finance，67：175-190.

Nakajima J，Kasuya M，Watanabe T. 2011. Bayesian analysis of time-varying parameter vector autoregressive model for the Japanese economy and monetary policy[J]. Journal of the Japanese and International Economies，25（3）：225-245.

Natal J M. 2012. Monetary policy response to oil price shocks[J]. Journal of Money，Credit and Banking，44（1）：53-101.

Natanelov V，Alam M J，McKenzie A M，et al. 2011. Is there co-movement of agricultural commodities futures prices and crude oil?[J]. Energy Policy，39（9）：4971-4984.

Nazlioglu S. 2011. World oil and agricultural commodity prices：evidence from nonlinear causality[J]. Energy Policy，39（5）：2935-2943.

Nazlioglu S，Soytas U. 2011. World oil prices and agricultural commodity prices：evidence from an emerging market[J]. Energy Economics，33（3）：488-496.

Ocampo J A. 1986. New developments in trade theory and LDCs[J]. Journal of Development Economics，22（1）：129-170.

Ocampo J A，Parra M. 2010. The terms of trade for commodities since the mid-nineteenth century[J]. Journal of Iberian and Latin American Economic History，28（1）：11-43.

Peersman G，Robays I V. 2012. Cross-country differences in the effects of oil shocks[J]. Energy Economics，34（5）：1532-1547.

Pindyck R S，Rotemberg J. 1990. The excess co-movement of commodity prices[J]. The Economic Journal，100（403）：1173-1189.

Poon S，Granger C W. 2003. Forcecasting volatility in financial markets：a review[J]. Journal of economic literature，41（2）：478-539.

Prebisch R. 1950. The economic development of Latin America and its principal problems[R]. New York：United Nations.

Primiceri G E. 2005. Time varying structural vector autoregressions and monetary policy[J]. The Review of Economic Studies，72（3）：821-852.

Qiu C，Colson G，Escalante C，et al. 2012. Considering macroeconomic indicators in the food before fuel nexus[J]. Energy Economics，34（6）：2021-2028.

Radetzki M. 2006. The anatomy of three commodity booms[J]. Resources Policy，31（1）：56-64.

Ravazzolo F，Vespignani J L. 2015. A new monthly indicator of global real economic activity[J]. CAMA Working Paper，13：88-101.

Reinhart C，Wickham P. 1994. Commodity prices：cyclical weakness or secular decline? [J]. IMF Economic Review，41：175-213.

Reinhart M，Reinhart V，Trebesch C. 2016. Global cycles：capital flows，commodities，and sovereign defaults，1815-2015[J]. The American Economic Review，106（5）：574-580.

Roache S K. 2012. China's impact on world commodity markets[R]. IMF Working Paper，12：115.

Rosa F，Vasciaveo M. 2012. Volatility in US and Italian agricultural markets，interactions and policy evaluation[R]. Seminar, February, Dublin, Ireland.

Saghaian S H. 2010. The impact of the oil sector on commodity prices：correlation or causation?[J]. Journal of Agricultural Applied Economics，42（3）：477-485.

Salisu A A，Isah K O，Oyewole O J，et al. 2017. Modelling oil price-inflation nexus：the role of asymmetries[J]. Energy，125：97-106.

Samuelson P A .1985. Succumbing to Keynesianism[J].Challenge，27（6）：4-11.

Sargent T. 1999. The Conquest of American Inflation[M]. Princeton：Princeton University Press.

Sarkar P，Singer H W. 1991. Manufactured exports of developing countries and their terms of trade since 1965[J]. World Development，19（4）：333-340.

Schumpeter J A. 1939. The pure theory of production[J]. American Economic Review，29（1）：118-120.

Segal P. 2011. Oil price shocks and the macroeconomy[J]. Oxford Review of Economic Policy，27（1）：169-185.

Serra T，Zilberman D，Gil J M，et al. 2010. Nonlinearities in the U.S. corn-ethanol-oil-gasoline price system[J]. Agricultural Economics，42（1）：35-45.

Singer H W. 1950. The distribution of gains between investing and borrowing countries[J]. American Economic Review，40（2）：473-485.

Singer H W. 1998. Beyond terms of trade：convergence/divergence and creative/uncreative destruction[J]. International Review of Economics and Business，1（1）：13-25.

Śmiech S，Papież M，Dąbrowski M A. 2015. Does the Euro area macroeconomy affect global commodity prices? Evidence from a SVAR approach[J]. International Review of Economics and Finance 39：485-503.

Solow R. 2000. Toward a macroeconomics of the medium run[J]. Journal of Economic Perspectives, 14（1）: 151-158.

Stephanie S, Martín U. 2015. How important are terms of trade shocks?[R]. NBER Working Papers, 21253.

Stürmer M. 2018. 150 years of boom and bust: what drives mineral commodity prices?[J]. Macroeconomic Dynamics, 22（3）: 702-717.

Stuermer M. 2017. Industrialization and the demand for mineral commodities[J]. Journal of International Money and Finance, 76: 16-27.

Tang W, Wu L, Zhang Z. 2010. Oil price shocks and their short-and long-term effects on the Chinese economy[J]. Energy Economics, 32: 3-14.

Teräsvirta T, Anderson H M. 1992. Charactering nonlinearities in business cycles using smooth transition autoregressive models[J]. Journal of Applied Econometrics, 7: 119-136.

Timmer C P. 2010. Reflections on food crises past[J]. Food Policy, 35（1）: 1-11.

Walsh J P. 2011. Reconsidering the role of food price in inflation[R]. IMF Working Paper, 11: 71.

Weise C L. 1999. The asymmetric effects of monetary policy: a nonlinear vector autoregression approach [J]. Journal of Money, Credit, and Banking, 31（1）: 85-108.

West K D, Wong K. 2014. A factor model for co-movements of commodity prices[J]. Journal of International Money and Finance, 42: 289-309.

Yang L. 2019. Connectedness of economic policy uncertainty and oil price shocks in a time domain perspective[J]. Energy Economics, 80: 219-233.

Zhang C, Qu X. 2015. The effect of global oil price shocks on China’s agricultural commodities[J]. Energy Economics, 51: 354-364.

Zhao L, Zhang X, Wang S, et al. 2016. The effects of oil price shocks on output and inflation in China[J]. Energy Economics, 53: 101-110.

Zhou Y, Huang J, Chen J. 2019. Time-varying effect of the financialization of nonferrous metals markets on China’s industrial sector[J]. Resources Policy, 64: 101-481.